中国

饮食文化概论

ZHONGGUO YINSHI WENHUA GAILUN

凌 强　李晓东　主编

北京·旅游教育出版社

目　录

绪　论

第一节　饮食文化的概念

一、文化的含义

(一)文化的概念

中外学者对于文化这个与人类生活密切相关的概念进行了广泛的研究,取得了丰硕的成果。法国文化学家路易·多洛曾经作过一个颇有趣味的推断:如果用电子计算机对当今处于显著首要地位的词语或概念进行统计,那么"文化"一词将占据头等的位置。文化概念涵盖整个人文科学和社会科学,早在先秦时期,我国的典籍就有关于文化的记载。当时"文化"一词的意思,只是就宗法王朝所实施的文治教化和社会伦理规范方面而言,并不具备今天我们所说的文化的意思。

最早把文化作为专业术语使用的人是英国人类学之父泰勒。他在 1871 年出版的《原始文化》一书中对文化进行如下界定:"所谓文化或文明,就其广义人类学意义上看,是由知识、信念、艺术、伦理、法律、习俗以及作为社会成员的人所需要的其他能力和习俗所构成的综合体。"最近几十年来,由于各门学科的发展,知识理论界对文化所下的定义变得更抽象化和广泛,人们对文化的理解也越来越表现出多样性、复杂性、丰富性。据统计目前世界上有 260 多种文化的定义,这是为了能从整体上把握文化内涵的有益尝试。

(二)文化的分类

文化可以分为广义文化和狭义文化。广义上说,文化是一个复合体,是指人类在社会历史实践过程中所创造的物质财富和精神财富的总和;从狭义上说,文化主要是指精神文化,它包括社会意识形态,以及由此形成的制度、体制和组织结构。在人们的日常生活中,文化还有更狭义的使用,即用来表示人们掌握和运用文字的能力或接受教育的程度(如我们经常说某人是个有文化的人,其实就是指该人学历高知识较为丰富),有时也用来泛指形象思维的领域。不过,这一类通俗意义或实用性的文化概念很少出现在学术研究领域。

此外,文化在考古学上还特指同一个历史时期的不依分布地点为转移的遗迹、遗物的综合体。同样的工具、用具,同样的制造技术等,是同一种文化的特征,如中华民族发展过程中创造出的仰韶文化、龙山文化等就是考古学意义上的文化含义。

（三）如何正确理解文化

理解文化的含义要注意把握住以下几点：

首先,文化是人的创造物而不是自然物,是一种社会现象而不是自然现象。凡是体现了人的智慧和实践创造力的现象均属于文化,否则就应排除出文化的范围。如原始的山川不是文化,但是经过人类按照一定规则加工以后的广义上的园林、旅游景观是一种文化;海洋中的动物不是文化,但是海洋馆里经人训练而能表演节目的海豚、海豹则体现了文化。同样道理,鱼香肉丝这道菜里所蕴含的四川人的饮食理念、烹饪技艺等也体现了饮食文化的博大精深。

其次,文化是人类社会所创造出来的,是为社会所普遍具有和享用的,不是专属个人的。文化体现在普遍的或一般的社会生活方式、社会风俗习惯以及社会物质创造物和精神创造物中,它不包括仅仅属于个人思想行为中的某些特殊的东西,但是包括体现于个人思想行为中的具有普遍性的东西。文化从纵的方向来看,可以是某个时代的社会群体所具有的;从横的方面来看,可以是某个国家、某个民族、某个集团作为社会群体所具有的。"文化就是那种在一个集团或一个社会的不同成员中反复发生的行为模式。所以,在我们的社会中,一个人先穿左右鞋的哪一只,是件无关紧要的事情。如果一些个人有规律地做一件事或另一件事,我们就视之为一种私人偏好或个人癖好。但是,我们社会中的全体或相当接近于全体的人都把纽扣钉在衣服的右边,这就是我们的一个文化特征了"。主副食分明,用筷子吃饭,讲究食物的五味调和,这是中华民族的饮食文化特征。

最后,文化是人类智慧和劳动的创造,这种创造体现在人们社会实践活动的方式中,体现在所创造的物质产品和精神产品中。一种生活方式,一种行为模式,一种思维方式,一种风俗习惯,一件物质产品,之所以说体现了一种文化,就在于它们体现或反映了人们的智慧和创造力量,从中可以看出人们智慧发展的水平和成就。我们说中国的万里长城、埃及的金字塔体现了文化,这并不在于它们的外在砖石材料,而在于它们所体现的人类科学技术水平和审美观念的标准,在于它们包含着人们的智慧和实践创造的力量。

二、中国饮食文化

（一）饮食在中国社会生活中的重要性

中国古语说:"饮食男女,人之大欲存焉",说明饮食活动是人类社会生存最基本的前提条件。人们在饮食果腹的基本生理需求得到满足之后,进而开始讲究饮食味道、饮食礼仪情趣、饮食科学文化艺术。可以肯定地说,人类的饮食活动早已超脱出动物本能的一面,而属于文化的范畴,深深地打上人类文明、人类科学、人类艺术、人类生产的烙印。因为只有人类学会使用工具，组织生产，掌握生产技术，才能够制造筷子和叉子等餐具。而动物不具备人类的本领，所以只能停留在动物本能的生理需求之上。中国人对"吃"极为重视，在我们的生活语言中，与饮食相关的词语渗透到社会生活的各个层面和角落。例如：不受欢迎为"吃不开"，受欢迎叫"吃香"，支持不下去叫"吃不消"，拿不定主意叫"吃不准"，被控告或抓进监狱叫"吃官司"，产生妒忌情绪叫"吃醋"，被人打嘴巴叫"吃耳光"，被人拒之门外叫"吃闭门羹"，称不辨是非的人为"吃了迷魂汤"，被人侵犯了权益叫"吃亏"，把教师叫"吃粉笔末的"。此外还有"吃一闷棍"、"吃大盘子"、"癞蛤蟆想吃天鹅肉"等。综观世界各国家和各民族的发展来看，人类社会的饮食现象、饮食活动、饮食行为都广泛地渗透于人类日常生活的方方面面。以下仅从政治、宗教、艺术等方面来说明饮食在中国社会生活中的重要性。

1. 中国饮食与政治

中国古代君王经常通过对外赐宴以示恩宠，对内则通过祭祀先人而加强其家庭、政权的凝聚力。如为褒奖军事行动中取胜的将士或办事勤劳的文武百官，在加官晋爵的同时，还常以美酒和丰盛的宴请进行奖赏。清朝大军凯旋时，褒奖事宜由礼部主办，光禄寺供置，精膳司部署。另据《永乐大典》记载："君臣之分（界限），以严为主；朝廷之礼，以敬为主。然一于严、敬，则情或不通，无以尽忠告之益，故制成燕饗之礼，以通上下之情。于朝曰君臣焉，于燕曰宾主焉。"从以上文字记载可以得知，中国古代君王赐宴的目的是通过宴会来联络君王与臣子之间的感情，其政治目的不言自明。

2. 中国饮食与宗教

中国人由于敬畏鬼神、崇拜祖先而产生了全社会的祭祀活动，从而引出斋戒食素的制度与习惯。中国固有的道教求长生、望成仙者亦摒弃肉荤，提倡食素、节食，反对暴饮暴食等；佛教传入之后，对中国的素食起到积极的催化作用，使原来零星的、不明显的饭、粥、糕、饼和蔬菜肴馔等食品逐渐发展变化为明显的素食，成为一种独特饮食的风格与方式即寺院风味。发展到南北朝时期，在《齐民要术》里对素食已经专列一章进行论述，成为我国人民饮食生活的重要组成部分。因此我们可以说，素食与宗教有着千丝万缕的联系。

3. 中国饮食与文学艺术

中国的饮食与文学家关系密切。文学中的诗词歌赋、散文小说等均有以饮食文化为内容题材的。如《诗经》中对西周春秋时期黄河流域饮食风貌作了记录，描写了宴会场面的宏大。《庄子》中庖丁解牛的典故在中国家喻户晓。李白的"人生得意须尽欢，莫使金樽空对月"成为千古绝唱。苏轼因"黄洲好猪肉，价贱如粪土"而发明独创的"东坡肉"醇香流芳百世。蒲松龄的《煎饼赋》令人馋涎欲滴等。中国饮食进入文学领域，不仅为自己在文学中争得一席之地，而且使中国的文学宝库中增加了灿烂的一页。

(二)中国饮食文化的内涵

通过以上简单说明,我们不难看出,中国饮食深入到了我国人民生活的各个方面。因此在这里把中国饮食文化定义如下:所谓中国饮食文化是指中华各族人民经长期奋斗,在中国社会历史实践过程中所共同创造出来的与饮食相关的物质财富和精神财富的总和。具体来说中国饮食文化包括食源开拓、原料选择、运输、储存以及食品加工技术,烹饪器具、食器的创造、改进,美食制作与烹调等;也包括饮食知识经验的总结与积累,如食医、食疗保健,食经、食谱的记录整理,食俗和食礼的制定和传承,饮食哲学观点,饮食习惯与宗教的联系等;此外还包括与饮食相关的文学艺术方面如歌舞、绘画、教育等。

中国饮食文化还表现在物质和精神两个方面。说它是物质的,是指菜肴、面点、酒、茶、餐厅、酒楼、茶座、酒吧、宴席、餐具、饮具等,这些物质都是实实在在的,是饮食文化凝练的产物,是一个民族所具有的科学、艺术、生产力的产物;说它是精神的,是指饮食习惯、饮食风俗、饮食礼仪、食道、茶道、饮食科学、饮食艺术等,这些属于精神上的范畴,也是饮食文化的产物。

(三)中国饮食文化的层次结构

饮食文化是人类文化大系统中的一个子系统,它是由若干要素相互结合、相互作用的三层次结构系统,即表层的实体性文化、中层的技术性文化和深层的精神性文化。

1.表层的实体性文化

即人们在日常生活和生产(食品加工、餐饮企业)实践中所创造的食品、饮品的总和。包括以面点、米类食品、菜肴、小吃、调味品以及酒、茶等饮品为载体的文化。具体表现为饮食产品的色香味形器所反映出来的文化。它是饮食文化中看得见、摸得着的部分。

实体性文化是饮食营养、烹调艺术等中层技术性文化的直接反映。同时,它又受制于饮食观念、饮食习俗、饮食心理等深层精神文化。有什么样的饮食习俗、饮食思想文化,就产生什么样的实体性文化。

2.中层的技术性文化

它是决定食品的色、香、味、形、器的烹调技术、烹饪工艺美学、烹调原理以及食品营养与卫生、食品化学与微生物学、食疗原理、食物保鲜、食品原料学等文化层次。

技术性文化是隐藏在食品中的,是人们在制作或创造饮食品的实践过程中表现出来的文化。它一方面创造着食品的色、香、味、形,满足人们情感上、精神上的需求,同时又创造着以营养卫生、医病防病、易于消化吸收等为标志的内质,满足人们工作、学习、娱乐、休息以及健康长寿等人类生存和繁衍的物质需要。技术性文化是饮食文化中的中介文化。中层的技术文化和深层的精神文化是非物质文化，与实体性文化有本质的区别。

3. 深层的精神性文化

指人们在长期的社会生活实践中形成的饮食观念、饮食思想、饮食心理以及饮食习俗，包括不同宗教、不同民族、不同地域、不同历史时期人们的饮食习俗、岁时节日的饮食习惯等方面体现出来的文化。

饮食的精神文化是饮食文化的最深层结构，是各种饮食观念形态文化的总和，是最稳定的文化层次。由于其处于最深层次，人们看不见，摸不到，只能从技术文化和实体性文化反映出来。饮食观念、饮食习俗等精神性文化一旦形成稳定的结构，便对其他层次的文化产生巨大的作用和影响。

除了以上按饮食文化的内部结构划分饮食文化的构成之外，还有一些专家学者把饮食文化划分为物质文化和精神文化，这是一种简便、明确、可取的划分方法。也有专家学者从不同食物种类的角度把饮食文化分为茶文化、酒文化、烹调文化等，也是一种有益于饮食文化研究的好方法。

三、文化人类学视角下中国饮食文化的特征

（一）食物原料范围十分广泛，植物性食物占据主导地位

众所周知，世界上任何一种文化的饮食风格，首先是由其可以利用的自然环境所决定的。中国人的饮食特征，首先是由长期在中国广袤国土上繁茂生长的植物和种类众多的动物集合来决定的。中国人的食物原料种类主要有：

淀粉类：小米、大米、大黄米、高粱、小麦、玉米、荞麦、燕麦、山药、甘薯。

豆类及坚果类：大豆、蚕豆、花生、绿豆。

蔬菜类：苋菜、甘蓝、黄瓜、辣椒、茄子、西红柿、葵、芥菜、白菜、小萝卜、蘑菇。

水果：桃、杏、梅、李子、苹果、枣、梨、山楂、龙眼、荔枝、橘子。

肉类：猪肉、狗肉、牛肉、羊肉、鹿肉、鸡肉、鸭肉、鹅肉、兔肉等；鱼类、虾类等各种水产品。

调味品类：胡椒、生姜、大蒜、葱、肉桂、丁香、砂仁、豆蔻。

油脂类：猪油、植物油（如豆油、菜籽油、花生油等）。

本质上，中式烹调就是对以上作为基本成分的食物原料进行组合操作。尽管以上食物原料种类并没有把广袤中国地方的食物全部都展现出来，但是，如果把上面列举的食物原料与一份以动物性食物如肉制品（或一份牛奶制品）占据突出地位的食物原料清单比较一下的话，就会立即发现中西饮食传统之间的明显差异。值得注意的是，历史上中国人的食物原料并不是一成不变的。在漫长的历史发展过程中，中国人一直不断地从世界各地引进食物原料并在本土逐步普及推广。例如小麦和绵羊以及山羊很可能是在史前时代从西亚引进的，汉唐时代则从中亚引

进了多种水果和蔬菜,而花生与甘薯则是明朝时期由沿海商人带回中国的。显而易见,这些引进的食物今天已成为中国人食物中的重要组成部分。

(二)饭菜齐备的日常膳食

在中国饮食文化中,从食物原材料到最终制成的美味佳肴,在整个的食物制作过程中,都有一套相互关联的变量丛,与世界其他民族重要的饮食文化相比较,这一套变量丛是极为独特的。一餐营养均衡的膳食实质上要求具备适量的饭(谷类或其他淀粉食物)与菜(蔬菜和肉等食物),其他配料都按这两条线来准备。谷物或是整粒蒸煮如米饭,或是做成面食如馒头,以各种形式构成膳食的“饭”:米饭(狭义地说即“煮熟的大米”,也可是被煮熟的其他米类如高粱米、粟米等),蒸制的麦面、小米面或玉米面的窝头,饼(煎饼、烧饼、烙饼等)和面条等。蔬菜和肉等经过刀工切割,以各种各样的方式搭配成为一道道菜肴,构成膳食当中的“菜”。甚至在主食淀粉部分和肉加蔬菜部分明显被合在一起的饭食里,诸如在饺子、包子、馄饨以及馅饼里,它们也仍然保留着膳食应有的比例及各自的特点(皮＝饭,馅＝菜)。

为了做出优质菜肴,或者说为了做出具有独特味道的菜肴,要求多种原料一起使用、多种食物味道互相融合,即所谓的荤素搭配五味调和。由此,食物与食物之间必须容易混合,这就意味着食物原料必须被切成各种形状而不是整体地烹饪加工,也只有如此这些原料才能被形式多样地组合成多种味道极不同的菜肴。例如,猪肉可以切成丁、片、条或块,一旦把它与别的肉以及各种各样的蔬菜配料和调味品搭配在一起,就能做出形状、气味、色彩、口味等完全不同的菜肴。

(三)中式烹饪具有显著的可塑性和适应性特征

既然一道菜肴是由许多种食物原料组成的,那么该菜肴所具有的独特的外形和味道,就取决于食物原料的数量及其配比。不过,为了满足就餐者的特殊嗜好,在多数场合下某种菜肴的外形和味道都会有所改变,中式烹饪具有某种程度上的模糊性或可塑性,一份菜肴中的几种原料并没有严格精确的数量要求(例如鱼香肉丝就没有规定肉丝必须是多少克、葱丝或者辣椒丝必须是多少克,原料数量必须是“适量”,由厨师酌情把握),对于由几道菜组合而构成的一餐来说也是如此。在富裕之时,可能多添几样比较贵的菜;但如果日子过得艰难,这些贵的菜肴就可以省去,或者减少菜肴当中较贵的原料数量。如果不是应季时节,食物原料还可利用替代食材。

在整个中国历史的发展过程中,以农立国导致中国人靠天吃饭,在灾荒之年,由于粮食的歉收使中国人必须以野生植物为食物才能生存下去。世界上没有哪个民族像中华民族这样对野生植物资源有着惊人的了解。在明代李时珍的《本草纲目》中,列举了数千种植物,对每一种植物的记载都包括对它的可食性的说明。中国人显然知道他们生活的自然环境中的每一种可以食用的植物(尽管这些植物在平时并不摆上餐桌),一旦粮食歉收,这些植物就被拿来度过艰难岁月。即使是在丰收年景,中国人也会居安思危,把富余出来的食物通过各种方法贮存起来。

(四)食物也是药物,正确的食物选择能够调节身体的阴阳平衡

中国人具有独特的饮食观念和信仰。这些观念和信仰非常积极地影响着食物的制作、进食方式与态度。中国人关于食物的一个压倒性的观念是,一个人所吃食物的种类与数量,同他的身体健康状况密切相关,食物的选择必须适合一个人在那个时间里的身体生理状况。因此,在我国,食品也是药品。时至今日,政府部门甚至还专门规定了既是食物又是药物的食物种类。

利用饮食调节身体健康并达到防治疾病的目的,即使是在当今西方国家也是普遍存在的。例如,近年来西方国家就在大力推广普及针对各种关节炎等相关疾病的营养食谱以及有机食品(Organic food)。但是,中国人的饮食观念独特之处在于,从调节人体阴阳的视角审视食物的功效。在古代中国人的观念中,整个世界和人体的生理运行遵循着基本的阴阳平衡法则。按照阴阳法则,许多食物也可以归类为阳性食物和阴性食物。当身体内的阴性与阳性不平衡时,人体就会感觉到各种不适甚至会患上某些阳盛阴衰或阴盛阳衰的疾病。此时,可以食用适量的阴性食物或阳性食物来抵消这种阳阳失衡造成的身体不适或疾病。即使是健康身体,如果某种食物吃得过量,也会导致身体中该种食物具有的阴性力或阳性力过强,从而引起疾病。这种独特的饮食观念早在距今两千多年前中国周代就已经有了文字记载,时至今日也仍然是中国饮食文化中一个极其重要的饮食观念。

除了阴阳平衡观念、冷热平衡观念之外,还有另外两个比较重要的饮食观念指导着中国人的日常饮食。其中的一个观念是,在进餐时,饭菜应当适量。另一个观念是节俭。

(五)社会生活中以饮食为核心的倾向十分明显

在中国古代文化体系中,饮食文化占有非常重要的地位。据《论语·卫灵公》记载,当卫灵公向孔子咨询军事战术时,孔子回答的却是:"俎豆之事,则尝闻之矣;军旅之事,未之学也。"由此可见,作为一个中国古代绅士的最重要资格之一,就是必须掌握一定的饮食方面的知识。中国古代食谱的作者当中,如《食经》的作者崔浩等,很多人是当时有名的达官显贵,由此也可以印证食物知识是古代封建社会官僚士大夫阶层必备的知识技能之一。根据《史记》和《墨子》记载,帮助商朝奠基者商王汤治理天下的宰相伊尹,原本就是一位十分优秀的厨师。

在中国古代王宫里,与饮食相关的工作人员数量最多,由此也可以推断饮食生活在王宫里是第一重要的,这一点在中国的古书《周礼》所记载的人员名册中可以十分充分地体现出来。在负责王宫事务的大约4000人当中,有2271人即接近60%的专职人员是掌管食物和酒的。这些专职人员包括:162位"营养"大师负责皇帝、皇后及皇太子的日常饮食;70位肉类专家、128位厨子负责"内宫"消费;128

人负责外宫(客人)的饮食;62位助理厨师、335人专职人员负责供应谷物、蔬菜和水果;62人专门负责管理野味;342人专门负责鱼的供应;24人专门负责供应甲鱼和其他甲壳类食物;28人负责晾晒肉类;110人负责供酒;340人负责上酒;170人专司所谓的"六饮";94人负责供应冰块;31人负责竹笋;61人负责上肉食;62人负责炮制食物和酱类调味品;还有62个盐工负责食盐的保管等相关事宜。值得一提的是,配备这些数量庞大的专职人员并不仅仅是为了服侍帝王一饱口福,更是因为吃在任何时候都是一件十分严肃的事情。在《礼记》这本专门记载古代仪式的书中,对不同场合情境下应该正确食用的食物种类以及合乎规范的餐桌礼仪都有极其详细的说明。不同饮食情境下如果没有与之相适应的仪式则是无礼的表现。

第二节　中国饮食文化的相关研究

一、国内中国饮食文化相关研究

(一)新中国成立之前的饮食文化研究

现代中国饮食史研究可以追溯到1911年张亮采撰写的《中国风俗史》。尽管这本书并不是严格意义上的中国饮食文化史的专著,但是其中饮食部分的研究内容却是开创了中国饮食文化研究的先河。该书将饮食作为重要的内容加以叙述,并对饮食的作用与地位等问题提出了自己的看法。此后,一大批关于中国饮食史、中国饮食器具、中国少数民族饮食、中国饮食礼仪以及中国茶酒等饮食文化的相关研究成果层出不穷。

1. 中国饮食文化史相关研究

中国饮食文化史的相关研究是这一时期饮食文化研究的主流。主要研究成果有:

董文田的《中国食物进化史》。该书全面、系统地论述了不同历史时期中国人的食物原料、农作物的栽培技术以及食物的制作方法等内容,对以后的中国饮食文化研究具有很大的影响力。成书于1934年,由商务印书馆出版、朗擎霄撰写的《中国民食史》也是一本不可多得的中国食物史专著。该书从谷类食物溯源开始着手,到历代谷类食物的变迁以及食物消费等内容,都加以翔实的论述。此外,全汉生的《南宋杭州外来食料与食法》、友梅的《饼的起源》、许同华的《节食古义》、李劼人《漫游中国人之衣食住行》以及刘铭恕的《辽代之头鹅宴与头鱼宴》等都是当时影响比较广泛的饮食文化研究专著。

2. 中国茶酒文化相关研究

杨文松的《唐代的茶》比较系统地论述了我国唐代时期茶的种类、加工、茶具以及烹煮方法等内容。董文田的《汉唐宋三代酒价》则比较全面地考证了我国历史上汉唐宋时期酒的制作及相应的市场价格等内容。此外,韩儒林的《元秘史之酒局》、胡山源的《古今酒事》、《古今茶事》等研究成果也产生了一些影响。

3.其他研究

例如,关于饮食器皿的研究比较有代表性的有李海云的《用骷髅来制饮器的习俗》。关于饮食礼仪方面的研究比较有代表性的有黄现璠的《食器与食礼之研究》。

(二)新中国成立之后的中国饮食文化研究

1.改革开放前的饮食文化研究

中华人民共和国成立后至 1979 年的 30 年时间里,由于各种政治运动的不断开展,中国饮食文化的研究也受到了严重的影响,基本上处于停滞状态,公开发表的饮食文化论著屈指可数。

这一时期关于食器、烹调技术研究的主要论著有林乃燊的《中国古代的烹调和饮食——从烹调和饮食看中国古代的生产、文化水平和阶级生活》。白化文的《漫谈鼎》、杨桦的《楚文物:两千多年前的食器》、冉昭德的《从磨的演变来看中国人民生活的改善与科学技术的发达》等从工用具的视角研究了中国饮食文化。史学家吕思勉也在其专著《隋唐五代史》中专门用一节内容论述隋唐五代时期的饮食特点。

这一时期关于茶酒文化研究的主要著作有冯先铭的《从文献看唐宋以来饮茶风尚及陶瓷茶具的演变》。该文详细地论述了从唐代到宋代饮茶方式的转变以及制茶工艺的进步发展等内容。杨宽的《"乡饮酒礼"与"飨礼"新探》则对我国饮食文化中独特的食礼现象进行了充分研究。此外,曹元宇的《关于唐代有没有蒸馏酒的问题》、方杨的《我国酿酒当始于龙山文化》、唐耕耦等的《唐代的茶业》以及王拾遗的《酒楼——从水浒看宋之风俗》对我国历史上的酒文化进行了研究。

台湾、香港地区的中国饮食文化研究也处于缓慢发展阶段,主要研究成果有张起钧的《烹调原理》、许倬云的《周代的衣、食、住、行》、杨家骆的《饮馔谱录》、袁国藩的《13 世纪蒙人饮酒之习俗仪礼及其有关问题》、陈祚龙的《北宋京畿之吃喝文明》等。在这些研究成果中,张起钧先生的《烹调原理》一书,从哲学理论的角度对我国的烹调艺术进行了高屋建瓴的阐释,使传统的烹调理论变得更有系统性,得到我国大陆地区饮食文化研究者的高度重视。另外,由于我国宋朝时期的饮食生活极其繁荣,因此,研究宋朝饮食文化也成为研究的一个热点,刘伯骥的《宋代政教史》、庞德新的《宋代两京市民生活》等书都辟有一定的篇幅,对宋代的饮食作了比较系统、简略的阐述。

2.改革开放后的中国饮食文化研究

进入 20 世纪 80 年代,中国内地的饮食文化研究开始进入繁荣时期。具体表现在饮食文化逐渐得到全社会的关注,专门研究饮食文化的《中国烹饪》正式创刊。在当时商业部领导的关怀指导下,对有关中国饮食史的文献典籍进行挖掘整理,邀请知名专家学者对文献典籍注释之后重新出版发行。如中国商业出版社自1984年以来推出了《中国烹饪古籍丛刊》,相继重印出版了《先秦烹饪史料选注》、《吕氏春秋·本味篇》、《齐民要术》、《千金食治》、《能改斋漫录》、《山家清供》、《中馈录》、《云林堂饮食制度集》、《易牙遗意》、《醒园录》、《随园食单》、《素食说略》、《养小录》、《清异录》、《闲情偶寄》、《食宪鸿秘》、《随息居饮食谱》、《饮馔阴食笺》、《饮食须知》、《吴氏中馈录》、《本心斋疏食谱》、《居家必用事类全集》、《调鼎集》、《菽园杂记》、《升庵外集》、《饮食绅言》、《粥谱》、《造洋饭书》等书籍。这些文献典籍的出版发行,极大地普及了中国传统饮食文化,促进了中国饮食文化研究的繁荣与发展。

(1)中国饮食文化史相关研究。这一时期比较有代表性,具有一定学术价值的中国饮食史著作主要有:林乃燊的《中国饮食文化》,林永匡的《食道—官道—医道——中国古代饮食文化透视》,姚伟钧的《中国饮食文化探源》、《宫廷饮食》,陶文台的《中国烹饪史略》、《中国烹饪概论》,王仁兴《中国饮食谈古》、《中国饮食结构史概论》,洪光柱的《中国食品科技史稿》,王明德和王子辉合著的《中国古代饮食》,王子辉《隋唐五代烹饪史纲》,杨文骐的《中国饮食文化和食品工业发展简史》、《中国饮食民俗学》,熊四智的《中国烹饪学概论》,施继章和邵万宽合著的《中国烹饪纵横》,陶振纲和张廉明合著的《中国烹饪文献提要》,张廉明的《中国烹饪文化》,曾纵野的《中国饮馔史(第一册)》,庄晚芳的《中国茶史散论》,陈椽的《茶业通史》,吴觉农《茶经述评》,王尚殿的《中国食品工业发展简史》,陈伟明的《唐宋饮食文化初探》,万建中《饮食与中国文化》,王仁湘的《饮食考古初集》,赵荣光的《中国饮食史论》,王学泰的《华夏饮食文化》,季羡林的《文化交流的轨迹——中华蔗糖史》,姚伟钧的《长江流域的饮食文化》,王子辉的《中国饮食文化论》等专著。

(2)茶与酒文化方面的相关研究。在酒文化方面的研究主要有孟乃昌的《中国蒸馏酒年代考》、童恩正的《酗酒与亡国》、萧家成的《论中华酒文化及其民族性》、张国庆《辽代契丹人的饮酒习俗》、张德水《殷商酒文化初论》、李元《酒与殷商文化》、张平《唐代的露酒》、拜根兴的《饮食与唐代官场》、吴涛的《北宋东京的饮食生活》、陈伟明的《元代饮料的消费与生产》、韩良露的《微醺:品酒的美学与生活》、朱振藩的《痴酒:顶级中国酒品鉴》等专著。茶文化方面的研究主要有庄晚芳《中国茶史散论》、陈椽的《茶业通史》、贾大泉和陈一石合著的《四川茶业史》、吴觉农《茶经述评》、陈珲《饮茶文化始创于中国古越人》、姚伟钧《茶与中国文化》、曾庆钧《中国茶道简论》、王懿之《云南普洱茶及其在世界茶史上的地位》、程喜霖《唐陆羽〈茶经〉与茶道》、陈香白《潮州工夫茶与儒家思想》、刘学忠《中国古代茶馆考论》、王洪军的《唐代的饮茶风习》、阮浩耕的《中国古代茶叶全书》、关剑平的

《茶文化的传播与演变》、陈文华的《中国茶文化学》等专著。

（3）少数民族饮食文化方面的相关研究。在少数民族饮食史研究方面主要有陈伟明《唐宋华南少数民族饮食文化初探》、辛智《从民俗学看回回民族的饮食习俗》、黄任远《赫哲族食鱼习俗及其烹调工艺》、贾忠文《水族"忌肉食鱼"风俗浅析》、蔡志纯《漫谈蒙古族的饮食文化》、姚伟钧《满汉融合的清代宫廷饮食》、陈丰村的《台湾原住民饮食之物图鉴》、民族饮食文化研究会的《凉山彝族饮食文化概要》、徐南华的《云南民族食品》等专著。

（4）礼仪食俗方面的研究。在饮食礼俗方面主要有姚伟钧《中国古代饮食礼俗与习俗论略》、《乡饮酒礼探微》，林沄《周代用鼎制度商榷》，裘锡圭《寒食与改火》，万建中《中国节日食俗的形成、内涵的流变》，杨学军《先秦两汉食俗四题》，张宇恕的《从宴会赋诗看春秋齐鲁文化不同质》，杜莉的《筷子和刀叉》，陈素贞的《北宋文人的饮食书写：以诗歌为例的考察》，宣炳善的《民间饮食习俗》等专著。

此外，在饮食思想观念、饮食文献研究、饮食器具等研究领域也取得了比较丰硕的成果。如姚伟钧的《中国古代饮食观念探微》、姚伟钧与刘朴兵合著的《中国饮食典籍史》、张景明的《中国饮食器具发展史》以及李春祥的《饮食器具考》等都是具有代表性的相关研究成果。

二、海外的中国饮食文化研究

在国外，对中国饮食文化进行比较系统的研究，并且取得丰硕成果的是日本的饮食文化研究者。早在"二战"结束之后，日本学者就掀起了中国饮食文化研究的热潮。日本著名汉学家青木正儿于1946年发表的《用匙吃饭考》、《中国的面食历史》、《用匙吃饭的中国古风俗》首开战后日本学者研究中国饮食文化的先河。著名饮食文化专家篠田统自1948年发表《白干酒——关于高粱的传入》开始，近30年的时间内发表了众多的中国饮食文化研究著述，如《向中国传入的小麦》、《明代的饮食生活》、《鲚年表（中国部）》、《中国食物史》、《古代中国的烹饪》、《中国食经丛书》以及《一衣带水——中国料理传来史》等，确立了他在日本研究中国饮食文化史的领导地位。此外，篠田统还发表了大量的关于中国饮食文化的论文，具有代表性的有讨论主食作物起源的《五谷的起源》，考察从西周到汉代烹饪技术的《中国古代烹饪》，考证出现在《诗经》中的作物的《豳风七月的舞台》，以菰、瞿麦、麻为主题的《被遗忘的谷物》，还有《中世食经考》、《唐诗植物考》、《中世的酒》、《近世食经考》、《宋元酿酒史》、《关于〈饮膳正要〉》和《明代的饮食生活》等。其中，《中国食经丛书》是从中国自古迄清约150余部与饮食文化有关的书籍中精心挑选出来的，分成上下两卷，共40种。它是研究中国饮食史不可缺少的重要资料。

除了清木正儿和篠田统之外，这一时期还有其他一些日本学者也热衷于研究中国饮食文化，并且取得了比较丰富的研究成果。如天野元之助的《中国臼的历史》和《明代救荒作物著述考》、冈崎敬的《关于中国古代的炉灶》、北村四郎的《中国栽培植物的起源》、由崎百治的《东亚发酵化学论考》、桑山龙平的《金瓶梅饮食考》(论文)、鸟居久靖的《〈金瓶梅〉饮食考》(专著)、大谷彰的《中国的酒》以及中村乔的《中国的茶书》等。

20世纪80年代以后,日本一些优秀的饮食文化研究者出版的比较有代表性的专著主要有中山时子的《中国食文化事典》、石毛直道的《东亚饮食文化论集》、松下智著的《中国的茶》、田中静一的《一衣带水——中国食物传入日本》等。

由日本讲谈社2002年出版、伊藤武撰写的《亚洲美食之旅》是一本思想性较深的书。书中写道:日本人认为纳豆是日本特产,但是中国西南诸省也有;中国人认为饺子是中国特产,则可能起源于中亚;馒头据说是诸葛亮发明的,但是土耳其和阿富汗也有。因此,提出了"饮食亚洲一体性"观点。

除日本的中国饮食文化研究者之外,世界上其他国家也有热衷研究中国饮食文化的研究者。比较有代表性的是美国的中国饮食文化史研究者。哈佛大学人类学系教授张光直先生主编的《中国文化中的饮食》(*Food in Chinese culture*:*Anthropological and Historical Perspectives*,*Yale Press*,1978)是举世公认的具有极高学术价值的中国饮食文化专著。该书由10位美国学者分别撰写,内容包括自上古到现代的中国食物发展史。张光直先生是以治先秦器物史见长的史学名家,书中严实的考据、缜密的说理,读来令人信服,而其史料文物的精确诠释与理论方法的新颖则对国内治史者更具启发意义。虽然有的分撰人在史料掌握和汉学功力上仍嫌不足,但方法论上的意义则不可泯没。此外,美国河滨加州大学人类学教授尤金·N.安德森的代表作《中国食物》(*The food of China*,Yale Press,1998)2003年由江苏人民出版社翻译出版,其对中国饮食文化的独到视角值得研究和借鉴。

三、当前中国饮食文化研究的重要课题

中国饮食文化研究热潮的兴起自20世纪80年代初,迄今为止已经走过了30多年的历程。回顾这段时间中国饮食文化研究,可以看到在取得丰硕研究成果的同时,也存在一些需要尽快解决的问题。

首先,中国饮食文化的属性问题迄今为止仍没有彻底解决。因为没有学科地位,归属无法确定,结果造成研究力量的分散,难以形成合力推进中国饮食文化研究的深度和广度。此外,学科归类缺失的另一个严重后果是,由于缺少与世界各国饮食文化研究机构交流的平台,在中国饮食文化领域纵有重大研究成果也难以同这些研究机构进行饮食文化学术交流,由此也阻碍了中国饮食文化向世界广泛传播。

其次,国内中国饮食文化研究领域具有明显的局限性。目前,国内中国饮食文化研究成果大都从历史学、考古学的角度切入,研究范围也多局限于不同历史时期

的饮食文化与变迁,如先秦饮食文化、秦汉魏晋南北朝饮食文化、隋唐饮食文化、宋辽西夏金饮食文化以及明清饮食文化等。并且,绝大多数的研究都是"概论"、"简史"之类的综述类研究。对饮食美学、饮食养生保健、饮食安全等领域的研究则较少见。

另外,20 世纪 80 年代,尽管对中国饮食史的文献典籍进行了注释、重印,在普及古代饮食文化知识工作上取得了一些成绩,可是,对这些典籍进行深入研究尤其是对这些典籍中所隐含的古代中国文化思想进行研究的专著却并不多见。

第三节　本书的主要内容及学习的重要性与方法

一、本书的主要内容

在漫长的人类历史活动当中,我们中华民族的祖先创造了丰富的饮食文化,体现在中华民族的日常生活当中。饮食文化是中国传统文化体系的重要组成部分,内涵十分丰富,它至少包括饮食资源、烹调技术、食品加工、食疗保健、饮食民俗、饮食文艺、饮食养生等多方面内容。根据高等院校的教学目的要求,本书主要由以下内容组成:

绪论。主要内容有中国饮食文化的概念、特征等内容。

第一章中国饮食文化的发展史。主要介绍中国饮食文化各个发展时期的特征,如食物原料、饮食理念、烹调技术等内容。

第二章中国主要饮食风味。主要介绍中国菜肴风味的构成、各地方风味特色以及中国各社会阶层的饮食风味等内容。

第三章中国茶文化。主要介绍中国茶的起源、种类与传播途径,不同历史时期的饮茶方式,功夫茶道与日本茶道以及茶文学欣赏等内容。

第四章中国酒文化。主要介绍中国酒的起源、种类,以及中国历史上的酒艺、酒政、酒礼、酒文学赏析等内容。

第五章中国饮食习俗与食礼。主要介绍饮食民俗的含义与范围,我国传统的饮食民俗、传统的年节食俗文化、传统食礼以及主要少数民族的饮食习俗等内容。

第六章中式烹饪与食用方式。主要介绍中式烹调技术、食用器具的变迁,以及中国人从分食制发展到合食制的变迁过程等内容,对古代宴会如满汉全席等进行简单介绍。

第七章食物的滋补与养生作用。主要介绍中国人的食物滋补观念、食物的性味归经、人体的脏腑养生以及十二经络养生等内容。

第八章中国人的体质与饮食养生。主要介绍中国人的九种体质的特点、食补原则以及饮食养生方案等内容。

二、学习中国饮食文化的意义

(一)充分理解你的饮食观念和饮食方式形成的原因

如前所述,中国饮食文化深入到中国社会的方方面面,完全融入了我国政治、文学、宗教、艺术等领域。例如在被称作"群经之首"的《易经》当中,六十四卦有二卦(鼎卦和颐卦)是专门就饮食来判断吉凶的。颐卦,提醒我们要"观颐,自求口实",并且要注意非礼勿言、祸从口出,即"象曰:山下有雷,颐,君子以慎言语、节饮食"。颐卦提醒我们的是:为追求个人利益不择手段(就如同看到美味佳肴而敞开肚皮大快朵颐一般)是要不得的,面对巨额利益要控制住贪婪的欲望,否则将要发生灾祸。再看鼎卦也是借饮食而说义理。鼎卦,"鼎,象也,以木巽火,烹饪是也。圣人烹以享上帝,而大贤以养圣人",俗称的"大亨"、"革故鼎新"都出自这个卦,其义理均由用鼎煮饭吃而体悟出来。即领导者要具有给大家带来饱食的能力,并且有能力养贤。《易经》的论说风格与取象论事的方法,早已成为儒家思维的传统和习惯,融入到儒家正统思想当中,给中华民族的思维方式带来深刻影响。

中国人总是把自己的身体比喻成一个小宇宙,这个小宇宙就像自然界的大宇宙一样,要保持阴阳调和才能维持健康状态。要维持身体小宇宙的阴阳调和,最主要的事就是要进食冷热均衡的食物。中国人自古以来就把所有的食物加以分类,不是冷,就是热,或者是冷热之间的"平",而在摄取食物时就要尽力维持这种"冷热调和"的状态。这种"冷热调和"的饮食观念,可以从成书于两千多年前的《黄帝内经》中找到证明,在明朝李时珍所著的《本草纲目》中,甚至对几千种食物和药物的性凉或性热做过系统的记述。一般说来,普通中国人都知道热性体质的人要多吃凉物,凉性体质的人则该吃一些热性食物;如因"热"而致病,则服凉药,反之则服热药。

以上这些饮食观念和思维方法,经过几千年的继承和发展,已经融入了我们中华民族的血液,成为中国人的饮食生活和待人处事的指导原则。学习中国饮食文化知识,不仅能够加强你的文化素养,提高你的人生境界,而且能够解释你的众多的饮食生活习惯背后所隐藏的文化渊源,从而丰富你的心灵。由此,你会更深刻地体味中国人的精神世界,增加自己作为中国人的民族认同感,并为我们的祖先创造出如此博大精深的精神文化感到自豪。

(二)助你取得职业生涯的成功

首先,学习中国饮食文化知识,能够助你提高自己的餐饮服务水平。当今世界是个大交流大融合的世界,世界各国人员交往不断,世界各地的游客到访中国。设想一下,假如你是一个餐饮经营者,当你接待外国游客的时候,如果你能够将各种饮食典故娓娓道来,无疑会加深外国游客在中国旅游时的就餐体验,提高外国游客的旅游质量。

其次,学习中国饮食文化知识,还能够激发你餐饮创新的灵感。例如,满汉全席的出场仪式、中场歇息以及穿插席间的各种歌舞表演,经过改造之后可以拿来为现代豪华宴会所用。某些文学作品中的名菜名点,也可以经过现代人的再开发焕然一新地展现在食客面前。当前我国饮食市场上所谓的"红楼菜"就是文学作品中的名菜名点在现代社会重新复活的真实案例。

最后,学习中国饮食文化知识,也能够助你工作交往和谐顺畅。当你与公司客户往来宴请之际,面对餐桌上造型各异风味独特的美味佳肴,如果你能够如数家珍娓娓道来其中的文化与养生内涵,会让客户对你刮目相看,人际关系也就变得更加和谐,由此你的事业也会随之风生水起更加成功。

三、本课程的学习方法

中国饮食文化的内容包罗万象,仅仅就书本上的饮食文化知识来掌握和理解中国饮食文化是远远不够的。要深刻理解掌握中国饮食文化,就必须做到博和专的统一。不仅要努力学习饮食文化知识,还要学习宗教、文学艺术、绘画书法等相关知识,只有在广泛涉猎中国传统文化的基础上,才能融会贯通地理解中国饮食文化当中所蕴含的中国哲学、伦理道德、中国宗教、医药养生、书法绘画艺术文化等内容。同时,在日常生活当中还要做一个有心人,仔细观察分析人们日常生活的饮食生活习惯,从而加深对中国饮食文化的理解认识。此外,也要学习各种菜肴的烹调知识,最好能够亲自动手烹调菜肴和制作面点;找机会在家里举办一些小型私人聚餐,自己亲自采购食物原料并动手烹调,通过聚餐活动过程感受中国饮食文化的深刻内涵。

思考与练习

1. 如何正确理解文化的含义?

2. 说说饮食文化在中国政治、宗教、文学领域内的重要表现。

3. 如何理解"中式烹饪具有显著的可塑性和适应性的特征"具有的深刻内涵?

4. 如何理解"食物也是药,正确的食物选择能够调节中国人体的阴阳平衡"具有的深刻内涵?

5. 如何理解"中国社会生活中以饮食为核心的倾向十分明显"具有的深刻内涵?

6. 学习本门课程具有哪些重要意义?

第一章

中国饮食文化的发展史

第一节　中国饮食文化的蒙昧时期

一、从生食到熟食

（一）自然采集与茹毛饮血

据考证，生活在距今四百万至一百多万年前的南方猿人，和其他动物一样，从大自然中索取自然形态的食物，即饮自然之水食草木之实以满足生理饥渴需求。《庄子·盗跖》就记载着"古者禽兽多而人民少，于是民皆巢居以避之，昼拾橡栗，暮栖木上，故命之曰有巢氏之民。"当时人们所吃的食物大多是鲜果、坚果、稚嫩的植物枝叶，充满淀粉的植物根茎以及森林中的菌藻类，或是动物的卵等简单食物。后来，由于种种原因导致原始森林逐渐减少，猿人的食物来源渠道随之减少，于是，我们的祖先只好开始陆地生活。由于自然采集的食物难以满足果腹需要，迫不得已我们的祖先不得不通过集体力量捕捉野兽来弥补食物的短缺。生物学家认为，从食素到食肉对于人类的生物进化十分重要，因为肉类食物更能够满足人类大脑的营养需要，人类大脑只有在食肉之后才得以迅速进化和发展完善。只不过茹毛饮血的食肉生活对人类进化程度影响有限，只有在使用火烧烤食物之后，我们的祖先才能够在生物进化征途上奋勇前进。

（二）火的运用与熟食的产生

生物学家公认，从生食到熟食是人类发展史上一个重要的里程碑，是人类与动物相区别的显著标志之一，是人类饮食文化的起点与发端。人类学会用火烧烤食物之后，经历了一个比较漫长的发展过程。据考证，在我国大约生活在一百七十万年前的元谋人是迄今为止所知的世界上最早用火烤制食物的猿人。在距今四五十万年前周口店北京人遗址内也发现了北京人能够熟练地运用火来烧烤食物的证据。肉类食物烧熟之后，容易被胃肠消化吸收，在延长人类寿命的同时也改变了人类的大脑结构，由此推进了猿人向人类进化的发展进程。

从保存火种到掌握人工取火技术,也经历了一个较长的历史时期。据考证,大约在五万年至一万年前,人类已经掌握了利用摩擦的方法来取火的技能,于是在中国就有了燧人氏钻木取火的传说。据《礼记·含文嘉》记载:"燧人始钻木取火,炮生为熟,令人无腹疾,有异于禽兽,遂天之意,故为燧人。"学会取火是自觉使用火的保证。只有能够自由地使用火、控制火,人类才能够彻底改变"茹毛饮血"的饮食习惯,进入到熟食的历史发展阶段。熟食不仅扩大了食物的种类来源,而且还增强了人类的体魄,也推进了人类大脑的进化发展。

二、史前时期人类的食物

(一)旧石器时代的食物

距今约一百七十万年前的元谋人主要吃采集来的植物果实、种子,以及植物的根茎、枝叶等,总之是以素食为主,有时也捕捉一些昆虫或小鸟和小兽。距今四五十万年前的北京人,除了采集植物的果实外,也猎取较大的动物,如鹿、羚羊、马、水牛等动物。大约生活在十万年前的大荔人,由于有靠近渭水和洛水的地利之便,因而除了采集和狩猎之外还捕捉水中的鱼虾类。同样道理,大约生活在六万年前的丁村人,由于靠近汾水,他们的食物中也有部分鱼类。

(二)新石器时代的食物

到了新石器时代,人们在长期的采集和狩猎活动过程中,逐渐掌握动物、植物的生长规律,他们凭借自己的经验和集体的智慧,把获取食物的注意力转向动物的驯养和植物种子的种植上,试图以此稳定食物的来源。经过不懈的努力,大约在一万年前出现了早期的养殖业和原始农业。

1. 动物性食物

在大约八千年前的裴李岗(河南新郑)人已经懂得驯养猪、狗、鸡和黄牛,稍晚一些时候的大汶口(山东宁阳堡头)人还懂得饲养水牛,龙山文化遗址发掘出土的实物表明,当时人们还驯养过马、绵羊、山羊和猫。在距今七千年前的河姆渡(浙江余姚)遗址发现了大量的猪骨骼化石,其形态和现代猪十分相近。原始养殖业的产生和发展为人类提供了大量的蛋白质、脂肪等营养素,极大地提高了古人类的身体健康素质。

2. 植物性食物

在养殖业发展的同时,原始农业也产生并逐步发展起来。《白虎通义》中说:"古之人民皆食禽兽肉。至于神农,人民众多,禽兽不足。于是神农因天之时,分地之利,制耒耜,教民农作,神而化之,使民宜之,故号之神农也。"这段话概括地说明了我国古代种植业产生的过程。

中国北方的原始农业发端于种粟(小米)。在距今七千三百年前的河北武安磁山文化遗址中发现了碳化粟粒。粟是由狗尾草驯化而来,特点是产量高,并且生长周期短、耐贫瘠和干旱,因此,很快被华夏祖先选中作为首先栽培的粮食品种。稷(黄米)也是被华夏祖先驯化、栽培的粮食品种。稷在五谷当中被排在首位,尧舜时的农官还被称为后稷,由此可知稷在古代中国人日常饮食生活中的重要地位。和稷相类似的还有黍(有黏性的黄米),它也很早就被华夏祖先驯化种植了。黍、稷生长周期短,一年可以种植三季,而且不耗地力,因此成为原始农业最早栽培的粮食品种。此外,在南方的长江流域的河姆渡遗址中出土了籼稻粒,距今也有七千多年的历史了。白菜、芜菁、芥菜等已经成为新石器时代人们的辅助食物了。

三、炊器、食具与烹饪技术的产生

在中国历史上的整个原始社会阶段里,饮食制作技术缓慢地向前发展。根据炊具、食具与烹饪技术的特征,可以把这个时期主要划分为火烹、石烹、陶烹三个阶段。

火烹。所谓火烹就是直接用火对食物进行加工,不经过中间介质。这是人类学会用火后最早采用的饮食制作方法。具体的方法是把植物的根茎、果实和兽类的可食部分直接进行烧烤,有时也用泥团把原料包裹起来烧烤等。这一阶段的历史时期相当漫长,从本质上说还没有产生炊具、食具和烹饪技术。

石烹。人们在用火实践中发现,火烹不易掌握火候,食物不是烧焦,就是生熟不匀。如果把食物放在石板上烤,或把食物用泥包起来烧,效果要好得多。石烹是经过中间介质的热加工,比火烹加工食物在技术上先进了一大步。古书上记载的"石上燔谷"就是石烹的例子。另外,原始的"焗"、"石煮"也产生了。"焗"是先把小石子烧热,再把食物埋进去,不断更换石子使食物成熟。"石煮"是先掘一坑,垫铺以兽皮,放入原料倒进水,再把烧红的石子不断投入水中使食物成熟。在这一阶段里,除焗、石煮外,原始的烙、炮等食物加工方法都出现了。石烹阶段的历史也相当漫长。

陶烹。陶烹是饮食文化史上的一个飞跃。可以肯定,至迟在距今约11000年前,陶器就出现了。中国是陶器的故乡之一,陶的发明是中华民族为人类饮食文化作出的伟大贡献。陶器的发明,是饮食文化史上划时代的大事情。这是因为陶器不仅可以用来盛装食物,也可以用来作为炊具和食具使用。而一切的烹调技术,也只有在炊具诞生之后才能够得到发展。从考古发掘看到,作为煮器的陶器有鼎、鬲、釜等,作为蒸器的陶器有甑、甗等,说明当时严格意义上的"煮"和中国特有的"蒸"已经诞生。在浙江余姚河姆渡遗址和西安半坡遗址中发现原始的灶,充分说明六七千年前先民就能熟练自如地控制明火用于烹饪食物。与此前的火烹或石烹阶段不同,用陶器来煮粥蒸饭温度均匀而稳定,煮出的粥饭是真正的熟食。陶器炊具的发明使得中华民族以"粒食"为主食成为现实,这和欧洲、中东一带以面食为主以烘烤熟食为主有着十分明显的差异。我国古代传说中,有"黄帝作釜甑"、"黄帝始蒸谷为饭,烹谷为粥”,事实证明,这些创举要早于黄帝数千年。陶烹是原始烹饪时期里烹饪技术发展的最高阶段。与陶制炊具相适应,先民们也制作出陶制的食具、水具、酒具等,如盆、碗、钵、盘、豆、杯、觚、瓮等;在食物原料加工工具方面则用陶、骨、石、木等材料制作出厨刀、厨斧、匕、叉、俎等,这些厨房用具极大地方便了人们烹制食物。此外,这一时期的先民们已经开始使用杵、臼、磨盘、磨棒等工具进行植物籽种的脱粒、粉碎,不仅提高了劳动生产率,也提高了食物原料加工质量,从而使食物变得更加美味。

据《世本》等书记载“黄帝臣夙沙氏煮海为盐”。说明陶烹时期的人们不仅会烹煮食物,而且开始用盐调味,真正地进入烹调领域。另外,这一时期的人们也学会了用酸梅等天然食物调味的本领。

陶烹阶段在历史时期上比前两个阶段短得多,但是处于原始社会生产力发展最高阶段。原始农业和畜牧业出现,粟、稻等已经人工种植栽培,并且频繁地出现在食谱中;牛、羊、马、猪、狗、鸡等已经人工养殖,烹饪原料的获得比采集和渔猎更为稳定和丰富。弓箭、渔网等工具的发明和不断改进,使通过渔猎获得的食物原料逐渐增多。这些都为陶烹阶段大发展提供了物质条件保证。

综上所述,蒙昧时期饮食文化的特点主要体现在以下几方面:经历极其漫长的历史时期;已经掌握火的使用技术;原始农业和畜牧业使获取食物的来源扩大;使用陶器进行原始意义上的蒸、煮烹饪;使用盐调味已经普遍,并且学会用酸梅来调味。

第二节 中国饮食文化的萌芽时期

一、专职厨师的出现

传说尧舜时期江河泛滥,尧起用大禹治理洪水。大禹治水全力以赴三过家门而不入,经过艰苦努力,最终用疏导的方法治理了洪水,保障了黄河下游部落人民的生存,为恢复和发展生产创造了条件,并引导华夏民族走上以农为本的道路。洪水退后,农业生产有了较大的提高,农产品等食物和手工制品除去消费之后有了初步剩余,在此基础上产生了私有制,出现了阶级分化,国家逐渐形成并最终产生。大禹死之后,其子启即位,建立了中国历史上第一个王朝——夏朝,不劳而获并且富有的统治阶级逐渐形成。这些统治阶级衣食无忧,开始追逐美味佳肴,追求饮食给精神上带来的慰藉和享受。

统治者追求饮食享受,必然会产生专门以烹调美味佳肴为生的厨师职业,被后世庖厨奉为祖师的彭祖,传说即生活在夏朝时代。据《周礼》、《礼记》等记载,中国原始社会后期的父系氏族社会时期,传说中的尧舜时代,就已经出现了原始的宴会,产生了主要为部落首领服务的专职人员——庖人。作为饮食文化的承担者,不言而喻,厨师的作用十分重要。专业厨师出现之后,饮食文化也就具备了发展的前提。

二、夏商时期的主要食物

(一)主要食物原料

1. 黍与稷

夏商两代以农业为主,当时的人们已经比较广泛地开展种植黍与稷。甲骨文当中出现最多的粮食就是"黍",统治者经常占卜黍的收成如何,显示出黍是当时的主要粮食作物,在民生当中占有重要的地位;稷在甲骨文中也时有出现,但是多与祭祀有关,显示出在祭品中稷比黍占有更重要的地位。

2. 稻与麦

在甲骨文中还出现过秜,也就是野生稻,早在商代已经开始栽培。因为北方水少,不可能广泛种植。值得一提的是,商代已经有麦子,但因为种植不是很普遍,所以把麦子作为珍稀美食。甲骨文中有"告麦"的记载。所谓"告麦"就是商在外的官吏窥伺临近部落种植的麦子是否成熟,熟则派人秘告给商王,商王再派兵遣将去掠夺,由此可见商朝人种麦数量不多但是对麦子却十分重视。

3. 蔬菜和水果

菜者,采也。上古之人的食物不足,就采些野菜充饥。进入文明社会之后,人们逐渐认识到蔬菜不仅能够补充食物的不足,还可以调节脏腑的功能。因此,即使在粮食充足的情况下也要吃些蔬菜作为调剂。商代统治者已经充分认识到吃蔬菜的重要性,专门修建"圃"为他们种植蔬菜。换言之,到了商代,蔬菜已经从野生采摘发展到人工栽培。此外,据考证,商代已经有栗子、桑葚、杏、杜果等水果了。

4. 动物性食物

夏商两代,肉类也是重要的食物原料。历史上这两个朝代屡次迁都,反映了田猎和游牧在日常生活中仍然占有很大比重,因此,饮食生活当中肉食也是比较丰富的。《夏小正》中就有关于夏代牧马、养马、骟马以及养羊的记载。在二里头文化遗址和龙山文化遗址都曾经出土了大量的家畜遗骨,说明夏代畜牧业已经是肉食的重要来源。历史上还传说夏启征服了叛乱的有扈氏之后把俘虏作为"牧竖",也就是放牧家畜的奴隶,由此可以推断那个时期放牧业已经具有较大的规模。

商代的畜牧业更为发达。甲骨文中有"庠"(羊圈)、"牢"(牛圈)、"厩"(马圈)和"圂"(猪圈)等字体,说明商代不仅放牧,而且还有家庭畜养。考古学家在殷墟发现了大量"六畜"(马、牛、羊、鸡、犬、猪)的遗骨。商代畜牧业发达的一个重要证据就是,在祭祀当中经常宰杀成百上千头的牛羊作为牺牲。此外,在安阳小屯的发掘物中还发现随葬的陶罐里放有鸡蛋,说明当时已经广泛养鸡并且食用鸡蛋了。

（二）食物的加工制作

夏商两代对食物的加工方法基本是煮、蒸、烤、炮、炙，普通人的食物主要是饭和粥，生活条件优越者或者统治者还可以吃烤肉、炙肉、煮肉，最底层的奴隶则食不果腹。

新石器时期已经具备对谷物进行脱皮加工的技术。在裴李岗文化遗址、磁山文化遗址和河姆渡文化遗址都发现了石磨盘和石磨棒。此外，在商代的墓葬中还发现了杵臼，这是专门给谷物脱皮的器具，足可以证明商代人们已经能够食用脱皮的谷物。

用以煮粥的器具是鬲。从殷墟出土的陶鬲来看，其容量大小只够一人一餐的饭量，由此可以断定商代人们进食的方式是一人一鬲的分餐制。鬲因此也就成为计量劳动力的基本单位，商代就把一个单身奴隶或一个成年劳动力称为"一鬲"。

鬲中加米与水烹煮即为粥（米比水多比较黏稠的粥则称之为馇）。如果煮的过程中，在米还未成熟之前就从水中捞出，再置入甑中蒸熟则称为饭（食用之际用簋盛装）；煮饭的水即煮米汤则被称为浆。浆在当时颇受欢迎，是社会上普遍流行的饮料。蒸出的饭米粒不黏（当时以不黏的米为优质米），香甜可口，是贵族的最爱；普通人则只能食粥度日。

发达的畜牧业使得肉食成为当时餐桌上并不罕见的食物。当时肉的食用方法是将蒸熟或烤熟的大块肉用铜刀切割成薄片之后蘸酱食用。商代妇好墓中出土的"气柱甑形器"，直径三十一厘米，中间有气柱，与今天的汽锅十分相似，由此可以推测商代贵族对蒸肉十分青睐。

值得一提的是，酒在夏商时期制作技术已经成熟。在新石器中期的大汶口文化遗址中发现有饮酒用器具、盛酒用酒瓮、制酒用具滤酒缸等。在二里头文化遗址中出土的青铜狭流爵，是目前发现的中国最早的青铜酒器。商代造酒、饮酒之风更盛。商人已经掌握了使用酒曲造酒的技术，河北藁城商代遗址中曾经发现了十多公斤的酿酒酵母。

三、饮食的丰俭与王朝的兴亡

（一）精美的食器

夏商时代的统治者在饮食生活上不仅追求美味佳肴，而且开始注重"美食配美器"，日益讲究精美的餐具、食用器具。《韩非子·喻老》记载"昔者纣为象箸而箕子怖。以为象箸必将犀玉之杯。象箸玉杯不羹菽藿，必不衣短褐而食于茅屋之下，则锦衣九重，广室高台。"从一个侧面反映出夏商时代的统治者已经追求餐具之美，并且开始注重进餐环境了。那些高台广厦视野极佳的场所，以及象牙筷子和犀牛角美玉雕琢的酒杯，是统治阶层追求和向往的饮食境界。

夏商统治者使用的最早的青铜食器大约是鼎。在我国很早就有大禹铸鼎定九州的传说。最初鼎是食器,是用来烹煮肉类食物的炊具,后来逐渐被镬代替,鼎充当起礼器(宴飨、祭祀以及表示身份地位)的作用,成为身份和地位的象征。夏商时期流传下来的青铜器造型精美,工艺精湛,上面纹饰庄严肃穆。在正式宴请宾客之际,鼎等食具体现宴会主人的身份地位,也营造出一种凝重威严的宴会气氛。

(二)饮食的奢侈与王朝的衰亡

1. 饕餮的含义

饕餮是黄帝时代缙云氏的儿子,是个崇尚奢侈、贪财好吃且没有丝毫同情心的人。后人逐渐忘记了饕餮的本义,只是把它作为贪吃者或能吃者的象征而保留下来。在1959年湖南宁乡出土的商代禾大方鼎的四壁上分别纹饰有四个极大的人面像:阔嘴宽鼻,两目圆睁,两额长角,两腮出爪,有脸无身。考古学者推断它们大概就是饕餮。后来人们在铸鼎的时候把饕餮作为必要的纹饰,实际上就是要告诫人们饮食有节,勿要放纵食欲,以免伤身害体有损健康。

2. 统治者的饮食与国家兴亡

先秦哲人告诫人们不要贪吃,并非是出于饮食营养与健康的角度出发,而是从统治者品德、甚至从治理国家角度来考虑的。作为个人的消费、尤其是饮食生活上的用度总是有限的,这一点正如《庄子·逍遥游》中所说"鹪鹩巢于深林,不过一枝;偃鼠饮河,不过满腹。"多吃点儿多喝点儿对社会没有什么大害。可是,在距今三四千年前的时代,先秦哲人在总结历史经验过程中,一致认为夏商两代之所以灭国,就是因为统治者过于追求饮食生活的奢靡所造成的。

在漫长的原始社会时期,人类通过自然采集和渔猎等手段获得必要的食物,是由全体成员共享的。当中国人踏入文明社会的门槛,建立了历史上第一个奴隶制王朝——夏朝之后,社会成员被分为统治阶级和被统治阶级。其中,作为统治阶级的奴隶主和贵族,利用手中的权力占有社会上绝大多数的生活资料,广大的社会民众只能得到很少的生活资料,社会不平等强烈地冲击着习惯于均分生活资料的人们。不仅如此,夏商两代生产力水平低下,粮食和其他食物的数量并不是十分丰富,有时甚至连国君都会面临食物短缺的困境。这在《逸周书·文传》的记载中就能够体现出来:"小人无兼年之食,遇天饥,妻子非其有也;大夫无兼年之食,遇天饥,臣妾舆马非其有也;国无兼年之食,遇天饥,百姓非其有也。"

因此,统治者在饮食上过度奢侈浪费,将会加剧被统治者的不公平感和被剥削感,从而引起全社会的反对,最终酿成政治上的统治危机。反之,如果统治者在饮食生活上能够自我约束量腹而食,奉行节俭的日常饮食生活,与当时社会消费水平大体适应,就会得到人们的称赞和拥护。这一点在夏商两朝的历史上能够非常清楚地显示出来。

夏朝的开创者大禹就是历史中的节俭模范。古书记载大禹能够做到"卑宫室、菲饮食、绝旨酒"因此得到广大人民的拥护;商朝的开创者商汤也是艰苦朴素节俭度日的国王,他的节俭生活甚至感动了烹调技艺高超的宰相伊尹。纵观中国古代历史,大多数国家的开创者深知立国艰难,因此能够体贴民情,与臣下同甘共苦。可是,随着时间的流逝,他们的后代逐渐忘记祖先创业的艰难而变得骄奢淫逸起来。更何况古代的文化生活十分匮乏,饮食作乐或许就是统治者最开心惬意的事情。因此,夏商两代的后任统治者最终不能保持其祖先的勤俭美德,醉心于肥甘厚味、纵欲滥饮的饮食生活。结果,这种饮食过度的行为成为统治者的一大罪状,引起全体国人的反感,并最终导致这两个朝代的灭亡。据《五子歌》记载:"甘酒嗜音,峻宇雕墙。有一于此,未或不亡。"意思是君王如果酷爱饮酒的话国家就会有灭亡的危险。由此可见古代哲人认为夏商统治者饮食过度奢侈是最重要的亡国原因之一。

纵观夏朝的历代君主,多有沉湎于酒并进餐时歌舞助兴的行为。末代君主桀则更是一个极端放纵自己口腹之欲的君王,终日与宠妃妹喜饮酒,不理朝政,最终导致了商汤灭夏。商朝的统治者鉴于夏朝灭亡的教训,建国初期的几代君王能励精图治,大力发展社会生产,使得社会生活得到较大发展。可是,到了商朝的末代君主纣,其罪行几乎就是夏桀的翻版,甚至做出"酒池肉林"这样荒淫无道之事,最终引起民愤,被周武王姬发所灭。

综上所述,萌芽时期饮食文化的特点主要体现在以下几方面:主要的谷类食物有黍、稷,麦作为食物原料已经得到开发,人们可能食用野生水稻;在人们餐桌上,饭、粥、浆已经比较普遍,家畜(如猪、马、牛、羊、狗)肉、鸡肉、鸡蛋等也已经作为餐桌上的食物而出现;掌握了酒曲造酒技术;统治阶级穷奢极欲,制造出精美的青铜食器、酒器,尽情放纵口腹之欲,由此也导致了国家灭亡。

第三节　中国饮食文化的形成发展时期

一、周秦两汉时期的食物原料

(一)蔬菜、水果和谷类食物

1.谷类食物

周灭商入主中国之后,农业成为周朝的立国之本。周公就曾经告诫周朝的统治者说:"先知稼穑之艰难乃逸。"从《诗经》的许多篇章中可以看出周代的农业生产状况。在统治者非常重视农业的背景下,周代的蔬菜、水果和粮食作物已经比较丰富多样了。除夏商时代广泛种植的粟、稷、黍之外,麦、粱、稻、菽、菰在人们食物中所占的比重明显提高。

(1)麦。夏商时代麦的种植还没有完全普及开来,进入周代之后,由于周人始祖后稷就擅长种麦,因此,春秋战国时期,麦子在中原地区成为主要粮食作物。

(2)稻米。在夏商两代时期,稻米种植面积很少,只有极少数的统治者才能够偶尔食用。到了周代,稻米的种植已经得到普及,在人们食物中的比重逐渐增大,进入常食之列。

(3)粱。周秦之际的粱,是指品质优良的谷,属于粟类。贵族在食粱时常与稻并食。《礼记·曲里》中记载"岁凶,大夫不食粱"的礼制,可见当时粱也是比较昂贵的食物。

(4)菽。菽也就是大豆,在先秦百姓的食物中占有非常大的比重。在先秦时期菽主要是粒食,也有与其他谷类一起蒸食的,所谓的"半菽之饭"就是指掺着大豆的豆饭。

(5)菰。菰即菰米,米粒细长,深褐色,制成饭后甘甜滑软,是当时贵族的常食之物。据考证,到了宋代之后,菰米逐渐从人们的日常餐桌上消失了。

2.蔬菜

周代蔬菜种类已经非常多,现代社会普遍食用的蔬菜如韭、瓠、葱、薤、芥、蔓菁、萝卜、瓜、芹菜(水芹)等都有种植。此外,还有一些蔬菜当今已经不再食用,如葵菜、苦菜、藿叶(嫩豆叶)、蓼、藜、蘩、蘋、荇菜等。并且,在周秦两汉时期,种菜已经成为一种专门的职业,《周礼》中就有"场人"的设置,他们负责管理周天子的园圃。张骞通西域后从西域陆续传入了黄瓜、芫荽、茴香、胡豆(蚕豆)、豌豆、大蒜、莴苣等蔬菜,即使在今天也仍然是中国人的主要蔬菜品种。

3.水果

夏商时期的水果主要以自然采集为主;到了周代,已经有了果园,人们对水果的食用数量和种类已经远远地超过了夏商两代。仅《诗经》里记载的水果就有桃、李、梅、枣、栗、梨、山葡萄、木瓜、猕猴桃、橘、枳、柚等。张骞通西域之后,葡萄、胡桃、无花果、石榴、西瓜、哈密瓜等水果传入我国。此外,江南还有一些热带特有的水果,如甘蔗、荔枝、龙眼、槟榔、橄榄、香蕉、椰子等。

(二)植物油

现代烹调当中不可或缺的植物油,是在西汉时期开始被广泛使用的。先秦时期人们的食用油主要是动物脂肪。麻在先秦时期被广泛重视,人们不仅用其纤维,也食用富含油脂的麻籽。汉墓也曾经出土了很多的油菜子,可知汉代已经开始利用菜子榨油使用。此外,胡麻(芝麻)的传入同时也带来了榨胡麻油的技术。

植物油最初大概多用于点灯照明或作为战争中的燃烧物使用。芝麻油可能是植物油中最先大量出现并食用的。早在三国时期,人们已大量使用芝麻油了。《三国志·魏志·满宠传》载,东吴孙权攻魏合肥新城,魏将满宠"募壮士数十人,折松为炬,灌以麻油,从上风放火,烧贼攻具"。至于人们开始普遍食用植物油的时代目前可以确定是在魏晋南北朝时期。

（三）动物性食物

1. 肉类

周代肉类的来源主要是狩猎和畜牧。周代统治者把狩猎看作一种娱乐和军事训练。《周礼》记载周朝专设"兽人"负责周天子狩猎时获得的禽兽。据考证，当时贵族统治者食用的肉类有牛、羊、猪，普通百姓则只能偶尔食用狗、鸡、鸭等肉类。

周代统治者极其重视农业，对畜牧业却不是十分重视，周代的畜牧业远远不及商代的规模。究其原因，大概是因为农业耕地的开拓使放牧的土地大量减少的缘故。畜牧业不发达，肉食生活必然要受到很大的限制，当时食肉已经成为达官贵族的代名词。《左传》写曹刿论战时称鲁国贵族"肉食者"就是证明。两汉时期畜牧业有了很大的发展，司马迁《史记·货殖列传》中记载，汉族地区畜养牛羊一二百头的农家大量涌现。因此，两汉时期平民百姓每逢节庆之日必将杀猪宰羊以示庆贺，肉类已经走上寻常百姓家的餐桌，不再是贵族统治阶层的专享食物。值得一提的是，汉朝时期狗肉是普通百姓常吃的肉类品种。

2. 水产品

周代人们对鱼的认识已经十分深入，知道哪些鱼好吃哪些鱼不好吃，《诗经》中提到的鱼的种类就已经有十八种之多。鳖在周代是贵重食物，即使贵族也只有在宴请时才食用；两汉时期鳖的身价暴跌，街头酒肆即有兜售者。周代的捕捞业和养鱼业在文献上也有明确的记载，那时已经懂得了保护鱼类资源的重要性，要求捕鱼时要避开鱼类繁殖期，不得用小网眼的渔网捕鱼等，可见华夏祖先眼光与智慧的远大和高明。

（四）调料

人类最早用的调料是盐，蜂蜜和姜在中国人的餐桌上出现大约始于春秋时代。周人用盐已经十分讲究，周王室设有专门掌管盐政的"盐人"。梅子含有果酸，周以前就已经被人们用于清除鱼肉中的腥膻之味，梅子的汁液可以制成饮料"醷（音意）"，更宜于用在食物的调味上。姜在周秦两汉调料中占有重要的地位，被称为"和之美者"，人们主要从姜中获取辛的味道。蜜和饴（甘蔗汁）主要用于制造甜食点心，偶尔也用于给老人调和羹汤。

人工调料主要有醯（音西），即醋，是醷的替代品。醯是酿造出来的，口感远远好于酸梅。周王朝专设"醯人"掌管醋的生产贮存。战国时期的楚和秦汉时期用豆豉调节苦味。人工调料中最重要的是酱。因为当时人们吃的肉食多数味道寡淡，进食之际只有蘸酱而食才能增加咸香之味。醢（音海）是以肉制成的酱，周代讲究吃不同的肉蘸食不同的酱。孔子《论语·乡党》中就说"不得其酱不食"。

（五）饮料、茶与酒

周秦两汉时期的普通百姓日常生活中主要饮用浆这种饮料。浆指米汤，是蒸饭时的副产品，或直接饮用味道甘甜，或加以发酵使之略带酸味和酒味。当时的街市上已经有专卖浆的商人小贩出现,说明社会对浆的需求量是相当大的。

天子诸侯贵族的饮料则比普通百姓高级得多。主要种类有"六饮",即水、浆、醴(甜酒)、医(同醷)、酏(音移,黍酒)、凉。南方荆楚一带贵族不仅喜欢用水果榨制的饮料,还十分注重调制出饮料的芳香和清凉感觉,这一点可从《楚辞》当中得以证明。

周秦两汉时期的人们已经懂得饮茶,但不是很普遍,饮茶习俗只是在南方地区流行。汉王褒《僮约》记载着所买之僮应承担的工作范围就包括要在家里煮茶和去茶叶市场买茶,可见汉朝时期南方饮茶已经比较普遍。

周秦两汉时期的酿酒业发展表现为酒的品种增加和酿酒技术的提高。《周礼·酒正》记载了酿酒需要"辨五齐之名",《礼记·月令》则记载了酿酒必须执行的六个操作要点,说明当时的酿酒技术已经比较高超了。

(六)食物的加工与烹调

在我国历史上,对食物加工进行比较完备的文字记载始于周代。这是因为到了周代,整个社会各阶层对食物的要求越来越高。所谓"食不厌精,脍不厌细",正是对这种日益增长的饮食要求的形象反映。

1.对主副食有明确的区分

中华民族开始比较稳定地以谷类食物为主食,大约是在夏商后期。春秋时期人们对于主副食已经有了清晰的认识,把能够为人体提供大部分营养素的粥饭视为主食,当时称之为"食"或"饭"。人们非常重视构成主食的原材料——谷物,《黄帝内经》中就有"五谷为养"的说法,而其他的"五果"(水果或干果)、"五畜"(肉类)、"五菜"(蔬菜)只能是"为助"、"为益"、"为充",则是处于辅助的地位。

2.主食多样化

尽管周秦两汉时期普通民众的主食基本上是粥和饭,但是饮食奢侈的贵族在粥饭上却非常讲究。《吕氏春秋·本味》中记载了许多"饭之美者"。此外,还出现了许多花色粥饭,如甘豆羹、蜜饭等。不难看出,这些粥饭与上古时期有了很大的区别,反映出食品加工水平的进步。

把小麦粉制成饼来食用就是在这个时期出现的。饼出现之前,粥饭是主食中的主角,饼出现之后,很快在主食当中占据十分重要的一席之地,并最终形成北方主要食面、南方主要吃饭的饮食格局。战国时期出现的饼最初时种类较少,到了汉代之后,饼的种类开始多了起来。有"汤饼"(类似于面条)、"水溲饼"(煮熟后的过水面);讲究的面条用鸡汤和肉汁和面制作而成,如历史上的"髓饼法"就是以油脂和面制成面条。张骞通西域之后胡饼传入中国。胡饼与今日的烧饼非常类似。到了东汉末期,发酵法用于面食制作,于是蒸饼、馒头(包括有馅的包子)等也随之出现。

豆腐也是这个时期发明的。据说发明者是西汉淮南王刘安。另据《盐铁论·

散不足》记载,当时社会上已经有了所谓的"豆饧"即甜豆浆。考古学者根据出土的汉代壁画和汉代水磨推断出当时完全具有制作豆腐的技术水平。

先秦时期的点心十分简陋和原始,《周礼》有"笾人"之职,负责制作点心制品如"餈"、"饵"。其中"餈"是把煮烂的米捣制成饼,"饵"是把米屑或麦屑捣成饼形再蒸熟。南方楚国的点心则讲究一些,《招魂》中就记载"粔籹"、"蜜饵"、"帐惶"等名点。其中,"粔籹"就是油炸环形饼外蘸蜜糖,"蜜饵"就是饵外裹上蜜糖,"帐惶"是类似于麦芽糖一类的甜点心。

3. 食物加工技术大有进步

经过长期的经验积累和摸索,周秦两汉时期的烹饪技艺和食品加工技术有了很大的提高,并对此进行了相应的总结和记录。流传下来的记录烹饪技艺和饮食思想的一些书籍,对后世人们的饮食生活发挥了极大的指导作用。

为了使得烹饪菜肴更加美味,需要对原料进行分档取料。《周礼》中已经有关于分档取料的记载。如动物身体哪些部位肉质鲜美、哪些部位有异味不能食用,书中都有比较详细的记载。此外,选料时还要坚持以下原则:小猪要选肥而结实的,羊毛柔软的话则羊肉鲜美,善于长鸣的鸡才肥美,兔子眼睛明亮则表明肉质上乘,等等。

烹饪技艺的提高还表现在刀工技术上。《庄子·养生主》当中关于"庖丁解牛"的篇章,非常形象地表现出当时厨师刀工技术的高超。调味在这个时期里已经上升到理论高度,"五味调和"的思想在此后的两千多年一直指导着中华民族的饮食生活。在对食物进行调味时,十分注重根据不同原料和不同季节选用与之相适应的调料。这种对天时季节的重视,是中国天人合一的理念原则在饮食上的具体应用,也是中国饮食文化的特性之一。

烹饪方法主要有蒸、煮、炙、烤、炮、煎、熬、濯、胹等。其中,煎和熬是夏商时期所没有的烹饪方法,濯就是炸(另一说法是汆),胹(音而)就是小火煮。肉主要制成脩、脯、腊等制品,新鲜的蔬菜则大部分用来制作调羹或伴食脯、脩、脍、醢等,或者制成菹和齑(两者都是泡菜,整个的蔬菜叫菹,切碎的叫齑)贮存。此外,这个时期的人们还发明了把水果用蜜糖腌制保存的方法,如把梅、桃制成"梅储"、"桃储",实际上就是今天的果脯。

二、食制、等级差别与羹

(一)食制

先秦时期的普通民众一日进食两次。早餐叫作饔,时间大约在 10 至 11 时;晚餐叫作飧或餔,时间大约在下午 3 至 5 时。天子诸侯钟鸣鼎食,食前方丈,每餐进食时间很长,一日二餐也合乎他们的生活习惯。两汉时期,由于皇帝开设早餐制度,因此,统治阶级的日常饮食普遍变成一日三餐,而皇帝则根据具体情况一日可以进食四餐。普通民众仍然是一日二餐,生活条件比较好的可在早晨加食"寒具"(小食品,一般是油炸面食)。

(二)分餐制与饮食等级

这个时期进餐施行的是分餐制,整个社会各阶层,无论是普通百姓还是帝王将相都是各吃各的,互不干扰。关于分餐制的具体内容参见第六章中式烹调和进食方式部分内容。

周代是等级森严的宗法社会,按照周礼,各等级的饮食生活都有固定的模式不许僭越。《周礼》记载天子便宴,"食用六谷,膳用六牲,饮用六清,馐用百有二十品,珍用八物,酱用百有二十瓮。"也就是说,只要是当时有的食物就要全部端出来供国王选择食用。诸侯招待上大夫的宴会等级是八豆、八簋、六铏、九俎,外加雉、兔、鹑、鴽四种野味;招待下大夫的宴会等级是六豆、六簋、四铏、七俎而没有野味,与招待上大夫的宴会相比,减少了四分之一还不止。周代饮食的总体情况是,只有贵族、统治阶层才能够经常吃肉,平民庶人则只能吃到五谷蔬菜,至于奴隶则大多数连脱壳的粟米饭都吃不上。秦汉时期虽然饮食生活水平大有提高,可是从史书记载来看,一般百姓款待客人也不过是黍饭加鸡肉,日常生活则仅能以菜下饭。

(三)羹

1. 羹在饮食生活中的重要性

羹,也就是汤。现代餐馆酒肆中以羹命名的大多是比较浓稠的汤或粥。古代的羹则主要是指非常浓稠的汤汁。例如,肉羹其实就是浓稠的肉汁。在当时中国人的餐桌上,羹是最适宜佐餐和下饭的食物种类。比较高级的羹不仅要用肉或鱼来烹制,还要加入一些米屑增稠,如同今天我们制作菜肴和羹汤时加入淀粉勾芡一样,增加食物在口腔中的润滑感觉。

史书记载,中国最初的羹是一种不具备五味的肉汁即"大羹"。远古时代,五味还没有进入烹饪领域,人们吃的羹汤只能是清水煮制没有味道的食物。后来随着烹饪技术的发展,制羹才逐渐复杂起来。在等级森严的周秦两汉时期,羹是人人都可以吃的大众化菜肴。在周秦两汉时期,厨师的烹调技术高低,完全可以通过他制羹的水平来确定,因为制羹需要较高的技术和敏锐的辨味能力,只有在实践当中才能熟练掌握和运用,也只有制羹才需要调和五味。

羹在周秦两汉时期的饮食生活中之所以占有重要的地位,是因为当时中国人的主食是饭,贵族统治阶层经常食用的脍、脯、炙,以及采用烹、炮等方法制出的肉食,大多数淡而无味,并非如今天一般是佐餐下饭的美味佳肴。那时只有羹才具备五味调和的特点,因此成为下饭的最佳食物。

2. 羹的种类

周代羹的名目繁多,肉类都可以制成羹来食用,如牛羹、羊羹、犬羹、兔羹、雉羹等。普通民众没有肉食,就用一些蔬菜制成菜羹。如果肉羹里加上蔬菜,就被叫作芼羹,羹里面的菜要用专用工具"挟"即筷子来送到嘴里吃。汉代羹的制作有所进步发展,不仅种类数量增多,制羹的花样也讲究不少。如白羹中分为鹿肉鲍鱼笋白羹、鹿肉芋白羹、鲫白羹等。张骞通西域之后还从西域传来了胡羹。

3. 羹的食用

羹在食用之前一般都调好五味上席供客人直接食用。但是为了照顾客人的口味,在客人的餐桌上还摆放有盐、梅、醯、醢,表示客人可以根据自己的喜好酌情添加。不过,在《礼记·曲礼》中要求客人不要往端上餐桌的羹里再添加其他调料,因为这样做会使主人觉得自己调的羹不合客人口味而感到难堪。

综上所述,周秦两汉时期是羹兴盛的时期。随着食物种类的增加、烹饪技术的提高以及森严的等级制度土崩瓦解,菜肴种类和数量不断增加而且更加美味,人们就不再需要羹来下饭,从而导致羹在饮食生活中的地位不断下降,最终和辅助性菜肴汤的地位相当了。

三、南北食系的形成

在我国饮食文化史上,到了周代以后,就已经初步形成了南北两大食系:以周文化为传统的中原饮食文化和受到殷商文化影响的同时反映自身地域特色的荆楚饮食文化。两种饮食文化具有代表性的饮食,就是周代的"八珍"和《招魂》、《大招》里描写的盛宴。

(一)中原地区的饮食风格

"八珍"是周天子吃的八种美味佳肴的简称。"八珍"集中体现了中原地区的饮食文化的风格,是能够代表当时食物烹调技术的八种食物。具体而言,八珍包括淳熬、淳母、炮豚、炮牂(音脏,母羊)、捣珍、熬、渍、肝膋(音辽,肠间脂肪)。

淳熬、淳母。淳熬是把煎熟的肉酱加在旱稻米饭上,淳母同法但用的是黍米饭。

炮豚、炮牂。炮豚就是烤小猪,用料有红枣、米粉、调料,把小猪宰杀之后,弄净内脏,经过炮烤、挂糊、油炸、慢炖等工序而成;炮牂只是将原料小猪换成羊羔,其他制作步骤与炮豚完全相同。

捣珍。捣珍是把牛、羊、鹿、猪等草食动物的肉以石臼捣去筋膜后,用水余吃或用油炸吃。

渍。渍是把新鲜牛肉切成薄片用酒腌制之后蘸醋、梅调味食用。

熬。熬是将牛、羊肉捶捣去筋,加姜、桂、盐腌好干制食用。

肝膋是将狗肝用网油裹住,调好味道之后再放到火上烤熟食用。

如果把炮豚、炮牂算作一珍的话,那么再加上"糁"(音三)则可凑成八珍。所谓糁类似于今天的煎肉饼,具体做法是取等量的牛、猪、羊肉各一份,切碎之后与米混合(米和肉的比例为2:1)制成有米的肉饼,煎熟之后即可食用。

对以上食物进行分析不难看出,周代人们已经懂得烹饪中选料的重要性,同时还十分注意刀工技术的运用;那时已经广泛应用挂糊技术;炮烤类食物事先腌制入味,以家畜肉为主。

(二)荆楚地区的饮食风格

史学家公认屈原《招魂》和景差《大招》中所列举的食物体现了先秦时期荆楚饮食文化风格。其中,《招魂》中备陈楚国宫室之雄伟壮观、侍女之温柔淑美以及食物之精美无比,以此召唤怀王之魂。关于食物之精写道:"室家遂宗,食多方些。稻粢穱麦,挐黄粱些。大苦咸酸,辛甘行些。……"译成白话就是:"稻米粟麦作粥饭,饭中掺着黄粱;大苦咸酸有滋有味,辣的甜的也都用上;……清炖甲鱼火烤羔羊,再蘸上新鲜的甘蔗糖浆;醋熘天鹅肉煲煮野鸭块汤,还有滚油煎炸的大雁鸽和鸽子;卤鸡配上大龟熬煮的肉汤,味道浓烈又脾胃不伤;甜面饼和蜜米糕作为点心,再加上很多麦芽糖;……冰镇清酒真爽口,请饮一杯甜又凉;……"

《大招》中也描写了很多楚国宫室饮食之美:"五谷六仞,设菰粱只。鼎臑盈望,和致芳只。内仓鸧鸹,味豺羹只。……"译成白话就是:"五谷堆满了粮仓,宴席上把雕菰米饭陈放;鸧鹒、鸽子、天鹅与豺狼、飞禽野味做羹汤;……鲜美的大龟和嫩鸡,调和着楚国的好酸浆;烤乳猪、炖狗肉、蘸苦酱,佐以小菜鬼子姜;吴国酸菜味道美,不浓不淡正适当;……叉烧灰鹤煮野鸭,鹌鹑煮得烂又香;煎鲫鱼,雀肉汤,味道永远都难忘;冰凉饮料真清凉,到口甘滑流入肚肠;……"

从以上两首楚辞对食物的描写可以看出荆楚饮食文化与中原饮食文化具有很大的差别,显现出中原地区和荆楚地区已经形成了各具特色的南北食物体系。荆楚地区的人们除了粥饭之外还重视饼饵,精致的饼饵已经能够摆上盛大宴会的席面,说明南方磨制粮食的技术高于北方,"面食"比重在逐渐提高而"粒食"比重在下降;副食上注重野味和水产品;在口味上重视苦味、酸味和辛味,这与荆楚地区天热有关;甜食盛行,这与南方盛产甘蔗汁有关。

四、饮食文化的扩展

(一)饮食与政治

在中国历史上,饮食与政治的关系在周秦两汉时期尤其重要。周代与两汉都是中央王朝与封建诸侯并存的历史时期,天子与诸侯、诸侯与诸侯朝觐会盟都离不开宴飨。周制所谓"以饮食之礼,亲宗族兄弟"、"以享燕之礼,亲四方之宾客"等清楚地反映出饮食与政治之间的密切关系。

1.厨师宰相伊尹说汤

商汤时期的著名厨师伊尹就曾经亲自拿着厨具面见商汤以烹饪为例说明得天下与"至美味"之间的密切关系。首先,伊尹用食物气味不同就应该采取不同的烹饪方法才可制出美味以喻治国应有具体性,对具体问题要具体分析;其次,还以水火两端为例说明治理天下需要圣明君主与贤能大臣之间密切配合才能一统天下；最后，伊尹指出天下美味并非出于一地，只有贵为天子按照天道行事才能把这些美味网罗到眼前食用。

2. 国家组织中的饮食相关机构

商周秦汉都是宗教与政治融为一体的国家，祭祀与政治活动自然地纠缠在一起，所谓"国之大事，惟祀与戎"。而祭祀往往与食物相关，因此，厨师必然也是高官。商朝的宰相称为"冢宰"，史书记载武丁即位"三年不言，政事决定于冢宰"；周朝的总领百官协助天子处理国家大事的官员被称为"太宰"，即是商朝的"冢宰"。据《国史要义》说："所谓太宰者，实亦主治庖膳，为部落酋长之总务长。"周朝的膳夫权力很大，可参与周王室的最高级别会议。

此外，《周礼》所载的官员及其所管理的人员数目也可以说明饮食在周王室中的重要地位。

3. 饮食的亲和作用

周代为了亲宗族兄弟以及四方之宾客，君王在朝堂之上经常举行盛大的宴会和赏赐活动。《左传》、《国语》中记载了许多诸侯之间的会盟之礼都有相应的饮食之礼出现。大家在一起通过宴饮，营造出和谐的君臣气氛或者和谐的人际关系，这就是饮食的亲和作用。此外，饮食文化渗透到政治文化之中，在传统的政治生活中引入调和观念，使政治生活尽管有时无法避免斗争，但是要尽量以调和止息为最终目的。

（二）饮食与古代医学

中国古代医学源于饮食。周秦两汉时期人们相信，人们吃的食物与治疗某种疾病具有神秘的联系。《周礼》中设有"食医"一职，基本职责是"掌和王之六食、六饮、六膳、百羞、百酱、八珍之齐。"不难看出，"食医"就是专门掌管周天子的主副食和饮料，类似于今天的职业营养师。即使是"疾医"（内科医生）、"疡医"（外科医生）也都强调饮食的重要性，如"以五谷、五味、五药养其病"、"以酸养骨、以甘养肉"等治疗理念大行其道。战国时期，全面阐述中医理论的《黄帝内经》的出现，正式确立了我国药食同源的思想。

五、先秦诸子对饮食文化的思考

（一）儒家的饮食观

孔子十分重视饮食生活在政治生活中的重要地位。据《论语》记载，孔子认为在三个立国基本条件（即兵、粮、信）当中，粮排在第二位，处于比兵还重要的地位。《论语·乡党》中还记载了饮食与祭祀的关系。如"祭于公，不宿肉。祭肉不出三日。出三日，不食之矣。"即参与国家祭祀得到国君赏赐的肉要在当天吃完，绝对不能剩下留到第二天；家庭祭祀的肉也要在三天内吃完，否则就不许再吃了。"虽蔬食菜羹、瓜祭,必齐如也。"说明孔子对待饮食的态度十分严肃,即使是粗茶淡饭也要饭前祭祀。

孔子还提出了许多饮食原则,这些饮食原则即使在今天看来也具有现实意义。"割不正不食",就是要求根据肉的纹理来切割,否则的话嚼不烂就不容易消化;"不时,不食"就是说要定时吃饭,不到吃饭的时间不吃;"肉虽多,不使胜食气"就是要求吃饭应以谷类食物为主,肉食菜肴尽量少吃。对酒也有要求,"惟酒无量,不及乱"就是说尽管酒量大小因人而异,但是喝酒的原则是共同的,即以不醉为限度。此外,"不多食"、"食不语"、"不撤姜食"等也蕴含着丰富的饮食养生理念,是值得我们用心体会的。

儒家的另一位代表人物孟子则承认"食色,人之大欲存焉",肯定了人们追求口腹之欲的正当合理性。孟子还说过"鱼,我所欲也;熊掌,亦我所欲也",说明了他对美味佳肴的态度。不过,孟子坚决反对统治者为满足自己的饮食喜好而盘剥广大普通民众,他想要建立的理想社会是"五亩之宅,树之以桑,五十者可以衣帛矣。鸡豚狗彘之畜,无失其时,七十者可以食肉矣。百亩之田,勿夺其时,数口之家可以无饥矣。"

荀子则与孟子相反,认为人想吃美味佳肴的欲望是"人性恶"的表现,圣人要制定礼仪矫正不正当的口腹之欲。

(二)其他诸子的饮食观

1. 墨家的饮食观

墨家思想代表封建社会平民阶层即个体农民和手工业者的利益。墨子说"凡五谷者,民之所仰也,君之所以为养也"、"食者,国之宝也",表明墨子认为粮食对于国君和普通民众同等重要。墨子反对统治者食前方丈而普通民众面有菜色的政治局面,强调饮食只要做到"充虚继气,强肱股耳目聪明则止。"因此,理想统治者的日常饮食应该是"黍稷不二,羹胾不重,饭于土塯,啜于土铏,斗以酌。"也就是说统治者使用的食具、饮具不应过于奢华,最好使用陶土制成,饭菜的数量不要太多,一饭一菜最佳。不难看出这只是平民百姓的良好愿望,在现实社会中是很难实现的。

2. 道家的饮食观

道家的创始人老子认为只要不让百姓吃过美味佳肴,老百姓对口腹之欲就不会有非分之想,就会"甘其食、美其服",从而满足于现实生活中的饮食生活。庄子在《养生主》篇也没有提及选用何种食物原料能够达到养生目的的内容。

3. 法家的饮食观

韩非子是法家的代表人物,他不但不反对统治者追求奢侈的饮食生活,甚至认为作为统治者追求满足口腹之欲是顺理成章之事,并不会因此而导致国家灭亡。不仅如此,韩非子反倒要求广大普通民众要勤劳节俭,安心于粗粒藜羹,甚至要求统治者"贵酒肉之价",强制普通民众节制口腹之欲。不言而喻,法家的饮食观得到统治者的热烈欢迎,并且在现实生活中大力推广。

综上所述,形成发展时期的饮食文化特点主要体现在以下几方面:首先,食物的种类数量十分丰富,稻米、小麦、小米、蔬菜、水果、家畜、家禽、水产品、酒和豆腐等已经走上当时中国人的餐桌,即使现在仍然是中国人日常饮食生活中常见的食物种类;其次,中国人的膳食结构即主副食结构分明的特点基本成型,《黄帝内经》中养、益、助、充的饮食思想就是中华民族饮食结构的理论体现;再次,烹饪方式不断进步发展,蒸煮烤炸等食物烹饪方式至今仍在广泛使用;再次,南北食系基本成型并且不断发展;再次,张骞通西域之后,引进大量的食物原料种类,如葡萄、黄瓜、胡饼等,到现在已经完全成为中国本土化的食物;最后,这一时期的饮食思想,尤其是儒家饮食观念被社会各阶层接受,并指导了中国人此后两千多年的饮食生活。

第四节　中国饮食文化的繁荣昌盛时期

一、唐宋元明清时期的食物原料

这个时期人们在继承前人食物原料的基础上,继续从世界各地引进农作物品种,丰富了中国人的食物来源。主要有以下几种重要的食物在这一时期被引进中国并得到推广普及。

番薯。明中叶从南洋传入中国,由于生命力强能够在贫瘠的土壤里生长,后来在全国各地广泛栽培,成为备荒抗灾的重要食物品种。

玉米。原产美洲,最先传入欧洲、非洲,后经中东传入中国。李时珍在《本草纲目》中记载玉米,但明朝玉米并没有普及开来,直到清朝时玉米才在东北地区被广泛种植。

绿豆。原产印度,北宋时期传入中国。

马铃薯。明代马铃薯已经传播到中国,由于马铃薯非常适合在原来粮食产量极低,只能生长莜麦的高寒地区生长,很快在内蒙古、河北、山西、陕西北部得以普及。

花生。又名落花生,原产于美洲巴西。葵花籽也是从美洲传入我国的重要的油料作物。

砂糖。唐朝时期我国已经掌握了制造砂糖的技术。史书记载唐太宗曾经派遣使臣到西域学习熬糖技术回国后以甘蔗为原料制出高质量的砂糖。

辣椒。辣椒原产美洲,明末清初从南洋传入中国。

菠菜。原产西亚一带,唐朝由波斯传入,最初叫"菠棱菜",简称"菠菜"。

胡萝卜。据《本草纲目》记载"元时自胡地来,气味微似萝卜,故名。"还有人认为胡萝卜是唐代时期引入中国的。

茄子。原产于印度,南北朝时期随佛教传入中国,又称"落酥"、"昆仑瓜"等。

燕窝、鱼翅。明朝时期从南洋传入中国,据说是郑和下西洋时携带回国内的。

二、发酵技术的广泛应用与主食的扩展

(一)面食点心制品

1. 发面食品

发酵技术应用于面食点心制作,大约是在东汉之后的事情,南北朝时期已经有了十分详细的记载。贾思勰的《齐民要术》中记载了"作饼酵法",详细地记述了利用易于发酵的米汤作引子发面的方法。用碱中和发酵面团以免过酸的方法则大约产生于宋元时期,元代韩奕《易牙遗意》中记载的"小酵"法就有用碱、"大酵"法则是用酒曲作引子来发酵面食制品。

发酵技术应用最广泛的食品加工领域就是制作蒸饼。魏晋之间以奢侈闻名的贵族何曾吃的蒸饼是"上不作十字不食",五胡乱华时的石虎"好食蒸饼,常以干枣、胡核瓤为心,蒸之使坼裂方食",说明当时的面食发酵技术已经十分高超。

蒸饼中掺入其他馅料的话就很容易发展成为包子,当时名之曰"馒头"。传说馒头大约是三国时期的诸葛亮南征孟获时发明出来的。宋朝时期饮食市场十分繁荣,据《梦粱录》记载当时有名的包子有水晶包、笋肉包、鱼虾包、蟹肉包、鹅鸭包、七宝包等。

胡饼在南北朝还有隋唐时期都被视为面点中的美味。胡饼与今日的烧饼类似,以新出炉的饼色香味俱佳。唐朝长安人最爱吃的面食就是胡饼,历史上有许多吟咏胡饼的诗歌传世。如白居易曾经为胡饼赋诗曰"胡麻饼样学京都,面脆油香新出炉。寄于饥馋杨大使,尝香得似辅兴无?"

2. 特色面食

南北朝时期人们还把鸡蛋、鸭蛋等蛋类和乳类以及油脂当作原料制成各种饼类食用。据《齐民要术》记载,当时人们已经用牛羊奶和面后再用油煎炸制成"截饼",还有用鸡蛋或鸭蛋加些盐和面后再用油煎炸成"鸡鸭子饼"。宋代则更进一步,已经能够熟练地制作起酥面团来制饼,《中馈录》中就记载了"酥饼"、"糖薄脆法"等制饼方法。

唐宋时期还有一种十分流行的面食叫作"荜罗"。荜罗一语源自波斯语,一般认为它是指一种以面粉作皮、包有馅心、经蒸或烤制而成的食品。唐代长安有许多经营荜罗的食店,主要品种有蟹黄荜罗、猪肝荜罗、羊肾荜罗等。

馄饨、饺子也是流行的面食制品。二者皆是将面擀薄,包上馅料之后蒸煮。中国古代馄饨饺子本是同种食物,因为在除夕之夜食用,所以又有"交子"的名称,后来被称为"饺子"。20世纪60年代考古工作者曾经在新疆吐鲁番唐墓中挖掘出保

存完好的饺子,可见早在唐代中原内地吃饺子的习俗就已经传播到西域了。中国古代馄饨的花样繁多,有蒸、煮、炸、煎多种做法。唐代韦巨源《烧尾食单》中就有"生进二十四气馄饨",意在与二十四节气相配。周密的《武林旧事》也记载用馄饨"贺冬"即庆贺冬至节气到来的习俗。不同的地方对馄饨的叫法不同,如四川叫抄手、广东叫云吞等。

3. 汤饼的盛行

汤饼(也就是面条)在这个时期得到充分的发展,成为粥饭之外最重要的主食。汤饼在不同的历史时期出现了不同的名称。在东汉称为"煮饼"、"水溲饼"、"汤饼"。《后汉书·李固传》记载:"帝尚能言,曰:'食煮饼,今腹中闷,得水尚可活。'"魏晋南北朝出现了"不托"、"餺饦"的称呼。晋朝葛洪《肘后备急方》卷三记载:"待至六日,则饱食羊肉餺饦,一顿永差。"汤饼还叫"水引饼"。《南史·何尚之传》载"高帝好水引饼,戟每设上焉。"到了唐代,出现了"冷淘"一词。在杜甫的《槐叶冷淘》诗中,冷淘是用槐叶汁和面而成的。一直到宋代,汤饼才开始广泛地被称为"面"。如吴自牧《梦粱录·面食店》中记载:"更有面食名件,猪羊庵生面、丝鸡面、三鲜面、鱼桐皮面、盐煎面、笋泼肉面、炒鸡面、大煺面、子料浇虾燥面、煺汁米子、诸色造羹、糊羹、三鲜棋子、虾燥棋子丝、虾鱼棋子、鸡棋子、七宝棋子、抹肉银丝、冷淘、笋燥虀淘、丝鸡淘、耍鱼面。"可见宋代汤饼品种异常丰富,制作工艺也更加复杂。到了明代又出现了"温淘"一词。《金瓶梅词话》第九十六回"春梅姐游旧家池馆,杨光彦作当面豺狼"中写道:"量酒道:'面是温淘,饭是白米饭。'经济道:'我吃面。'须臾,掉上两三碗温面上来。"温淘大概是指温度适中的汤饼。

在中国古代,有些场合是要食用汤饼即面条的。首先,生日场合要吃汤饼。生子第三日作汤饼会,邀请亲朋好友参加。《夜航船》卷五《伦类部》中记载:"汤饼会:生子三朝宴客,曰汤饼会。"《初刻拍案惊奇》卷二十记载:"转眼间,是满月,少不得做汤饼会。"每年生日那天吃面条的饮食习惯一直保存到现在。其次,节日场合也吃汤饼。如古代六月六日吃汤饼,这主要是迷信于其"辟恶"的作用。《荆楚岁时记》记载:"六月伏日,并作汤饼,名为辟恶饼。"此外,服用汤饼还有利于疗病,最常见的用途是治疗伤寒。《本草纲目·菜部》二十七卷记载:"病已经月,变成消渴者。百合一升,水一斗,渍一宿,取汁温浴病人,浴毕食白汤饼。"用百合汁洗澡之后,食用没有加盐的素汤饼,便可解决伤寒带来的口渴症状。

(二)米食制品

米食制品在这个时期里也得到飞跃式发展。以稻米、黍粟等谷类制成的食物种类繁多,不胜枚举。

1. 粥类

粥的发展与人们保健意识不断增强有很大的关联性。中国古代饮食著作当中有许多关于粥食养生的记载。如孙思邈《千金方》、林洪《山家清供》、忽思慧《饮膳正要》、高濂《尊生八笺》、曹廷栋《粥谱说》等。清代黄云鹄的《粥谱》则是一部系统总结粥的养生作用的著作,他认为粥的妙处在于"一省费,二味全,三津润,四利膈,五易消化。"南宋伟大诗人陆游还专门写了一首《食粥》诗,诗中说:"世人个个学长年,不信长年在目前。我得宛丘平易法,只将食粥致神仙。"清代郑板桥在《范县署中寄舍弟墨第四书》中描述冬日里吃暖粥的生活情景:"天寒冰冻时,穷亲戚朋友到门,先泡一大碗炒米送手中,佐以酱姜一小碟,最是暖老温贫之具。暇日咽碎米饼,煮糊涂粥,双手捧碗,缩颈而啜之,霜晨雪早,得此周身俱暖。"即使在现代社会,在中国人日常餐桌上粥也是稳占一席之地。

2. 糕点类

糕团是用米粉制成的块状或团状食物,即先秦两汉时期的"餈"、"饵"等食物。两汉之后糕团逐渐变得外形精美、味道多样起来。《齐民要术》中就记载了制作年糕的方法:以蜜和糯米粉制成面团,用手抻长至一尺有余,破为四段,叠在一起,中间放枣栗,上下涂油,裹竹笋皮蒸之。可见当时的糕与现在的枣栗年糕的制法大同小异。到了隋唐时期出现了许多的花色糕,其使用的原材料十分名贵、造型华丽并且味道诱人,如紫龙糕、水晶龙凤糕、米锦糕等。唐朝还出现了以"团"命名的食物,如"粉团"、"玉露团"等。

宋代饮食业十分发达,糕团的花样种类更加繁多。周密《武林旧事》中记载的糕团种类就有"豆团"、"麻团"、"澄沙团子"以及各种糕类,如"糖糕"、"米糕"、"栗糕"、"麦糕"、"豆糕"等等。值得注意的是,自宋代开始,人们有意识地在糕中添加一些滋补药使之成为滋补食物,如宋林洪的《山家清供》的"洞庭馇"中就添加了莲子粉、人参、白术、茯苓、茴香、薄荷等,已经近似于现今的食疗药膳了。

在中国古代,糕团类也是与节日习俗有关的食物种类。这是因为"糕"与"高"谐音,"团"与"团"谐音,因此,食用糕团一般带有喜庆的色彩。如粘糕与年糕谐音,具有"年年高升"的美好寓意,于是经过历史变迁就被称为年糕了。此外,它们是固体形态,小巧玲珑,便于携带和年节赠送。还有一些年节食品也是糕团的变种,例如端午节吃的粽子就是糕的变种,这在南北朝时期就已经有了记载。正月十五吃的汤圆(元宵),实际上则是"团"的变种。时至今日,糕团种类之多已经不胜枚举,一般情况下主要原料都离不开米粉。南方多用糯米粉、粳米粉;北方则多用黍米粉。糕团可以采用发酵方法制作,也可不发酵制作,其变化主要体现在辅料和外形上。

三、炒菜的出现及其重要意义

1. 炒菜代替羹

如前所述,两汉以前中国人餐桌上羹的地位十分重要,简直到了无羹则无法吃饭的地步。两汉以后,羹在中国人餐桌上的地位逐渐下降,最终,炒菜取代羹,成为中国人饮食生活中无法替代的食物种类。

两汉以前的菜肴制作方法除了羹之外,还有水煮、油炸、烤炙以及蒸等方法,而且大多数是不放调料,口味单调。前三种烹制食物的方法适合动物性食物,至于蔬菜类食物则不适合油炸和烤炙,蒸和煮倒是可以的,但是不经调味的蔬菜很难下饭。炒菜的发明解决了古代中国人饮食生活中的难题,炒出来的蔬菜软硬适口且能够保持蔬菜原有的清香,很容易下饭,完全能够显示出中国菜肴所具有的独特风味。

贾思勰的《齐民要术》中记载的"瀹鸡子法"、"煎鸭法"就近似于现今的炒法。如"瀹鸡子法"记载的加工方法是:"(鸡子)打破,著铜铛中搅,令黄白相杂。细擘葱白,下盐米浑豉,麻油炒之,甚香美。"不难看出与今天的葱花炒鸡蛋是何等相似。唐宋时期的菜谱中也有炒菜,只不过把炒叫作"熬"。一直到了北宋时期才出现了许多以"炒"命名的菜肴,如《东京梦华录》中就有"炒兔"、"炒蛤蜊"、"生炒肺"、"炒蟹"等,《梦粱录》中有"炒鸡蕈"、"炒鳝"等,由此可见炒菜的烹饪技法在北宋时期已经完全普及开来。明清两代以"炒"命名的菜肴更是频繁出现在各种饮食著述当中。

2. 炒菜的特点

作为一种烹饪技法,炒的食物原料对象十分广泛,菜蔬中的果类蔬菜如茄子、黄瓜,叶菜类如白菜、菠菜,根茎类如山芋、马铃薯,茎菜类如芹菜、春笋等,都可以用炒的方法制熟食用;其他如山珍海味、家畜家禽以及面筋豆腐等也都可以炒制食用。

炒菜的发展及最终普及开来与植物油的出现、刀工技术以及火候的掌控技术的进步密切相关。植物油的特点是熔点低,用较少的热源就能升至较高的温度,这能够满足炒菜需要较高温度热源的要求。为了满足炒菜的需要,还要把食物原料切成大小、厚薄等合适的几何形状,因此,成熟的刀工技术也是炒菜普及的必要条件。在我国的唐代就有专门论述刀工技术的书籍《砍脍书》,书中记载了当时流行的刀工技法,说明我国唐代时刀工技术已经十分精湛。火候对炒菜来说也是非常重要的。先秦时期制作羹汤时讲究火候其实只是控制小火的问题,因为煮的温度最高不过100℃;烤炙控制的是大火,因为直接触火就需要避免把食物弄得焦煳;炸虽然比较复杂,但是油量较多可操作性也是比较强的。唯独炒,油少,加上菜肴体积小,并且要求短时速成,所以,炒是检验厨师烹调技术水平的重要标志。此外,热源是关系火候质量的最直接的物质因素,而炊具的进步提高了热源的利用率,给炒菜的普及提供了技术上的可能。早在汉朝时就出现了隔舱式"五熟釜",三国时又出现夹层蓄热"诸葛行锅",唐代则出现了可移动的"地台炉",五代甚至还发明了类似于火柴之类的"引火奴"。自汉代开始用煤加热烹饪食物,到隋代更加普及。由此,炒菜应具备的条件在魏晋南北朝时期完全具备,并且基本成熟。

3.炒菜的发明对中国人饮食生活的重要意义

中国人的膳食结构特点是以植物性食物为主,主副食分明,这在两汉时期就已经基本定型。《黄帝内经》中养、益、助、充的饮食思想观念深入古代中国人的内心深处。炒菜发明之后,无论动物性食物原料还是植物性食物原料,都可以通过适当的刀工技术切割成炒制需要的丁、丝、片等各种形状,极大地方便了中国人的饮食生活。因此,炒菜技法一直被中国人作为烹调菜肴的首选方法继承下来直到今天。

炒菜的特点能够适合中国各社会阶层的需要。炒菜的原料配伍极其丰富,可荤可素,也可以荤素同烹,并且对各炒菜原料数量要求不严格。如白菜炒肉片这道菜,肉多一点和少一点都不影响这道菜的制作,家境殷实者可以多放肉片,家境普通则少放,贫寒者可以不放肉片。此外,炒菜需要的时间短,可通过旺火热油瞬间烹制而成,能够最大限度地保留食物原料的固有味道,充分满足了中国人追求食物味道的饮食心理;同时,炒菜也能够最大限度地节省燃料,经济实惠。

四、以调味为核心的中国烹饪理论

自周秦两汉开始,中国人就形成了五味调和的饮食理念,久而久之就养成了善于变味和追逐食物味美的习惯。中国人烹饪理论的核心就是调味,使食物的味道与进食者的口味相统一,并通过多种食物的搭配,达到有利于身体健康的目的。

1.从变味到追求食物的本味

通常所说的"味"实际上包括鼻子的感觉和舌头的感觉。鼻子闻到的气味大体而言就是香味和臭味。烹调时厨师需要突出食物的香味,而努力掩盖住食物的异味。一般而言,在对食物进行综合评判时,人的嗅觉往往要先于味觉。菜肴没有入口,气味早已飘来入鼻。如果是香气四溢的,人们自然会胃口大开;如果是难闻的气味,则进食之前食欲已经烟消云散。

早在《诗经·大雅·生民》中就有关于"香"的记载:"载燔载烈,以兴嗣岁。卬盛于豆,于豆于登。其香始升,上帝居歆,胡臭亶时。"大概意思是说燃烧祭品乞求来年五谷丰登,装在豆中的食物香气直达天上,老天爷在天上也能够闻到浓浓的食物芳香。总体来说,食物的"香"与食物的"味"是一致的,如果没有美味的话则基本不会有香气飘逸出来。不过也有特殊的情况,比如大家熟知的臭豆腐是闻着臭却吃起来香。

"人莫不饮食也,鲜能知味也。"《中庸》里的这句话非常中肯地道出知味、调味的艰难。舌头上的味蕾能够感觉出上百种味道,可是现实当中没有与之相对应的词汇概念能够准确地表述,因此,味道是很难琢磨的,由此使得以调味为核心的中国烹饪理论实践带有不确定性和神秘性。正如《吕氏春秋·本味篇》所云:"鼎中之变,精妙微纤,口弗能言,志不能喻。"

唐代之后,古代中国人对食物味的追求在逐渐转变。大约到了宋代之后,中国人的饮食开始偏重于食物的本味。这是因为宋代之前富贵人家对动物性食物比较偏爱,因此需要调料去除动物性食物的荤腥膻臊之味;自宋代开始,中国人逐渐对素食开始情有独钟,喜欢植物性食物的清淡之味。这种转变可以用"适口者真"来概括。林洪《山家清供》记载了这样的一则故事:"宋太宗赵光义曾问苏易简:'食品称珍,何者为最?'苏回答:'食无定味,适口者珍,臣心知齑汁美。'"苏轼在《菜羹赋》中写道:"煮蔓菁、芦菔、苦荠而食之,其法不用醯酱,而有自然之味。"这里所说的"自然之味"实际上就是蔬菜的本味。

明代的高濂在《遵生八笺》中记载:"人食多以五味杂之,未有知正味者,若淡食,则本自甘美,初不假外味也。"说明在明代仍然以追求食物的本味为宗旨。清代的李渔在《闲情偶寄》中大大地发扬了本味论。他说:"吾为饮食之道,脍不如肉,肉不如蔬,亦以其渐近自然也。"在袁枚的饮食著作《随园食单》当中,也非常详尽地论述了烹调时务必保持食物本味的意义。例如,袁枚认为"凡物各有先天,如人各有禀赋。""一物有一物之味,不可混而同之。"希望每份菜肴都要"使一物各献一性,一碗各成一味。"值得说明的是,袁枚的"本味论"并非指菜肴不需要添加调味料,而是调味之后还能够尽量保持食物原料的固有之味。例如,在论及烹饪动物性食物如鸡、鸭、鱼、猪时,指出要在突出各有原味的基础上进行调味,所加的调料绝不可掩盖这些食物的特有味道,即"有酒水兼用者,有专用酒不用水者,有盐酱并用者,有专用清酱不用盐者。"袁枚把中国古代烹饪理论和实践都提高到了一个新高度。

2. 中国饮食中的味

在我国古代,调料最初只有盐、梅,只能够调咸和酸两种味道。随着历史的发展,现在已经能够调出几百种味道,其中有许多是复合味道。尽管说菜有百味,可是在日常生活中经常调制的味道还是五种基本味,即酸甜苦辣咸。

咸味是五味中最重要的一种味道。《汉书·食货志》记载:"夫盐,食肴之酱。"在酸、甜、苦、辣、咸五味当中,咸为"百味之主",是绝大多数菜肴复合味形成的基础味。食盐是咸味的主要来源。厨师行业中流行的"咸吃味,淡吃鲜"这句话十分形象地说明了盐的提味作用。

甜味与甘味。甜味一般指甜酒、饴糖、蔗糖以及蜂蜜中的甜味。甜味不同于古代所说的"甘"的味道,甘是指美味,主要是指可以含在口中慢慢品味的食物。甜味在基本味中具有"缓味"的作用,咸、苦、酸、辛的味道如果过于突出的话,可以用甜的味道缓和一下,削弱这些味对舌头味蕾的刺激。许多调料都能调制出甜味,但是日常饮食中多以蔗糖调味。

酸味是一种能够去腥解腻的味道,对于肥甘厚腻占主流的大型宴会来说是不可缺少的一种味道。在我国北方的山西,酸味是调制菜肴不可缺少的一种味道。现实生活中是以醋作为酸味的调味剂。食醋是以粮食、糖、酒等为原料经发酵配制而成,是烹饪中的重要调味品之一,以酸味为主,且有芳香味,主要呈味物质是某些芳香酯类,原料蛋白质分解产生的氨基酸又使食醋带有鲜味。由于食醋对细菌也有一定的杀灭和消毒作用,因此在凉拌菜以及生食海鲜当中应用比较广泛。

辛味与辣味。辛味是具有特殊刺激性与芬芳气息的一种味。在中国古代一般指葱、姜、蒜、花椒、桂皮、韭菜、芫荽、香菜等蔬菜的味道,而不是我们今天感受到的辣椒当中的辣的味道。在当代烹调当中,用辣有一定的法则,要辣中有香,辣而不燥;用辛也讲究所谓的辛而不烈,辛而有味。辛辣味道过量则会伤胃,应该注意。

苦味在调味中很少用,现实饮食生活中具有苦味的食物也是非常少的。一般情况下,在烹制肉制品时添加一些苦味的调料,如陈皮等。自然生长的蔬菜如苦瓜等也具有苦味。

除了五味之外,烹调时还讲究鲜味。鲜味是食物原料中的蛋白质被分解成氨基酸,或者是脂肪被分解成脂肪酸之后再和醇类化合成酯,也可能是其他能够给人带来美好感受的物质在人的味蕾中产生的味道。在烹饪当中,鲜味多通过煮汤获得。如用鸡肉、猪肉、鱼等作为原料煮汤,肉汤的味道就是鲜味。植物性食物如蔬菜中的笋、蕈、莼菜、白菜等煮汤之后也能产生比较鲜的味道。现实生活中,经常使用味素来增鲜。味素溶解在水中之后具有比较强烈的肉鲜味。值得说明的是,味素是谷氨酸的钠盐,高血压患者要尽量少食。

在我国诸多的地方风味当中,还有样式繁多的复合味型,如咸甜味、酸甜味、香辣味、香咸味、咖喱味、麻辣味、鱼香味、红糟味、香糟味等。

五、地方风味菜系形成

如前所述,早在先秦时期,中国就已经出现了南北食系。南北两种饮食文化的差别体现在周代的"八珍"和《招魂》、《大招》里记载的饮食种类当中。此后,历经两汉魏晋南北朝的发展,南北食系各自分化。其中,山东风味菜系初具雏形,成为北食的代表;南方食系则进一步发展,分别以四川地区和淮扬地区为中心各自发展。到了清代末期,中国传统四大地方风味完全成熟。

六、茶与酒的发展及其艺术化

茶文化与酒文化是中国饮食文化乃至世界饮食文化的重要组成部分。中华民族的饮食本身就带有艺术化倾向,这一点尤其体现在茶文化与酒文化当中。茶与酒都是让中国人生活更加艺术化的食物种类,但是二者之间又有很大的不同,所谓"茶宜独品,酒宜交友"能非常深刻地道出茶与酒的区别。群居交欢则饮酒,独自品味人生时则啜茶;饮茶需要清幽雅致的环境,饮酒则适于喧闹热烈的氛围。

我国是茶叶的故乡,生产绿茶、红茶、青茶等种类齐全的茶产品。作为世界三大饮料之一,茶叶早在宋代就漂洋过海,来到日本生根发芽,并结合日本土著文化,形成能够代表日本民族特色的茶道；大约在 17 世纪，茶叶又远赴重洋，来到英伦三岛，成为英国贵族钟爱的饮料。今天，茶叶已经被世界各国人民喜爱，成为日常生活中不可或缺的饮料。

中国历史上的先秦两汉时期，酒在人们眼中还是世俗的、实用性很强的饮品。"庶民以为欢，君子以为礼"，即老百姓以酒取乐，士大夫以酒成礼。当时的有识之士认为，酒是伤身害体、君子败德、统治者亡国的毒药，要尽量远离酒。自汉末魏初开始，酒成为文人士大夫的青睐之物，并与他们的日常生活紧密地联系结合起来，由此演绎出我国历史中灿烂的酒文化。

综上所述，繁荣昌盛时期的饮食文化特点主要体现在以下几方面：首先，饮食文化逐渐进入自觉时代，出现了一系列的饮食文化专著。自中国历史上最早的饮食专著北魏崔浩的《食经》开始到清代袁枚的《随园食单》，饮食专业书籍不仅记录了许多菜肴面点的做法，而且还比较深入地论述了饮食科学相关知识，从而使食物的加工制作走向专业化。其次，"炒"的出现，极大地丰富了中国菜肴的花色品种，成为最能够代表中国食物制作的技术方法。其三，发酵技术在主食面点中得到广泛应用。其中，馒头、包子、蒸饼、面条等在汉朝末年已经出现，到魏晋南北朝时期完全普及开来。以米粉为原料制成的糕团类也大行其道，制作技术也更加精湛。再次，两汉以前通行的分餐制最迟在唐代末期已经转变成合食制。其四，烹饪名家大量涌现，士大夫也进入烹饪领域，庖人们烹制出的美味佳肴通过士大夫的记述而流传后世。其五，从国外引进多种食物原料，并在南北食系各自发展的基础上，逐渐形成了独具特色的地方风味菜系。其六，形成了具有阶级或阶层色彩的各类饮食文化。最后，茶文化与酒文化在这个时期快速发展，成为中国饮食文化大花园中鲜艳的奇葩。

第五节　现代中国饮食文化

一、食物原料极大丰富

清朝灭亡，中国人的饮食生活发生巨变。首先，当前人工养殖野生动物十分普遍。许多过去食用的野生动物因滥捕、滥杀、猎食而濒临灭绝，所以，中国政府开始颁布法令保护野生动物。由此，尽管野生动植物味美诱人，却无法再出现在现代人饮食生活当中。为了提高现代人的饮食生活质量，人工饲养野生动物得到推广普及，现在已经能成功饲养如果子狸、竹鼠、鲍鱼、环颈雉、牡蛎、刺参、湖蟹、对虾、鳜鱼、长吻鲍、鳗鲡、蝎子等。尽管这些人工饲养的动物肉质风味稍逊于野生动物，但是数量却极其丰富，能够充分满足现代社会食客的饮食需求。其次，采用人工栽培技术成功地培植出猴头菇、银耳、竹荪、虫草等山珍野味。食用菌在品种增加的同时产量也显著提高。时至今日,我国已成为全球食用菌的生产大国,其中蘑菇、香菇、草菇、银耳、木耳、猴头、茯苓的产量均占世界第一位。此外,新中国改革开放之后,尤其是近年来提倡优质高效农业,大搞"菜篮子工程"建设,从世界各国引进了许多优质的烹饪原料。如植物原料有朝鲜蓟、芦笋、西兰花、孢子甘蓝、凤尾菇、玉米笋、菊苣、樱桃番茄、奶油生菜、结球茴香等,动物原料有牛蛙、珍珠鸡、肉鸽、石鸡、鸵鸟等,这些动植物原料在当代中国已经广泛种植或养殖,并且成为中国人餐桌上的美味佳肴。

二、民族地方饮食风味不断融合

在现代饮食文化阶段,由于交通日益发达,"千里江陵一日还"早已经成为家常便饭,从而造成人员流动增加,结果使得地区间的饮食文化交流更加频繁。在许多大中城市里,各种地域风味流派的饮食餐馆鳞次栉比,风味流派相互之间不断交流、融合与发展。中国烹饪协会还经常在全国各地开展烹饪大赛活动,全国各地厨师积极参与踊跃报名参赛交流。比赛活动不仅能够提高中国烹饪的整体水平,还能促进各地风味流派之间的切磋交流。

此外,随着现代社会的建立,原来那些宫廷风味、官府风味已经失去了存在的社会基础,它们也通过各种形式融合到各地方风味流派当中;各种民族饮食小吃如烤羊肉串、竹筒饭、清真糕点等也是遍布大江南北,融入到中国各大中小城市,极大地丰富了中国人的日常饮食生活。

三、现代营养学丰富并深化了中国饮食文化的内容

营养学是研究食物成分与人体健康关系的学科。中国古代营养学主要立足于阴阳五行学说,《黄帝内经》的"养益助充"饮食观念指导了中国人两千多年的饮食生活。西方现代营养学奠基于18世纪,发展于19世纪,到20世纪成为一门集生理学、生物学、社会学等多门学科知识的综合学科。西方营养学传入中国之后,一些营养学家应用营养学的基本理论和研究方法,对中餐菜肴烹制过程营养素的变化进行了研究,并以营养学为指导,尝试开展中式餐饮的标准化工作。鉴于营养学与饮食烹调的关系十分密切,目前,许多高等院校都已经开设饮食营养学课程,使学生能够以现代营养学知识为指导,制作出营养丰富且风味独特的美味佳肴。中国预防医学科学院营养与食品卫生研究所与北京国际饭店合作,对传统的淮扬菜、四川菜、山东菜和广东菜的代表菜肴成品进行全面的营养成分分析,并以分析结果为依据对现代中国人的饮食生活提出科学的建议指南。值得说明的是,现代营养学介入中国烹饪领域,绝不等于说摒弃传统营养学的精华部分。事实上,当前食疗药膳食品与保健食品在中国人饮食生活中已经稳占一席之地。

四、饮食市场规模空前

20世纪20～40年代,全国大中城市的饮食市场均有一定的发展,但较缓慢。50～70年代,通过公私合营和治理整顿,以国营为主、合作为辅的餐饮业,主要发挥满足计划供应、稳定市场和安定人心的作用,"文革"时期,餐饮业的花色品种多被摈弃,所剩多为简单易制的饮食品种。80年代以后,随着经济建设的起飞和旅游事业的发展,餐饮业呈现极其兴旺发达的局面。改变了以国营企业为主的计划供应型一统天下的局面,逐渐向国营、集体、个体、中外合资和社会力量并举的市场经营型转变。时至今日,全国大中城市的饮食市场规模空前发展,主要体现在以下两方面:

首先,随着现代生活节奏的加快,我国的方便食品和快餐店迅猛发展。现在方便食品和快餐已进入千家万户,既方便群众,也改善了人们的营养结构。麦当劳、肯德基、必胜客等洋快餐进入中国大陆之后,对中国餐饮业的发展起到了很好的推动作用。

其次,在烹调技艺提高的基础上,中国的菜肴和面点小吃也得到空前的发展,突出地反映在研制出一大批创新菜点。近年来通过饮食创新,研究开发了许多创新菜点种类。如陕西、四川、江苏、福建、安徽、湖北、广东和台湾等地先后开创的饺子宴、小吃宴、火锅宴、药膳宴、佛道宴、五行宴、全鱼宴、鳝鱼宴、花卉宴、海鲜宴、八景宴、八仙宴、鲍鱼之夜、燕菜之夜等宴席中的菜点,不少都是创新菜点,为中国饮食文化充实了新的内容。与此同时,又挖掘整理出一批已经失传和濒于失传的古代传统菜点,如北京的仿膳菜、西安的仿唐菜、开封和杭州的仿宋菜、沈阳的清宫菜、南京的随园菜、北京和江苏的红楼菜、山东和北京的孔府菜等,极大满足了餐饮市场的要求。

五、烹调工具与烹调方式趋于现代化

现代中国饮食文化的一个重要特点体现在烹饪制作工具的现代化。早在20世纪20年代,中国就已经从国外引入电炉并用于制作菜肴,正式开始了烹饪领域内的现代化进程。此后,在中国饮食行业逐渐出现了专用电气灶具和机械化炊具等现代烹饪设备。新中国成立后,尤其是改革开放以来,我国饮食服务行业发生了巨大变化,过去只能手工制作的部分主食和副食产品如今已经能够利用机械设备生产出来。例如,对蔬菜加工有切菜机,对肉制品加工有切肉机、绞肉机等,对主食生产加工则有削面机、切面机、轧面机等。随着现代食品工业技术的进步和发展,还研制成功了许多专用食品加工机械,包子、饺子、火腿、香肠、月饼、元宵(汤圆)、豆腐等传统手工制作的食物已经实现机械化生产,市场上自动饺子机、自动包子机和机械化馒头制造机等饮食机械供不应求。此外,使用木材和煤炭作为食物加工

热源的地区已经非常少见,取而代之的是煤气灶、电磁感应灶、液化气灶、电烤炉等;而那些存在安全隐患的明火直接烤炙烧鸡、烤鸭等烤炙食品的方法也已经被安全卫生的烤鸭炉等现代食品加工机械制作方法所取代。总之,当今中国越来越多的饭店、宾馆和集体食堂,都以先进的烹饪工具设备替代了传统手工业式的炊事用具和陈旧的厨房设备,初步实现了烹调现代化。即使在家庭饮食生活中,由于家用厨房用具如电饭煲、洗碗消毒柜、微波炉、远红外线烤炉等的普及,极大地节省了烹制食物花费的时间,从而使现代中国人的饮食生活更加方便、快捷和美好。

六、中外饮食文化广泛交流与融合

随着中国与世界各国之间的经济、文化交流日益密切,中外饮食文化交流比历史上任何一个时期都更为活跃频繁。早在 20 世纪 20~40 年代末,以上海为中心的一些大中城市,就已经先后引进世界各地饮食,出现了经营法国菜、意大利菜、俄国菜和日本料理的餐馆。80 年代后,全国各地又先后兴建许多中外合资饭店和餐馆,仅北京一地就有美国、新加坡、马来西亚、泰国、意大利、法国、日本、朝鲜、韩国等国家和地区开设的一百多家不同风味的餐厅,极大地丰富了现代中国人的饮食生活。这些餐厅当中有相当一部分由国外公司派遣高级管理人员负责经营,由此也将现代化企业经营管理理念引入中国。1987 年 11 月 12 日,位于北京前门繁华地段的肯德基中国第一家餐厅正式开门纳客。以此为起点,现代快餐的经营理念开始在中华大地上扎根。所有这些都对现代中国饮食文化发挥了积极的影响。不仅如此,在吸收借鉴西方饮食文化的优点的同时,中国饮食也开始走出国门扩大影响。在遍布世界各地的六千多万中国华侨中,有不少人以开设中餐厅维持生计,由此,中国饮食文化得以在全世界推广传播。此外,中国烹饪协会每年还派出烹饪专家和技术人员到国外讲学、表演,积极宣传中国饮食文化精髓,使更多的海外人士了解中国饮食文化。鉴于中国饮食文化的影响力不断扩大,日本中国料理会、美国酒类与食品学会等世界上一些知名饮食文化协会纷纷要求和中国烹饪协会签订长期友好合作协议和年度交流协议。中国烹饪协会的这些举措,对促进中国饮食文化事业的发展,对世界各国吸收中国优秀的饮食文化,增进中国人民同世界各国人民的了解和友谊,都起到了积极作用。

思考与练习

1. 归纳总结蒙昧时期饮食文化的显著特点。
2. 夏商时期的食物原料主要有哪些?
3. 请思考夏商亡国与统治阶层饮食生活过度奢侈的关系。
4. 归纳总结萌芽时期饮食文化的特点。

5. 周代"八珍"食物有哪几种？屈原《招魂》和景差《大招》里描写的食物各有哪些？

6. 简单说说孔子、墨子、韩非子的饮食观念。

7. 唐朝之后中国引进的代表性食物原料有哪些？

8. 说说炒菜的特点及对中国人饮食生活的重要意义。

9. 简单说说清朝灭亡之后的中国饮食文化特点。

第二章

中国主要饮食风味

第一节　中国主要地方风味

一、地方风味的划分

一个国家和地区的饮食风味流派的形成受到许多方面的因素制约。首先是自然地理环境因素。地形、土壤、气候、降水等都是一个地方的地理因素,影响着这些地区的物产尤其是食物原料的种类。中国从南到北、从东到西、从陆地到海洋、从山区到草原、从江河湖泊到平原,地理环境复杂多样,从而孕育出各种丰富的动植物食物资源。即使从今天的眼光看,也会发现不同地域的居民饮食生活的显著差别。如西北地区的居民主要以面食为主,食牛羊肉;而东南地区的居民主要以米食为主,食各种鱼虾。因此,如果考虑水力资源对农耕社会的重要性,从而影响一个地区的食物原料数量和种类的话,那么,中国地方风味在地区上就可以大致划分成黄河流域、长江流域、珠江流域等饮食地区。一个地区的交通条件对当地饮食习惯的形成也会产生非常重要的影响。

其次是历史文化条件。一个风味流派的形成,除了自然地理环境条件制约之外,还要受到历史文化条件的影响。从中国历史发展过程看,先是从地区上形成了南北饮食文化的区分,如距今七八千年前的分布于黄河流域中游(甘肃省和河南之间)的仰韶文化和分布于长江下游的浙江河姆渡文化,在饮食原料和工用具等方面就已经产生明显差异。随着时间的流逝,历史发展到春秋战国时期,在原来的基础上进一步产生了以《周礼》为代表的黄河流域饮食风格和以《楚辞》为代表的长江流域饮食风格的差异,此后,历经秦汉魏晋南北朝,再经过隋唐宋元明清等历史时期,才最终形成特色鲜明的地方饮食风味。

除了自然地理环境因素和当地的历史文化条件的影响之外,还有其他一些因素也对地方风味产生重要影响。如政治因素和经济因素等。历史上形成的政治中心和经济中心(如国都、重镇、商埠、港口、胜地等),因交流而兼收各地饮食文化的长处。此外,宗教信仰也能够影响一个地区的饮食习惯。

自 19 世纪中期开始,大量西方人士涌入华夏大地,在他们的眼光里对中国不同地域的饮食风味有着独到的见解。例如,英国人就曾经把中国饮食流派划分成五大地方风味:(1)北京风味。传统食品有馒头、包子、饺子、馅饼、炸酱面,但是最著名的是烤鸭。(2)四川风味。多用辣椒。佐以酸甜、咸香、苦等口味,而以香辣为其特色。(3)浙江风味。以鱼虾蟹为主,食品多制成花卉形。(4)福建风味。以鱼松、肉松为其特色。(5)广东风味。菜肴由蘑菇、铁雀、野鸭、蜗牛、蛇、鳗、牡蛎、青蛙制成,还有蛋卷、蛋芙蓉、烤乳猪等。20 世纪 50 年代,我国饮食文化领域内的有识之士提出了四大地方风味之说。这四大地方风味是长江上游的四川风味和下游的淮扬风味、珠江流域的广东风味和黄河流域的山东风味。70 年代,当时饮食服务业主的主管部门原商业部在组织编写《中国菜谱》时开始尝试按照四大地方风味安排内容。鉴于我国国土广袤,还有其他一些地区风味也独具特色,因此,也有一些文化学者主张在四大地方风味之上再加上湘、浙、皖、闽等组成八大地方风味;更有人主张再加上北京、上海合为十大地方风味。鉴于四大地方风味影响力广泛,本书接受四大地方风味的划分方法,同时兼顾其他地方特色风味,力求全面地展现我国的地方饮食风味特点。

二、四大地方风味

(一)山东风味

山东是黄河流域古代文化发祥地之一。大汶口文化、龙山文化出土的饮食器皿,反映出新石器时代山东的饮食文化就比较发达了。伊尹辅佐汤灭夏建商之前就"说汤以至味",可见其时当地的饮食文化程度就相当高了。西周至春秋时期,齐鲁经济文化一直比较发达。鲁国是周公旦的封地,因此包括食礼在内的"周礼"在鲁国能得以完整地保留下来。齐国是姜太公的封地,姜太公本人也是"鼎俎之才"。齐国的易牙也是春秋名厨。鲁国的孔子提出的"食不厌精、脍不厌细"等饮食法则历来为社会所推崇。沂南、诸城出土的汉代画像砖上所描绘的饮食生活景象,显示出当时烹饪各道工序已比较成熟,宴会场面热闹可观。北魏《齐民要术》记录山东的菜肴、面点、小吃多达百种以上,蒸、煮、炮、烤、煎、炒、熬、烹、炸、腊、酿、制饼、制糖、制粽等方法已很成熟,名食如炙豚、炙肠、烧鱼、水引饼(面条类)、膏环、截饼等种类繁多,显示出山东风味在北食中已是一枝独秀,初具雏形。经唐宋至元明清,山东风味完全成熟。山东风味影响非常广泛,遍及华北、华东、东北,明清宫廷风味就是以山东风味为主,同时吸收其他地方风味之长才最终形成的。山东风味主要由济南、胶东、鲁西等风味构成,孔府菜系也是山东风味的一个不可或缺的组成部分。

山东风味总体特征注重选用当地特产为食物原料,精于制汤和以汤调味,烹调法以爆、炒、扒、熘、烧最为突出,味型以咸鲜为主而善于用葱香调味。

1. 济南菜

济南菜的主要特色有以下几点:

(1)取料广泛、品类繁多。泉城济南向来以涌泉而闻名中外。它地处水陆要冲,南依泰山,北临黄河,资源十分丰富。济南"大明湖之蒲菜,其形似荚,其味似笋,为北方数省植物菜类之珍品","黄河之鲤,南阳之蟹且入食谱。"丰富的物产为烹调菜肴提供了物质基础。济南地区的历代烹饪大师,利用丰富的资源,广泛取料,制作了品类繁多的美味佳肴。从满汉全席中的二十四珍,到瓜、果、菜、豆,即使是极为平常普通的食物原料,经过厨师的精心调制也成为脍炙人口的佳肴美味。

(2)清香、脆嫩,和五味而尚"纯正"。济南风味菜素以清香、脆嫩、味醇而纯正著称。清代美食家袁枚形容济南的爆炒菜肴时曾说:"滚油炝(爆)炒,加料起锅,以极脆为佳"。鲁菜的调味,极重纯正味醇。为调配出独特的咸鲜味,即使用盐方面也十分讲究,必须经清水熬化之后方可使用。其味有鲜咸、香咸、甜咸、咸麻及辣咸,另外还有小酱香之咸、大酱香之咸、酱汁之咸、五香之咸的区别;其鲜还多以清汤、奶汤来辅助提味;其酸,烹醋而不吃其酸,只用其中的醋香味;其甜,重拔丝、挂霜,甜味纯正;其辣,则重用葱蒜,并以葱椒绍酒、葱椒泥、胡椒酒、青椒等加增辣,最终产品是香辣而不烈。

(3)菜名朴实,少花色而重实用。济南菜肴以丰满实惠著称,饮食风俗上至今仍有大鱼大肉、大盘子大碗的特点。如"糖醋大鲤鱼"、"清炖整鸡"等。其肴馔之名朴实无华,闻其名而得其实,不见丝毫噱头蒙人。此外再如"扒肘子"、"红烧大肠"等也是名至实归。

(4)清汤、奶汤制作堪称一绝。济南菜精于制汤,清浊分明,堪称一绝。制作清汤,讲究微火吊制,熬制次数越多时间越长则汤味越醇、汤色越清。制作奶汤则非需旺火猛煮不可,只有如此才能使原料当中的胶质蛋白质及脂肪颗粒溶于汤中,从而使汤汁色白味醇。具有代表特色的济南汤菜有"清汤干贝鸡鸭腰"、"蝴蝶海参"、"奶汤全家福"、"奶汤蒲菜"、"奶汤鲫鱼"等。

(5)技法全面、擅以葱调味。在中国菜的四大风味流派中,山东风味菜向来以烹调方法正统、全面而著称。济南菜普遍应用煎炒烹炸、烧烩蒸扒、煮余熏拌、熘炝酱腌等烹调方法。尤其是"爆"与"塌"更是运用得炉火纯青。例如,爆又分油爆、酱爆、汤爆、葱爆、盐爆、火爆等数种。代表菜"油爆双脆"、"汤爆肚头"等堪称一绝。济南菜中的作料使用最多的是葱。不论是爆炒、烧熘,还是调制汤汁,都遍用葱料煸锅爆香,蒸、炸、烤等也必用葱料腌制后再烹制,甚至在菜肴上桌食用之时也常以葱段等佐食,"烧鸭"、"双烤肉"、"锅烧肘子"、"干炸里脊"等菜肴就充分体现了上述特点。

2. 胶东菜

胶东菜包括烟台、青岛等胶东沿海地方风味菜。据《烟台概览》记载，烟台一带历来"酒风最盛"，"烟埠居民，宴会之风甚盛，酒楼饭馆林立市内，各家所制之菜均有所长、食者颇能满意。"再加上胶东半岛物产资源丰富，盛产苹果、莱阳梨、烟台大樱桃、龙口粉丝，以及海产珍品如刺参、鲍鱼、扇贝、对虾等，众多的物产为胶东菜的形成与发展打下了良好物质基础。经过历代烹调大师们的艰苦努力，胶东菜已形成了自成一格的风味特色，成为众口交誉的山东风味中一支重要流派。胶东菜的主要特色有以下几点：

（1）精于海味，善做海鲜。胶东风味菜精于海味、善做海鲜。《黄县县志》就记载，"烹制鲜鱼，民家妇女多能擅长"。以海鲜味原料烹制的菜肴品种有"红烧海参"、"清蒸加吉鱼"、"烧蛎黄"、"红扒大排翅"、"扒原壳鲍鱼"、"油爆海螺"、"清水天鹅蛋"、"盐爆乌鱼花"、"清炒虾仁"、"炝大虾"、"韭黄炒海肠子"、"烩乌鱼蛋"、"扒鱼腹"等。普通海鲜如蛏子、大蛤、小海螺、蛎黄、蟹子、海肠子等，经过精心烹制而成的"芝爆蛏子"、"芙蓉大蛤"、"火烧海螺"、"金银蛎子"、"菊花蟹头"、"韭菜炒海肠子"等，都是独具特色的海味名菜。

（2）鲜嫩清淡，崇尚原味。胶东风味菜的原料以鲜味浓厚的海味居多，故烹调时很少用调料提味，且多以保持其鲜味的蒸、煮方法烹制。沿海居民以活鲜海味为贵，烹调时讲究原汁原味，鲜嫩清淡。如"盐水大虾"、"手扒虾"、"手扒扇贝"、"三鲜汤"等就是代表。

（3）注重配料。胶东风味菜讲究配料，高明的厨师能够以配料的形状、种类、多少来决定烹制方法。如按照大葱的不同刀工形状就可辨别菜肴应该是爆炒还是干烧抑或是清炒。

（4）烹调细腻，讲究花色。胶东风味菜在烹调上表现为烹制方法细腻。以烹调技法"爆"为例，在胶东菜中又分出许多只有细微差别的"子技法"，如油爆、汤爆、酱爆、芫爆、葱爆、宫爆、水爆等烹调技法。另外，胶东菜的花色冷拼和热食造型菜也独具特色。其造型讲究生动、活泼、整齐、逼真，特别注意花色的搭配与造型。

3. 鲁西菜

鲁西地区地处华北黄河冲积平原，地势平坦，气候温和，物产丰富，历来是山东重要的粮棉产区之一。这里历史悠久，开发较早，民风民俗敦厚朴实，饮食文化具有浓重的鲁西色彩，菜肴以量大、色深、口重、味浓的特点而享誉四方。

鲁西风味菜，在选料方面有独到之处。因远离沿海，故食物原料就地取材。烹调技法上，鲁西风味菜善用烧、炒、爆、扒、熘、炝、煎、熏等方法，加工精细，制作精良。阳谷、单县、东阿一带，擅长酥炸、蒸、烧、清炒，"清蒸白鱼"、"鸾凤下蛋"、"炸鹅脖"等造型美观，技艺高超，独具特色；临清、冠县、高唐一带以滑炒、软炸、汤菜著称。比较有代表性的鲁西菜肴名品有"糖醋黄河鲤鱼"、"白扒鱼串"、"爆双脆"、"炒腰花"、"熘肝尖"、"老虎鸡子"等。此外,甜味菜也别具特色,"琉璃粉脆"、"空心琉璃丸子"菜肴制作技艺独特,成品如同水晶珍珠,是鲁西菜的代表之作。

（二）四川风味

四川地处长江上游美丽而神奇的四川盆地当中,自秦国李冰父子修建都江堰之后,四川地区始称"天府之国",气候温湿,江河纵横,沃野千里,六畜兴旺,菜圃常青,物产极为丰富,为四川风味的形成奠定了坚实的物质基础。四川烹饪发源于古代的巴国和蜀国,历经春秋至秦的启蒙发展后,至两汉两晋南北朝时期,其风味流派特色初步形成。文君当垆、相如涤器的佳话说明西汉成都市肆饮食的繁荣,杨雄的《蜀都赋》对川地烹饪和筵席盛况的描写活灵活现。成书于东晋的《华阳国志》明确记载了巴蜀之人"尚滋味"、"好辛香"的饮食风俗,说明当时四川风味基本成形。隋唐五代,川味有较大发展。两宋时川菜跨越巴蜀疆界,广为世人所知,且以其独特的风味特色赢得各地食客交口称颂。当时许多名家诗文中常见对"蜀味"、"蜀蔬"、"蜀品"的赞美之词。在宋人孟元老的《东京梦华录》当中,记载了当时在东京汴梁众多的酒肆中就有专门经营四川风味菜肴的餐馆、酒店。明清之际,辣椒传入四川,"好辛香"转而成为"好辛辣",川味体系更加充实。晚清之后四川风味完全成熟,以清、鲜、醇、浓并重为特色,以擅长麻辣而著称。四川风味对长江中上游和滇、黔等地有相当大的影响。近年来,四川风味已经遍及全国并远播海外。

四川风味主要由成都（上河帮）菜、重庆（下河帮）菜、自贡（小河帮）菜三大分支组成。此外还包括乐山、江津、自贡、合川等地的地方菜。

1. 四川风味的主要特点

（1）味型多样,注重麻辣。川菜味型十分丰富,在我国有"味在四川"、"百菜百味"之誉。川菜调味大都离不开鲜姜、三椒（辣椒、花椒、胡椒）。现今川味是以麻辣为基调,融会了多种味型的地域风味。四川风味的主要味型有几十种,其中麻辣、鱼香、怪味、椒麻、家常等是川菜所独有。川菜对辣味的运用具有不燥、适口,讲究层次和韵味等独特风格,如麻婆豆腐、红油鸡片等就是代表菜。此外,传统四川菜当中也有一些不辣的菜肴如开水白菜、蚂蚁上树、蒜泥白肉、粉蒸肉等也深受食客喜爱。

（2）食物原料非常丰富。当地物产从动物到植物、从低档到高档,可以说应有尽有。当地盛产粮油佳品,蔬菜瓜果四季不断,家禽家畜品种繁多,水产品也不少,如腊子鱼、鲟鱼、鲶鱼、东坡墨鱼、岩鲤、雅鱼等,品质优异。山珍野味有虫草、竹笋、天麻、银耳、魔芋、冬菇、石耳、地耳等,美不胜收。此外还有许多优质调味品,如自贡井盐、内江白糖、永川豆豉、郫县豆瓣、德阳酱油、茂汶花椒等,风味独到。

（3）烹调技法独特而多样。烹调方法丰富多样,是川菜的一大特点。早在清代乾隆年间已经有38种之多,如炒、煎、干烧、炸、熏、卤、泡、炖、焖、贴、醉、拌、烘、烤等,尤其擅长小煎、小炒和干煸、干烧。前者烹制时不过油,不换锅,用急火短炒,现兑芡汁,成菜嫩而爽脆,鲜香滚烫。后者采用小火慢烧,干煸成菜味厚不酽,久嚼酥香;干烧自然烧汁,成菜汁浓油重,口味鲜醇。

(4)博采众长,融为己有。四川风味善于吸收其他风味的特长,为己所用。如宫廷、官府、寺院、少数民族风味等,均为四川风味借鉴而创制出名食。例如川菜在吸取鲁菜制汤调味的优点时,逐步在实践中总结出"川戏离不了帮腔,川菜少不了好汤"的经验。

2.名食与小吃

四川名食小吃种类繁多。除上述列举的代表菜肴之外,著名菜肴还有宫保鸡丁、回锅肉、锅巴肉片、樟茶鸭子、干烧鲜鱼、怪味鸡块、干煸牛肉丝、鱼香肉丝、水煮肉片、干烧岩鲤、官燕孔雀、毛肚火锅、水煮牛肉等。此外,还有一些著名小吃,如成都有赖汤圆、钟水饺、龙抄手、担担面、夫妻肺片、青城白果糕、三合泥等;重庆有山城小汤圆、九圆包子、提丝发糕、鸡丝凉面;泸州有白糕、猪儿粑,南充有川北凉粉,达县有灯影牛肉等。

(三)淮扬风味

江苏地区濒海临湖,江河纵横,寒暖适宜,土地肥沃,物产丰富,素有"鱼米之乡"的美誉。在历史上这一地区烹饪产生很早。据传春秋时期名厨太和公(太湖公)就在太湖传艺,其高徒刺客专诸凭高超的烹鱼技术得以向吴王僚进献金鱼炙而刺杀成功。帝王游冶、巨贾买欢、骚客宴饮,淮扬地区一直以饮食之美而著称天下。"淮南风俗事瓶罂",讲究烹饪是这里的文化传统。纵观历史,"金陵天厨"名人辈出,其高超技艺为天下公认;烹饪理论家、美食家层出不穷,著名的有南朝写《淮南王食经》的葛颖、元代写《云林堂饮食制度集》的倪瓒、明代写《易牙遗意》的韩奕,也有写《宋氏养生部》的宋诩,清代写《居常饮馔录》的曹寅,长期在江苏任职、退居江宁修筑"随园"而写《随园食单》的袁枚等。早在西汉时期,在这个地方就发明了中华民族的传统美食豆腐和面筋。梁武帝尊崇佛教提倡素食,受此影响当地素食制作十分精美。隋炀帝开凿大运河之后,扬州作为长江与大运河的交会点,汇集了西自关陕、四川,北自涿郡,南自江南各地的名贵物产,为淮扬风味的形成打下坚实的物质基础。唐代诗人张祜诗《纵游淮南》中的名句"十里长街市井连"真实地道尽了该地的繁华富庶。宋元两代淮扬地区成为宫廷贡食基地,淮扬风味流派初具规模基本形成。明清两朝,这里不仅仍是漕运中心,而且是盐商的大本营。"腰缠十万贯,骑鹤下扬州",天下财富汇聚于此,由此将当地的饮食文化推向高潮,淮扬风味正式形成。

淮扬风味是由淮扬、金陵、苏锡、徐海四地方风味为主体构成的菜系。其中,淮扬菜是淮安、扬州、镇江三个地方风味的总称,是淮扬风味的中心组成部分;苏锡菜是指苏州、无锡一带江苏南部的地方风味;金陵菜又称南京菜、江宁菜;徐海菜是由徐州和连云港两地风味菜组成。它们虽然风味上各有特色,但在小异中却有大同。

1.淮扬风味的主要特点

(1)用料广泛,注重鲜活。淮扬地理位置优越,鱼米之乡物产丰富,名鱼、名虾、名蟹、肉、禽、蛋、蔬等食物种类繁多,为淮扬菜的繁荣奠定了坚实的物质基础。淮扬菜用料广泛,不拘一格,因材施艺,从低档到高档,从正料到边角料,都能物尽其用,加工出一些名菜、名小吃,如以边角余料为原料制成的名菜就有鸡血汤、美人肝、拆烩鲢鱼头、鲃肺汤、虾脑汤等。由于淮扬地区江河湖泊纵横,淡水物产丰富,因此,淮扬菜注重烹制河鲜湖蟹,尤其注重鲜活以突出其鲜味。

(2)烹调技法讲究刀工,注重火工。淮扬菜所用烹调加工工艺中,最突出的是刀工和火工。其刀工以刀法多、富于变化、精妙细致为特色。故其刀工菜如扬州的三套鸭、清炖蟹粉狮子头、大煮干丝等皆得力于刀工而登名菜之榜。其花色拼盘、瓜雕、烹花菜品如松鼠鱼、菊花鱼等,更能体现其刀工之妙。此外,淮扬菜还注重火工。淮扬火工菜以炖、焖、煨、烤、焐最为擅长,名菜如镇江扬州的"三头"(扒烧整猪头、拆烩鲢鱼头、清炖狮子头)、金陵"三叉"(叉烧鸭、叉烤鱼、叉烤乳猪)以及镇江十大砂锅等充分体现了淮扬菜火工特点。

(3)调味清鲜平和,注重本味。除苏锡一带菜肴以甜出头、咸收口、浓油赤酱为特色之外,其他地域则强调突出本味清淡适口,所成菜肴大部分口感美好,醇浓而不腻,酥烂脱骨能全其形,滑嫩爽脆而本味犹存。

(4)特别注重菜肴的造型美观。在四大菜系中,淮扬菜尤其重视菜肴的色泽鲜艳、造型生动、立意新颖而取得悦目赏心的效果。如仅冷盘造型的常用拼摆方法就有如排、堆、叠、围、摆等十几种方法。至于瓜果雕刻,讲究卷、包、酿、刻等加工手法,其代表作品西瓜灯的特色为"镂刻人物、花卉、鱼虫之戏"玲珑剔透、栩栩如生,在清代颇负盛名,是高级筵宴上的上品点缀物。

2.名菜名点

淮扬风味的名菜名点种类繁多。除以上介绍的代表菜肴之外,比较有名的还有扬州的醋熘鳜鱼、将军过桥,淮安的生炒蝴蝶片、炝虎尾、炒软兜,镇江的水晶肴蹄、清蒸鲥鱼、焦山素菜,南通的清炖狼山鸡、天下第一鲜,南京的香酥鸡,无锡的脆鳝、香松银鱼,常州的糟扣肉、素火腿等均为世人所推崇。淮扬风味中的小吃历史悠久,荤素兼备,清淡而咸甜适中,造型多样而美观,乡土风味浓郁。历史上的名小吃,如"建康七妙",明清时代的扬州因有各种面点数十种而"美甲天下"。此外,南京的夫子庙(秦淮河边)、苏州的玄妙观、无锡的崇安寺、常州的双桂坊、南通南大街等地均为当地名小吃集中之地。扬州三丁包子、苏州糕团、淮安文楼汤包和淮饺、常熟莲子血糯饭、南通芙蓉霍香饺和文蛤饼以及太湖船点与黄桥烧饼等都是颇具当地特色的小吃。

（四）广东风味

广东位于我国南部沿海珠江三角洲地区,处于热带和亚热带,四季常青,江河纵横,物产丰富,为菜肴的制作提供了丰富的原料。在全国四大风味流派中广东风味形成较晚,成熟于晚清近代与外国通商之后。先秦时代,广东之地受中原饮食风尚影响不大,大量少数民族杂居,食风甚杂。经秦汉至魏晋南北朝,汉族地区文化不断传入,逐渐影响到当地人的饮食风俗。如《淮南子》记载"越人得蚺蛇以为上肴",可见即使在汉代食蛇之风仍是当地普遍现象。唐宋开始,岭南进一步开发,中原烹饪技术大量传进,所用烹调方法炒、炸、炙、脍、蒸、煽等已不下十数种。受宋室南迁,尤其是南宋末皇室南逃琼海的影响,中原烹饪工艺得以与广东地区的物产食风结合,形成了鸟兽虫鱼入馔而务求生猛的特点。至此广东风味已具雏形。清中叶以后,广州逐渐成为中国南方通商大门,广东沿海亦与海外来往渐密,广东烹饪在继承传统不断发展的同时,也逐渐吸收了西餐烹调的一些方法,在清朝末期最终形成广东风味。广州的饮食业特别发达,酒楼之多为国内之冠,从晚清起就有"食在广州"之说。不仅如此,在现代中国各大城市中,广东风味已经占有稳固的一席之地。

广东风味由广州菜、潮州菜、东江菜三大分支组成。广州菜代表珠江三角洲地区饮食风味,潮州菜代表潮汕地区饮食风味,东江菜则代表粤东地区客家风味。

1.广东风味的特点

（1）选料广博奇杂。广东特殊的地理条件和物产资源,对粤菜风味的形成具有极其重要的影响。珠江三角洲平原河流纵横,岭南山区丘陵岗峦错落,沿海岛屿众多,所以物产种类丰富,动、植物品类繁多,这些天赋条件为粤菜选料广博奇异、鸟兽蛇虫均可入馔的特殊风格奠定了物质基础。飞禽中的鹌鹑、乳鸽、猫头鹰等,都可列于菜谱之中;鼠肉在粤菜的食谱中虽很少提及,但当地民间却以之为美食,如《顺德县志》中说:"鼠脯,顺德县佳品也。大者为脯,以待客。筵中无此,不为敬礼。"粤菜还善于用当地特产蛇、狸、猴、猫等野生、家养动物制成佳肴,蜗牛、蚂蚁子、蚕蛹制成美馔。浩瀚的南海,为粤菜提供了许多海鲜珍品,如鳊鱼、鲈鱼、终鱼、石斑、对虾、龙利、海蟹、海螺等。正如在《广州府志》中所记载,广州"水陆之产,珍物奇宝,非他郡所及"。屈大均《广东新语》也有"天下之食货,粤东几尽有之;粤东所有之食货,天下未必尽有也"的记载。总之,丰富的物产为广东风味取材提供了充分的条件。

（2）烹调方法多有独特之处。粤菜在长期的发展演变过程中,形成了一些独特的烹调技术,如煲、焗、泡、软炒、烤、炙等。它还善于吸收和借鉴外来技法,并能根据本地口味和原料特点加以改进、发展、提高。如泡、扒、爆、余是从北方菜系中移植而来,焗、煎、炸是从西菜中借鉴而来,但它们在粤菜中都已经发展改造,成为不同于原有方法的特殊技法。此外,传统广东风味也很讲究用汤,厨师一般都有自已独特的制汤技术。汤大多用鸡、瘦猪肉等熬制而成,分为顶汤、上汤、二汤三种,分别用于名贵菜、中档菜和一般菜的调味。

(3)讲究调味。广东风味讲究随季节转换而五滋(香、酥、脆、肥、浓)六味(酸、甜、苦、辣、咸、鲜)换。以突出清鲜为主,口感讲求滑爽脆嫩。广东菜使用的调味料中有些为其他风味菜系所无。如蚝油、豉汁、西汁、柱侯酱、沙茶酱、鱼露、珠油、果皮等,故能烹制出一些风味独特的菜肴。同时,广东菜中还保留了一些古代的烹调方法。如制作虾生、鱼生、蚝生之类的方法,唐人炒花椒五香盐之法等。此外,广东风味自古喜食鲜生食物,同时讲究食疗进补,如夏秋饮食清淡消暑清火,冬春饮食浓郁进补养身。

(4)善于兼容并蓄、开拓创新。广东风味起步较迟但却后来居上,成为影响最大、在海内外分布最广泛的饮食风味,与其具有兼容并蓄、开拓创新的特点分不开。如前所述,在其发展形成过程中既取其他地方风味之长,又借鉴国外一些比较科学的烹调方法,灵活变化,融会贯通,使广东风味能够适应不同地域、不同层次的要求,为自己开拓出广阔的生存发展空间。

2. 名菜名点

广东菜肴中有很多名菜。比较有代表性的有干炒牛河、烤乳猪、龙虎斗、太爷鸡、东江盐焗鸡、酿豆腐、猴脑汤、沙茶涮牛肉、明炉烧螺、糖醋咕噜肉、蚝油牛肉、炒鲜奶、白云猎手、佛山柱侯鸡等。此外,广东风味中的面点小吃也很有名,有典型的岭南特色。比较有代表性的如各类广式月饼、广式糕点、粥品(如白粥、猪红粥、艇仔粥、去湿粥、坠火粥、肉粥、鱼粥、皮蛋粥等)、皮蛋酥、蛋卷、叉烧包、酥皮莲蓉包、粉果、肠粉、蟹黄灌汤饺、薄皮鲜虾饺、双皮奶、炒田螺、卤水牛杂等。

三、其他地方风味

(一)浙江风味

浙江境内平原地区主产稻米鱼蔬,浙东盛产海鲜,气候温和,水陆物产丰富。历史上从河姆渡母系氏族社会开始就以米为主食,采用蒸煮的方法来烹调。自先秦至隋唐,浙江烹饪技术在经济开发的同时大步前进,绍兴酒用以调味,隋代"石首含肚"成为御膳贡品。北宋灭亡宋室南迁,杭州成为当时南宋王朝的首都,南北饮食荟萃于此,由此奠定了浙江风味的形成基础。宋元时期,宁波作为海上丝绸之路的起点,推进了浙江风味的形成与发展。明清时期,浙江烹饪理论家和名厨辈出,最终形成了完整的浙江风味。

1. 浙江风味的特点

浙江菜主要由杭州菜、宁波菜、绍兴菜三大分支组成。总的特色可以概括为用料精细,烹调注重火候,口味以清鲜脆嫩为主,菜肴造型讲求美观。其中杭州菜是浙江风味的代表,烹饪技法多采用爆、炒、炸、烩、熘、炖、汆、蒸等。宁波菜则多用海鲜、注重原汁原味、香糯、滑软、咸鲜味突出。绍兴菜以烹制河鲜家禽见长,讲求酥绵香糯,酒香隽永,汁浓味重,味多鲜咸,轻油忌辣,江南水乡气息十分浓郁。

2. 名菜小吃

杭州著名的菜有西湖醋鱼、东坡肉、龙井虾仁、油焖青笋、叫花鸡、西湖莼菜汤、蜜汁火方、虎跑素火腿、赛蟹羹等。宁波名菜有冰糖甲鱼、苔菜拖黄鱼、网油包鹅肝、锅烧鳗等十大名菜和咸菜大汤黄鱼等。绍兴名菜有清汤越鸡、干菜焖肉、白鲞扣鸡、糟熘虾仁、清汤鱼圆、糟熘白鱼等。浙江名小吃有虾爆鳝面、宁波汤圆、吴山油酥饼、猫耳朵、五芳斋粽子等。

(二)福建风味

福建地理背山面海,山区多野味,沿海盛产名贵海珍,早在唐代福建就已有海蛤、鲛鱼皮等名贵物产作为皇家贡品而闻名于世。宋时《山家清供》录有蟹酿橙等名菜。明清以来,多有书籍记载福建烹饪物产的。清朝末期,福建菜的影响扩大至外省,逐渐发展成为"肴馔之有特色者"的菜系。福建风味在东南亚等华侨聚集区影响比较大。

1. 福建风味的特点

福建菜主要由福州菜、闽南菜(以厦门、泉州为中心)、闽西菜(客家话地区)三大分支组成。总的特色可以概括为烹饪材料丰富,烹调技法严谨,刀工巧妙,调味方法奇特,讲求清淡、鲜嫩,多用炒、熘、蒸、炸、煨等法。福州菜味偏酸甜,善于用汤调味和烹制汤菜,也善于用糟香调味。闽南菜善用香辣,在用沙茶、芥末、橘汁等调味方面有独到之处。闽西菜讲求浓香醇厚,以烹制山珍野味为长,味偏咸且善用香辣,有山区风味特色。

2. 名菜名点

福建名菜有佛跳墙、淡糟鲜竹蛏、炒西施舌、东壁龙珠、鸡丝燕窝、沙茶闷鸭块、香油石鳞腿、白斩河田鸡、梅开二度、菊花鱼球、桔汁加吉鱼、雪花鸡、荔枝肉等。福建风味小吃有蚝煎、鱼丸、蛎饼、锅边、油葱粿、薄饼(春卷)、光饼、汀州豆腐干、手抓面等。

(三)安徽风味

安徽南部为山区,中部沿长江,北部为淮北平原,物产丰富。安徽风味发源于古徽州(今黄山市、绩溪县、江西婺源县),滥觞于南宋时期,后来随徽商的活动范围不断扩大而开始向外部发展,在沿长江一带得到了广泛流播。清朝时,在徽菜发展的鼎盛时期,从上海至武汉,沿江的大中城市几乎都有徽菜馆。清代的《随园食单》《调鼎集》中都收录有安徽的名菜名点,可以证明安徽风味具有一定的影响力。

1. 安徽风味的特点

安徽风味主要由皖南菜、沿江菜、淮北菜三大部分组成,以皖南菜为其代表。总的特点是就地取材,讲究火工,尤以滑烧、清炖、生熏等技法最有特色。讲求原汁原味,菜式层次丰富,适应性强。其中皖南菜以烹制山珍野味为长,梅圣俞的诗句"沙地马蹄鳖,雪天牛尾狸"明确地道出皖南菜的这一特色。此外,还喜以火腿佐味,冰糖提鲜。沿江菜以烹制江湖之鲜为主,味以咸鲜甜酸复合型为主。淮北菜则以咸鲜辣味为特色。

2. 名菜名点

皖南名菜如黄山炖鸽、火腿炖甲鱼、红烧果子狸、腌鲜鳜鱼、问政山笋等。沿江名菜如红烧划水、毛峰熏鲥鱼、无为熏鸡等。淮北名菜如符离集烧鸡、椿芽拌鸡丝等。安徽风味小吃比较有代表性的如徽州的毛豆腐,庐江的小红头,芜湖的虾子面、蟹黄汤包、老鸭汤以及淮南八公山豆腐等。

(四)湖南风味

湖南境内有肥沃的大平原,湖泊纵横,盛产稻米鱼蔬;西部是山区,各种特色野味种类繁多。历史上地处古代"云梦泽"之南,素有"湖广熟,天下足"之美誉,物产十分丰富,为湖南风味的形成奠定了物质基础。湖南烹饪历史悠久,早在《楚辞》中就记录了许多湖南的名菜名点,《吕氏春秋》中已将洞庭湖的鳟鱼列为名产。长沙马王堆一号汉墓出土的遣册上就登记了近百种精美菜肴。南朝时期,江南地区得到比较充分开发,湖南风味初具雏形,《荆楚岁时记》中就记录了很多湖南民间小吃品种。再经由唐宋至明清的不断发展,湖南风味最终形成。

1. 湖南风味的特点

湖南风味主要由湘江流域(以长沙、湘潭、衡阳为中心)、洞庭湖区(以常德、岳阳、益阳为中心)、湘西山区(以吉首、怀化、大庸为中心)三大部分的菜组成,其中,湘江流域风味是湖南风味的代表。湖南风味总的特点是用料广泛,选材精细,讲求烹调加工技巧,菜式层次丰富,味型较多,重香鲜酸辣、口感软嫩。湘江流域菜尤重刀工火候,小炒、滑熘、清蒸十分有名,名菜如麻辣仔鸡、生熘鱼片、清蒸鱼等充分体现了湖南风味的特点。洞庭湖区菜则擅长烹制湖鲜、野味、家禽,多用烧、烹、腊等烹调技法,菜肴成品色重芡大油厚,咸辣香软。湘西山区擅长山珍野味、熏腊腌品的烹制,口味以咸香酸辣为主。

2. 名菜名点

湖南著名菜主要有麻辣仔鸡、生熘鱼片、清蒸鱼、君山鸡片、油辣冬笋尖、板栗烧菜心等。洞庭湖区名菜主要有洞庭肥鱼肚、腊味合蒸、火方银鱼等。湘西名菜主要有吉首酸肉、酸辣野鸡片、红烧狗肉等。湖南小吃名品主要有长沙的火宫殿臭豆腐、牛肉米粉,湘潭脑髓卷,衡阳排楼汤圆,洞庭湖区的糯米藕饺饵、虾饼、健米茶等。

（五）北京风味

北京位于华北平原的西北部,西部是太行山余脉西山,北部是燕山的余脉,物产丰富,历史上是幽燕之地胡汉杂处之区。金、元、明、清时期,北京成为王朝的首都,为满足帝王将相、达官贵族、商人巨贾的饮食需要,全国各地饮食风味和厨师高手也咸集于此,形成了各种饮食风味流派的大融合。历经七八百年的历史发展,到了清末民初时期,最终形成了以山东、本地菜为基础,以宫廷、官府、清真菜为辅助的北京风味体系。《清稗类钞》中把"京师"列为"肴馔之有特色者"之首。

1. 北京风味的特点

北京风味最突出的特点是:融合全国各地东西南北风味流派的特点,并注意吸收满蒙回藏等少数民族饮食精华;此外,还广采宫廷风味、官府风味、市肆风味等风味的独到之处,经过有机融合并推陈出新,最终形成了独具特色自成一家的风味体系。北京风味的取料广采博收,兼取各家之长,且讲究货真价实,质优量足。因北京是首都,虽然物产有限,但东北的山珍、江南的蔬鲜、中原的五谷、东南的海味、西北的牛羊等,均为北京风味所用。北京菜的食物原料烹调技法以山东风味技法为基础,同时博采众长兼收并蓄其他饮食风味。传统口味以北方传统的浓郁、酥烂为主,同时兼有江南、岭南的讲究嫩脆清鲜之特色。

2. 名菜名点

北京名菜甚多,如北京烤鸭、北京烤肉、涮羊肉、白煮肉、海红虾唇、蛤蟆鲍鱼、罗汉大虾、黄焖鱼翅、砂锅羊头、扒熊掌、炸佛手等。北京的风味小吃多用麦米豆粟等植物性原料制成,讲究季节性,技法多而工艺精。名小吃主要有艾窝窝、小窝头、豌豆黄、焦圈、杏仁豆腐、龙须面、天兴居炒肝、合义斋灌肠、糖火烧、豆腐脑、年糕、肉火烧等。

（六）陕西风味

陕西地处内陆腹地,陕南秦岭地区山地湿润多川流,关中平原四季分明,陕北黄土高原少雨,物产丰富,为陕西风味的形成提供了坚实的食物原料基础。历史上西安是十多个朝代的都城,历时千余载,中国封建社会最辉煌的秦、汉、唐时代均在此地建都,烹饪文化积淀丰厚。早在半坡氏族时代,就已使用蒸煮之法;西周的名食"八珍",出自镐京;《吕氏春秋·本味》篇在咸阳写成;秦汉美食、隋唐名馔,均辐辏全国之最;西域胡食、中亚佳味,亦通过丝绸之路汇集长安。由于历史的原因,再加上地处汉族和西域少数民族交界地区,陕西烹饪一直保持着兼取各地饮食文化精华的传统。历经宋元明清的不断发展,陕西风味完全形成,成为西北地区汉族饮食风味的代表。

1. 陕西风味的特点

陕西风味体系分两类。一是历史菜系,由唐宫廷菜、官府菜、寺观菜、汉唐市肆菜组成。其特点各异,前三者或用料奇特、精妙华美,或格调典雅,品质高绝。后者则取材广泛,层次丰富。历史菜系中代表性的名菜如驼蹄羹、驼峰炙、辋川小样等有大约数十种之多。二是现代菜系,由以西安为中心的关中、以汉中为中心的陕南和以榆林为中心的陕北三大部分的菜构成。总的特点是食物原料取材广泛,烹调技法多样并善于综合运用,味型是以咸鲜辣酸为基础的复合味,口感松软烂酥而讲求脆爽,造型古雅且丰满实惠。

2. 名菜名点

现代菜系中的关中菜为陕西风味的代表,其菜品多达 700 余种,名菜有葫芦鸡、口蘑桃仁汆双脆、三皮丝、酿金钱发菜、奶汤锅子鱼、带把肘子、鸡米海参等。陕南菜乡土气息浓郁,名菜有薇菜里脊丝、烧鱼梅、商芝肉、烟熏鸭、白雪团鱼、清蒸白鳝等。陕北菜具有塞上地方特色,多用牛羊肉,名菜如清蒸羊肉、炒羊羔肉、大烧肉、奶豆腐等。陕西小吃的特点是面制品多、调料配料多、当地特产多,并且品种丰富制法独特,黄土地气息十分浓郁。著名小吃如牛羊肉泡馍、饺子宴、樊记腊汁肉、老童家腊羊肉、太后饼、渭北石子馍、乾县锅盔、鸡丝面、豆腐脑、秦镇大米面皮、臊子面等。

(七)上海风味

上海简称沪,扼长江门户,面对东海,自古为江海通津。第一次鸦片战争之后,上海逐渐成为我国殖民化程度较深的城市之一,被称之为"冒险家的乐园",社会生活繁荣发展。为满足达官巨贾的饮食需要,国内各地域风味流派乃至世界各地风味竞相涌入,极大地推动了上海地域的饮食文化发展。大约在晚清时期,在与外来饮食文化充分交流和融合的基础上,上海饮食风味正式形成。

1. 上海风味的特点

原料广泛,全国各地的食物原料乃至外国食物原料都能被广泛地烹调食用;烹调方法则广泛借鉴苏、浙、川、粤乃至西餐的烹调技法的优点,最终形成了以烧、焖、蒸见长的烹调技术体系;口味以清淡为主,讲求食物的嫩、脆、酥、烂;季节性特征明显,不同季节的食物口味、烹调技法等差异明显。

2. 名菜小吃

沪菜的名菜主要有青鱼甩水、白斩鸡、贵妃鸡、虾子大乌参、松江鲈鱼、枫泾丁蹄、生煸草头、炒蟹黄油、松仁玉米、干烧冬笋、桂花肉、糟钵头、八宝鸡等。上海风味的名小吃更是不胜枚举,据统计小吃品种多达六、七百种。比较有代表性的名小吃有城隍庙的南翔馒头、枣泥酥饼、鸽蛋圆子,此外,四季糕、八宝饭、排骨年糕等比较有上海风味特色。

第二节　中国主要社会群体饮食风味

一、宫廷风味

（一）宫廷风味的形成

宫廷风味指帝王及其后宫嫔妃的饮食风味。从周代开始，宫廷菜讲究食必稽于本草，饮必准乎法度，五味调和，烹饪得宜，珍馐宴享，饮膳有序。从《周礼》看，专门为帝王及其嫔妃服务的机构庞大而完整。这种机构历代的名称虽然不同，但其职能是相同的。汉晋唐宋，尊古合仪。元代宫廷，从汉旧制，兼用羊肉，以为常食。清宫肴馔，满汉合璧。宫廷菜集四方贡珍奇品，御厨精烹，因而品式繁多，不胜枚举。

在史书记载中，帝王的饮食有严格的制度，对外是保密的。加上文献失传等原因，我们现在所知并不多。例如对于唐代宫廷食品，只是从皇帝赏赐给某些公主大臣的食品历史记载中才略知一二。如果不是清朝被推翻，御膳档案绝不会公之于众，几位"御厨"也不可能开"仿膳斋"，自然就不会有宫廷风味上市之事了。现在的宫廷风味，均是以历史保留的某些资料经研制仿效而成。

（二）宫廷风味的主要特点

（1）选料严格，烹饪技术精湛。选料严格，一是指宫廷御膳厨房有条件聚集天下美食原料，将大批的地方特产选进宫中。作为贡品，献给皇帝，使宫中御厨在选料方面非常严格，烹调用食物原料务求完美无瑕。二是十分注重选用时令食物原料，与季节养生充分结合。如"燕窝秋梨鸭子热锅"、"鸭子秋梨炖白菜"、"肥鸡葱椒鱼"、"鹿筋鹿肉脯"、"樱桃肉"、"抓炒虾仁"等菜肴中使用的原料，无不是优中选优、水陆并陈、荤素搭配合理的原料。宫廷御厨人员众多，各种流派的御用厨师身怀绝技，为帝王烹制膳食殚精竭虑，不许有丝毫差错，因此，烹饪出的菜品自然也就精致无比。

（2）命名雅致，内涵丰富。宫廷太监、御厨等为讨好皇帝，经常给菜肴起个吉祥名字，有的是后人附会出的典故，使宫廷菜的命名风雅别致，内涵丰富。如"雪夜桃花"、"宫门献鲤"、"红娘自配"、"贵妃鸡"、"樱桃肉"、"万字扣肉"等，仅从菜品的命名就足以显露出宫廷菜的典雅和高贵，同时也完美地体现其文化色彩浓厚的特点。

（3）讲究盛器和造型。皇帝饮食讲究食前品尝，其菜品不但好吃，而且还要有好的造型。美食和美器在宫廷菜中得到十分完美的统一。

（三）具有代表性的宫廷风味

现存的主要有北京清宫菜、沈阳清宫菜和承德清宫菜。其中，北京宫廷菜主要以日常饮食种类为特点,沈阳清宫菜则满族民族特色浓郁,承德宫廷菜则主要是以当地山珍为主。

咸丰十一年(1861年)十月初十,进给皇太后的一桌早膳就能够全面反映北京宫廷风味的特点。该早膳的膳食具体如下:

(1)火锅二品:羊肉炖豆腐、炉鸭炖白菜;

(2)大碗菜四品:燕窝"福"字锅烧鸭子、燕窝"寿"字白鸭丝、燕窝"万"字红白鸭子、燕窝"年"字什锦攒丝;

(3)中碗菜四品:燕窝鸭丝、熘鲜虾、三鲜鸽蛋、脍鸭腰;

(4)碟菜六品:燕窝炒熏鸡丝、肥肉片炒翅子、口蘑炒鸡片、熘野鸭丸子、果子酱、碎熘鸡;

(5)片盘二品:挂炉鸭子、挂炉猪;

(6)饽饽四品:百寿桃、五福捧寿桃、寿意白糖油糕、寿意苜蓿糕;

(7)燕窝鸭子汤;鸡丝面。

不难发现,仅仅是皇宫内一顿早餐就由七道独具特色的菜点组成,食物原料依次有羊肉、豆腐、鸭肉、白菜、虾、鸽蛋、鸭腰、鸡肉、猪肉、点心、面条等,水陆俱陈且以动物性食物为主。由于是早餐且皇太后属中老年女性,因此主食是面点和面条而不是米饭。

二、官府风味

(一)官府风味的形成

官府菜又称官僚士大夫菜,包括一些出自豪门之家的名菜。中国的官僚在封建社会里是统治阶级中地位很高的一个阶层,尤其是其中的大官僚或贵族之家生活奢侈,资金雄厚,肯花重金采购珍奇食物原料,这是形成官府风味的重要条件之一。官府风味形成的另一个重要条件是名厨与美食品味家的结合。一道名菜的形成,离不开厨师,也离不开美食品味家。中国历史中有一些官僚不仅是美食品味家,同时还是烹调专家,历代烹饪著作就多出自这些官僚之手。正所谓"三辈子作官,学会了吃穿",历史上擅长烹调的官僚美食家有曹操、崔浩、谢枫、韦巨源、苏轼、曹寅、袁枚等。值得注意的是,官府菜在规格上绝对不得超过宫廷菜,但又与庶民菜有明显差别方显官家气派。历史上官府风味主要有以下几家为典型代表:孔府菜、东坡菜、云林菜、随园菜、谭家菜、段家菜等。其中,南京随园菜与曲阜孔府菜、北京谭家菜并称为中国著名的三大官府风味。

(二)官府风味的主要特点

(1)用料广博而精细。达官贵人一般而言家境殷实富足,完全可以为满足口腹之欲而支付大量金钱。因此,官府风味食物原料多为珍奇食料。

(2)烹调技术高超。官僚均有家厨,如曾经历任山东巡抚、四川总督的丁宝桢,雇佣厨师多达数十人,均为各派系烹调高手。因此官府风味品高质优,即使是普通食品,也烹制得精致异常。

(3)讲究菜肴创新。现存一些传统名菜中,很多是官府创新菜,如"宫保鸡丁",即丁宝桢(官至太子少保,尊称宫保)将山东和四川风味特点结合而创制。早在唐朝时期,官僚们即以能创制新菜肴被人称道为荣。

(4)风味由官僚本人主导。一般来讲,某官府之味以其官之所好为准,如谭家菜因创始人谭宗浚为广东人,故以广东特色为主;而孔府菜则以山东风味为主;随园菜是以淮扬风味为主。

(5)菜品等级分明。既是官府风味,必然深深打上统治阶级的烙印。如孔府筵席,有严格的等级,接待钦差大臣、州府官吏、县级官员就有鱼翅四大件、海参四大件和海参二大件之别,体现出浓厚的等级观念。

(6)进餐礼仪雅致。官府风味不仅讲究菜肴的精美,而且追求进食礼仪优雅。许多官府在宴请宾客之际,大菜上桌一般都有特定的"出场秀",进餐过程中还有歌舞助兴活跃宴席气氛。这里面固然包含等级制度的需要,却也符合我国"雅食"的优良传统。

(三)具有代表性的官府风味

(1)孔府菜。孔府菜用料广泛,做工精细,善于调味。烹调技法全面,尤以烧、炒、炸、扒见长。筵席礼仪庄重,讲究盛器,菜名寓意深远。比较著名的有孔府一品锅、七巧豆腐、豆腐扁食、花篮鳜鱼、带子上朝、诗礼银杏、怀抱鲤、八仙过海闹罗汉、烧安南子、雨前虾仁等。

(2)谭家菜。谭家菜在烹饪上最大的特点是选料严格、调味讲究原汁原味、制作讲究火候足,因而菜肴成品松软熟烂易消化。比较著名的有黄焖鱼翅、清汤燕菜、红烧鲍鱼、砂锅鱼唇、酥炸驼峰、松鼠鳜鱼、软炸大虾、杏仁茶、珍珠汤等。

(3)随园菜。随园菜得名于袁枚所著的《随园食单》。《随园食单》是清代一部系统地论述烹饪技术和南北菜点的重要饮食文化专著,该书所载的名馔以当时的南京特色风味为主,兼收江、浙、皖各地风味佳肴和特色小吃共计326种。20世纪70年代,名厨薛文龙经过多年时间孜孜不倦的钻研,最终烹制出随园菜系列。比较有代表性的随园菜有鸡粥、锅烧肉、萝卜丝煨鱼翅、煨乌鱼蛋、熏肉、酱炒甲鱼等。

三、市肆风味

(一)市肆风味的形成

中国古代的商品交换在商代就已经比较发达了。"日中而市"的集市出现在西周。孔子的"沽酒市脯不食",说明当时市肆上已经有专门卖酒及熟食品的了。《盐铁论》中描述秦汉之时,长安市面上"熟食遍列,肴旅成市",食品交易发达可以想见。经隋唐至明清,历经两千年的演变,长安、汴京、临安、北京等市肆集中了全国食品之精华,"集天下之珍奇,皆归于市;会寰区之异味,悉在庖厨",代表了当时市肆风味的最高水平。其余的大、中城市乃至小城集市,也都有当地的市肆风味存在。中国饮食的市肆风味植根于民间风味,又从宫廷、官府、寺院等风味中吸取营养丰富发展完善自己,从而形成了独特的风味体系。本书中的市肆风味,主要指餐馆风味,是流行于各种酒家、饭店和小吃店、摊点及各式外卖菜铺,并由店家、摊主制作并出售的各式风味食品。

(二)市肆风味的主要特点

(1)市场导向。以市场为导向,以充分满足消费者丰富多样的饮食消费需求为目标来组织生产和供应。由于饮食市场竞争激烈,要求经营者突出经营特色,不断进行产品创新,适应日益变化的饮食市场。

(2)取材广泛。市肆风味借助于商业交换之利,广泛取用东西南北的原料。即使千里之遥的食物原料,市肆都能罗致眼前制成美味佳肴出售。

(3)烹调方法全面而有整合创新。由于市场需求及竞争机制的作用,市肆风味所使用的烹调方法最为全面,而且对新的烹调方法容纳性强、吸收主动、接受迅速,在此基础上不断创新、精益求精。

(4)既有鲜明的地方风格,又有独特的市肆特色。市肆风味既有当地饮食所具有的鲜明特色又有本来的传统风味的特点,因此造成市肆风味的双重风格色彩。可以说,既有地方风格又有异地色彩是市肆风味的一个特质。

可以这样认为,分属各菜系和地方菜的著名品种,都是市肆风味的著名品种。如常见的烤乳猪、宫保鸡丁、黄焖鸡、冰糖肘子、杏仁豆腐、八宝鸭、糖醋鱼、酱牛肉、五柳鱼等也都是各地市肆风味的常见品种。

四、民间风味

(一)民间风味的形成

民间风味即大众风味,指的是乡村、城镇居民家庭日常烹饪的菜肴,是中国烹饪生产规模最大、消费人口最多、最普遍、最常见的风味,是中国烹饪最雄厚的土壤和基础。从历史发展的逻辑上讲,一个地区民间风味的形成应早于当地风味的形成。在一定意义上说,民间风味是中国烹饪的根。当然其他风味形成后又对民间风味有影响作用。中国民间风味经过漫长时期的发展演变,已经形成自己的独特风格。

(二)民间风味的主要特点

(1)取材方便。因为民间风味既无帝王官府的权势气派,也无市肆商贸之便利,只能就地取材加工食用。种植业发达的,取粮食蔬菜为料烹饪;养殖畜禽之地,以牛羊鸡鸭入料;水产资源丰富之处,常以水产品为原料制作菜肴。正所谓"靠山吃山,靠水吃水"。

(2)操作易行。民间风味所用烹调方法虽然很多,但普遍比较原始和简单,不刻意追求精致、细腻。

(3)调味适口。在中国,可以说哪里有人哪里就有民间风味。同为民间风味,但各自的具体特色却不相同。如江南民间习惯放糖提鲜,胶东沿海民间喜用鱼露拌菜,四川喜用辣椒、豆豉调味等。各地形成的地方风味,也正是以民间形成的口味嗜好为基础而产生的。

(4)经济实惠,朴实无华。民间风味虽然也讲究菜肴的造型、装盘,但更注重实惠,实实在在。这是由人民大众的消费水平、消费习惯和心理所决定的。

五、素食风味

(一)素食的形成

佛教自东汉永平十年(公元67年)修建了自己的第一座寺院——洛阳白马寺开始,到南北朝时期,在我国取得了空前大发展,僧侣队伍人数急剧膨胀,各地不但大量修建寺院,而且建院规模也不断扩大。有诗为证:"南朝四百八十寺,多少楼台烟雨中。"寺院的出现和发展为寺院风味的产生准备了条件。南北朝时期特别是南朝梁武帝萧衍执政时期,由于他笃信佛教,曾舍身同泰寺修行,并发布《断酒肉文》大力提倡素食,因此产生了佛教寺院素食风味。在《齐民要术》中已经有专门篇章记载素食,共收录了十多个素食品种。至唐宋时期,素食制作技巧高超,寺院风味已经初具规模。目前可以肯定的是,在唐代就已经掌握了以素代荤的素食技法。到了北宋时期,汴京城里已有专卖素食的饮食店,并且素食制作技术已经十分发达,甚至能用"乳麸、笋粉"等材料调配成花色繁多、各种食品俱备的素食宴席,满足社会各阶层食素者的宴会需要。《梦粱录》中详细记载了当时素食名店所经营的素食种类。历史发展至清代,寺院素食与宫廷素食、民间素食三足鼎立,在社会上有着较为广泛的素食群体。

(二)素食的特点

(1)时鲜为主,清幽素净。这是素菜区别于荤菜的显著特点,清人李渔在《闲情偶记》中说:"论蔬食之美者,曰清,曰洁,曰芳馥,曰松脆而已。不知其至美所在,能居肉食之上者,只在一字之鲜。"素菜款式常随时令而变化,就黄河流域来讲,春日的荠菜、芦笋、榆钱,初夏的蚕豆、梅豆,秋季的鲜藕、莲子,寒冬的豆芽、韭黄等应时佳蔬,无不馨香软嫩,素净爽口,是素食者的绝佳选择。

(2)花色繁多。素菜的品种和荤菜一样,也是花色品种丰富多彩。既有凉拌,又有热炒;既有日常的便餐小饮(茶),也备有高级宴席;既有花篮、凤凰、蝴蝶等花式拼盘,也有鼎湖上素、酿扒竹荪等制作工艺精湛的名贵大菜。

(3)富含营养,健身疗疾。素菜所含的营养素比较丰富。蔬菜中富含水分、维生素、无机盐及纤维素,是膳食中维生素 A、维生素 C、核黄素和钙的主要来源。蔬菜中通常还会有丰富的膳食纤维,有助于促进食物的消化和排泄。例如,豆类是素食的主打食材,特别是大豆蛋白质的氨基酸组成与牛奶、鸡蛋相近,铁、磷的含量丰富,其制品如豆腐有"补虚清肺"的食疗保健功效。此外,各种菌藻类也是素食经常使用的食材。其中,蘑菇、木耳均含有独特的具有保健作用的多糖、维生素和矿物质,是非常理想的健康食品,并且木耳还有"补肾润肺、生津、提神、益气、健胃、嫩肤"等食疗保健功效。

(三)素食的种类

1. 宫廷素食

宫廷素菜专供帝王在斋戒时食用。斋戒是指在祭祀之前清心寡欲、洁身洁食,以示尊敬。早在《左传》中就有"国之大事,在祀在戎"的说法,把祭祀和战争视为同等重要的国家大事。祭祀的重要性要求主祭者必须严肃认真对待斋戒,斋戒期间的饮食必须是能减少口腹之欲的素食。尽管宫廷素食源于寺院和民间素菜,但在制法上已经有所改进和提高。到了清代,御膳房下设有荤局、素局、饭局和点心局等,素局便是专门制作各种素菜的厨房。宫廷素菜的特点是制作精细,配菜有一定规格。一些专做素菜的御厨技艺精湛,能以面筋、豆腐等为原料做出二百余种风味独特的素菜。宫廷素菜中的一部分以赏赐的方式进入官宦人家,再辗转流传到民间。而清朝灭亡之后,宫廷御厨流落民间,宫廷素菜的用料和制法进一步被民间利用。

2. 寺院素食

寺院素食开始是为满足寺院僧侣饮食所需而烹制,后来为满足供香客人在寺院修行所需出现了寺院经营素食的现象。一般而言,寺院素食主要包括佛教寺院素食和道教宫观的素食。寺院素食的特点主要有以下几点:(1)以素托荤。即用素食材料仿制成荤菜造型并与荤菜同名的象形菜,这是寺院素食的一个显著的特点。如以土豆泥、豆腐衣为主料,辅以冬菇、春笋、卷心菜等,经煸、酿、炸等方法烹制的素"醋熘黄鱼",有头有足,不仅外形逼真,而且鱼体完整,酸甜适口,"鱼皮"酥脆,"鱼肉"香嫩,"鱼骨"又不会刺喉咙,完全可与荤"醋熘黄鱼"相媲美,堪称素菜中的工艺品。(2)擅烹蔬菽。寺院菜的主要原料为果瓜、笋菌、豆制品。寺院风味的调味品主要是鲜笋煮制成的笋汁。寺院中烹饪蔬品的汤,一般用豆芽、冬菜、老姜熬制,也可用蚕豆熬制,还可以用蘑菇、冬笋来制成。(3)烹调工艺简捷,主要采用蒸、煮、炖、炒等烹饪技法烹制菜蔬。(4)地域风格明显。各地的寺院菜,都结合当地的地方烹饪技艺与饮食习俗,具有强烈的地方色彩。

寺院菜的著名品种当属罗汉斋。罗汉斋是集素菜原料之大成者,斋饭食物原料要求十分严格,精益求精,且以 18 种原料为限(充当佛教中的 18 罗汉)。据《中国名菜集锦(上海)》中记载,"玉佛寺素斋"的 18 种食物原料是:花菇、口蘑、香菇、鲜蘑菇、草菇、竹笋尖、川竹荪、冬笋、腐竹、油面筋、素肠、黑木耳、金针菜、发菜、银杏、素鸡、马铃薯、胡萝卜。以上述 18 种食物原料为基础，加以素油、盐、酱油、白糖、淀粉、芝麻油及鲜汤佐助，依法烹饪调和，不仅质感多样，新鲜爽口，而且给人以形态丰腴的印象，确实不愧为寺院素食中的佳品。

3. 民间素食

民间素食风味是指除宫廷素食、寺院素食之外的素食风味。包括饮食市场的素食店出售的素食，也包括民间平民百姓由于种种原因在家食素的日常家庭素食。为满足不同食客的消费需要，素菜店在吸收宫廷、官府、寺院、家庭素菜制作方法的基础上创制出许多风味独特的菜肴，深受食客喜爱。如光绪年间，设在北京前门大街西侧的素菜馆，以及其后的香积园、道德林、菜根香、全素斋等素食店，都曾是名满天下的素食店。日常家庭素食则比较复杂，一般是根据居住地区出产的食物原料来安排素食，但必须遵循不食荤腥的戒律。

素食者吃素菜的原因，除了一些素食者先天不能吃荤腥（就是常说的"胎里素"）外，其他的素食者大部分都是在精神上有所追求（特别是与人们的宗教信仰有关）而选择食素的。纵观素食的发展历史，可以找到食素群体从敬畏到自律、由哀悯到慈悲的一个发展过程。如果说斋戒中的吃素是表达对神灵的虔敬和内心的敬畏的话，那么儒者所倡导的"布衣蔬食"则完全是一种自律。吃素在古代人眼里不单单是过一种简约的生活，更是对自己意志的磨炼（那些因贫穷只能以菜蔬粮豆充饥的情况除外）。孟子曾经雄辩地论述了每个人都有一种哀悯之情，同情即将死去的生命，他称之为"恻隐之心"。这种悲悯进一步升华就是慈悲，慈悲要求人不食荤腥，专门食素。素食者深信，只有戒酒断肉，依此增进修行才能摆脱六道轮回之苦。

现代社会当中素食者众多，素食主义正在兴起。除去上述素食者倡导的慈悲之心外，素食也符合现代人热切追求的环保理念。首先，素食会促使人类回归自然食性。纵观人类的进化历史并结合人的消化系统特点可知人类本来就是适合食素的。其次，地球资源是有限的，这也要求人类尽量食素。为了饲养动物，浪费掉大量的谷类、水源等自然资源，并且大量动物排放粪便严重破坏了人类赖以生存的臭氧层。最后，工业化饲养带给牲畜的苦难引发人类的恻隐之心。此外，现代营养科学已经证明食素者从素食当中获得的营养素完全能够满足身体健康需要。综上所述，我们完全有理由相信，素食具有十分广阔的发展前景。

思考与练习

1. 归纳总结山东风味的形成原因及其特点。
2. 归纳总结广东风味的形成原因及其特点。
3. 归纳总结淮扬风味的形成原因及其特点。

4.归纳总结四川风味的形成原因及其特点。

5.简单说说浙江风味的特点。

6.简单说说安徽风味的特点。

7.简单说说福建风味的特点。

8.简单说说湖南风味的特点。

9.寺院素食的特点有哪些？宫廷素食的特点有哪些？

第三章

中国茶文化

第一节　茶文化的发展史

一、茶的起源与传播

(一)茶的起源

茶,原产于中国。中国人发现茶和用茶历史久远,大约可以追溯到中国的原始社会时期。中国的古书中有神农尝百草用茶来解毒的传说,如中国第一部药物学专著《神农本草》中就有"神农尝百草,日遇七十二毒,得茶而解之"的记载。如果《庄子·盗跖篇》所载"神农之世……只知其母,不知其父"属实的话,那么早在数千年前,我们的祖先还处于母系社会,由自然采集和狩猎生活时代向养殖和耕种转变的时候,就已经发现和利用茶叶。以上传说虽无可稽考,至少可以说明我国用茶历史悠久。

茶的古称甚多。如茶、诧、荈、槚、苦荼、茗、菠等,在古代有的指茶树,有的指不同种类的成品茶。大约在公元 8 世纪即我国唐代,茶的古称才最后定为"茶"字。唐代陆羽在其专著《茶经》中称:"茶者,南方之嘉木也,一尺、二尺乃至数十尺,其巴山、峡川有两人合抱者",不但描述了茶树的形态,而且指出茶产于中国南方。根据现代植物学考察资料,今云南、贵州、四川一带古老茶区中,仍有不少高达数十米的野生大茶树,且变异丰富、类型复杂。目前我国云南西南地区的大叶野生茶树分布相当普遍,而到了贵州、四川并进一步由西向东,茶树形态就逐渐由乔木而转向灌木,叶形也由大转小,到了长江中下游以南地区,茶树则主要以中小叶形灌木为主。

尽管茶树种类繁多,目前我国已知的茶树栽培种类就有 500 多种,但茶叶的基本形态和基本成分却基本相同。茶叶的边缘有明显的锯齿,有明显的叶脉,叶脉呈互生状。茶叶所含的化学物质大约有 11 种,其中有两类物质对茶叶的风味具有重要影响:一类是"茶多酚",约占茶叶总量的 20% ~30% ,这是茶的特征物质。茶多酚主要是由儿茶素组成,儿茶素约占茶多酚总量的70%。另一类是生物碱,呈苦味,约占茶叶总量的3%~5%,其中主要是咖啡碱、茶叶碱、可可碱。

（二）茶叶的传播

1. 秦汉之前——巴蜀地区是中国茶业的摇篮

顾炎武曾道:"自秦人取蜀而后,始有茗饮之事",认为饮茶是秦统一巴蜀之后才开始传播开来,由此肯定了中国和世界的茶叶文化,最初是在巴蜀地区发展起来的。据考证,巴蜀产茶可追溯到战国时期或更早,当时在巴蜀地区已经形成了一定规模的茶区。西汉时王褒的《僮约》可以证明历史上巴蜀地区的茶事盛况。例如,《僮约》内有"烹茶尽具"及"武阳买茶"等相关字句,不仅说明西汉时巴蜀地区不仅饮茶成风并有专用器具饮茶,而且还能够证明当时茶叶已经商品化,出现了如"武阳"一类的茶叶市场。由此还可以推断,西汉时期成都已经成为我国茶叶的一个消费中心,而且由后来的文献记载看很可能也是我国最早的茶叶集散中心。秦汉及秦汉之前,巴蜀地区一直是我国茶叶生产和技术的重要中心。

2. 三国两晋——长江中游茶业发展壮大

秦汉时期,茶叶随巴蜀与各地经济文化交流而广泛传播。首先向东部、南部传播,湖南茶陵的命名就是一个佐证。茶陵地区在西汉时设县,以其地出茶而得名。从地理位置上看,茶陵位于湖南东部,邻近江西与广东两省,表明西汉时期茶的生产已经传到了湘、粤、赣毗邻地区。到了三国魏晋时期,长江中游和华中地区在中国茶文化史上的地位稳步提高。西晋时长江中游茶业的发展,可从西晋时期《荆州土记》得到佐证。其中载曰"武陵七县通出茶,最好",说明当时荆汉地区茶业的明显发展,巴蜀独冠全国的优势似已不复存在。东晋建立,北方豪门过江侨居,建康（南京）成为我国南方的政治文化中心。据《桐君录》所载,当时"西阳、武昌、晋陵皆出好茗"。书中的晋陵即常州,其茶出宜兴。表明在东晋和南朝时期,长江下游宜兴一带的茶业也已经比较发达了,茶业重心东移的趋势更加明显。由于上层社会崇茶之风盛行,使得南方饮茶习俗得到较大发展,并由此促进我国茶业种植区不断向东南推进,到了隋唐之前,茶叶种植区已经逐步扩展到了现今浙江温州、宁波沿海一带。

3. 唐代——长江中下游地区成为茶叶生产和技术中心

六朝以前,茶在南方的生产和饮用就已经有了一定发展,只是北方饮茶者还不多。及至唐代中后期,如《膳夫经手录》所载:"今关西、山东,间阎村落皆吃之,累日不食犹得,不得一日无茶"。中原和西北少数民族地区,都嗜茶成俗,对茶叶的需求量也随之大增,由此南方茶的生产也就随之蓬勃发展起来。而与北方交通便利的江南、淮南茶区,茶生产加工更是得尽地利之便发展迅猛。在这种历史背景之下,长江中下游茶区,不仅茶叶产量大幅度提高,而且制茶技术也达到了当时的最高水平,湖州紫笋和常州阳羡茶也因质量上乘而成为贡茶。总之,到了唐代中后期,中国茶叶生产和技术的中心,已经完全转移到了长江中游和下游。据当时史料记载,安徽祁门周围,千里之内,各地种茶,山无遗土,以茶事为业者十之七八。由《茶经》和唐代其他文献记载来看,这一时期茶叶产区已遍及今之四川、陕西、湖北、云南、广西、贵州、湖南、广东、福建、江西、浙江、江苏、安徽、河南等十四个省区,已经比较接近我国近代茶区的规模了。

4. 宋代——茶业重心由东向南移

从五代和宋朝初年起,中国闽南、岭南的茶叶种植业迅猛发展,北部的茶叶生产则呈现停滞不前的局面。后来,中国南部地区逐渐取代长江中下游茶区,一跃成为我国茶业的重心。贡茶也从顾渚紫笋改为福建建安茶,在唐代还不曾形成气候的闽南和岭南一带的茶业,在中国茶叶领域内的地位明显提高。宋代茶业重心南移主要是气候变化的结果。宋代时,由于气候变迁导致长江一带早春气温较低,茶树发芽推迟,不能保证茶叶在清明前进贡到京都。福建气候较暖,如欧阳修所说:"建安三千里,京师三月尝新茶"。作为贡茶,建安茶的采制,必然精益求精,名声也愈来愈大,成为中国团茶、饼茶制作的主要技术中心,带动了闽南、岭南茶区的崛起和发展。由此可见,到了宋代,茶基本上已在全国各地广泛传播。宋代的茶区,基本上已与现代茶区范围相符,明清以后,茶区基本稳定下来,茶业发展主要体现在茶叶制作技艺的提高和品种的增加。

二、饮茶方式的变迁

三国时期魏国人张揖在《广雅》中记载了当时制茶与饮茶的方法:将茶饼烤炙之后捣成粉末,然后掺入葱、姜、橘子皮等调料放到锅里去烹煮,最后煮成粥状,饮用时将茶连同其他作料一齐喝下,这种喝茶方式一直延续到唐朝。

唐朝时,人们开始将喝茶作为一种修身养性之道,人们对饮茶的环境、礼节、操作方式等饮茶仪程都十分讲究,有了一些约定俗成的饮茶规矩和仪式,茶宴也已有宫廷茶宴、寺院茶宴、文人茶宴之分。《封氏闻见记》记载当时"茶道大行,王公朝士无不饮者",可知当时社会上茶宴是一种很流行的社交活动。唐朝时茶的饮法仍然是煮茶(也称烹茶、煎茶)。饮用时先将茶饼放在火上烤炙,使茶饼散发出茶香,然后用茶碾将茶饼碾成细末,再用筛子筛出粗细均匀的茶粉末备用。烧水时,当水即将沸腾时,水面出现像鱼眼一样细小的水珠,并微微有声,称之为一沸,这时要在水中加一些盐调味;当水泡像涌泉和连珠时,称为二沸,这时要用瓢舀出一瓢水备用,然后用竹夹子在锅中搅拌,将筛好的茶末从锅中心倒入;稍后,锅中的茶汤会沸腾溅沫,称为三沸,这时要将二沸时舀出的那瓢水再倒回锅里去。至此,水火既济,茶汤煮好,将茶汤舀进茶碗即可安心饮用。以上是当时社会上流行的饮茶方法。

煎茶或煮茶是唐朝时期饮茶方式的主流。此外,当时还有一种饮茶的方法是将茶饼舂成粉末后放入茶碗中,再将开水注入茶碗直接冲泡,而不用烹煮,这也是后来末茶的饮用方法。在荆巴地区,也存在将葱、姜、枣、橘皮、茱萸、薄荷等和茶一起反复煮沸饮用的饮茶方法,这可以看作是从古代用茶做羹汤至用茶作饮料的过渡形态。

宋朝时的点茶道。到了宋朝,茶汤中已经不再加盐了,这也标志着茶脱胎换骨真正成为了饮品,并且宋朝时点茶道成为时尚。点茶的具体做法是先将茶叶末放在茶碗里,注入少量沸水,调成糊状,然后再注入沸水,或直接向茶碗中注入沸水,同时用茶筅快速搅动,茶末上浮,形成粥面。这一步骤称为调膏。点茶时通常一手执壶往茶盏中点水。点水时要注意有节制,落水点要准,不能破坏茶面。与此同时,另一手用茶筅旋转打击和拂动茶盏中的茶汤,使之泛起汤花(泡沫),称为运筅或击拂,注水和击拂要同时进行才能调出味道可口的茶。

明清时期的泡茶道。泡茶法始于中唐,南宋末年至明朝初,泡茶多用末茶。明初以后,泡茶不再使用茶末,直接把叶茶放在茶碗中注入开水冲泡,只饮用茶汤而把泡后的茶叶废弃不用。这种冲泡叶茶的方法一直流传至今没有变化。

三、我国不同历史时期的茶文化简介

(一)唐朝时期的茶文化

唐朝时期饮茶方式如前所述。唐朝是我国历史上茶文化大放异彩的时期,主要原因有以下四点:首先,社会经济文化的发展、交通条件的改善和南北经济文化的交流频繁,为茶事兴盛创造了现实的经济和文化基础。其次,陆羽《茶经》的问世,使人们充分认识到了茶的价值和韵味。正如《新唐书·陆羽》所说:"羽嗜茶,著经三篇,言茶之源、之法、之具尤备,天下益加饮茶矣。"再次,宗教的影响。唐朝是佛教和道教十分兴盛的时期,茶叶能够使人兴奋有利于僧侣们参禅悟道,所以僧侣们对茶叶的推广功不可没。最后,文人墨客的推波助澜。

中国历史上贡茶作为一种制度被确立下来始于唐朝。唐代宗大历五年(公元770年),唐朝政府在顾渚山设立了贡茶院,专制贡茶"顾渚紫笋",顾渚山名曰"贡山",官管贡茶自此开始。

(二)宋元时期的茶文化

历史上对于宋代茶事曾有"茶兴于唐而盛于宋"的说法。这是因为宋代茶叶产量比以前大幅增加,茶税已经成为朝廷重要的经济来源。

在宋朝,建茶取代顾渚茶成为贡茶。建茶产于建州(今福建省中北部),龙凤团茶、密云龙、龙园胜雪等是建茶中的代表。宋徽宗在《大观茶论》中就对建茶赞赏有加。

宋朝的制茶方法有了较大的改变。自汉唐以来的蒸青团茶逐渐转变成散茶。蒸青团茶不仅制作工艺复杂,饮用方法也比较麻烦,无法适应普通民众对茶叶的需

求。到宋末元初之际，茶叶的生产格局已经变成散茶为主，团茶、饼茶为辅。

斗茶盛行。所谓"斗茶"，就是通过对茶汤的品饮判定所泡之茶的产地名称。"斗茶"在唐代就已经产生，只是到了宋代之后由于皇室的提倡而越发普及开来。为了满足"斗茶"的需要，宋代窑场甚至专门制作满足"斗茶"所需的黑瓷碗。宋徽宗尤爱此道，经常与臣下"斗茶"取乐。"斗茶"一定程度上促进了制茶技艺的提高和品茶艺术的发展。

（三）明清时期的茶文化

明清时期茶文化十分繁荣，著述丰富。据专家统计，有目录可考证的达55部，有参考研究价值的有20多部，几乎涉及茶事的各种领域。但是，这些茶事著述的系统性和研究深度都没有超过《大观茶论》的水平。

明清时期还实施了"以茶制边"的政策措施。"以茶制边"实际上是明清统治者控制西北边疆地区的一种政策。西北地区的民众以肉和乳为食，需要通过饮茶来帮助消化，获得人体必需的维生素等营养物质。因此，茶叶成为西北地区民众的日常生活必需品之一。统治者通过茶叶贸易控制茶叶的供给量达到"以茶制边"的目的。

散茶完全取代龙凤团茶。明朝初年，明太祖朱元璋考虑到茶农制团茶的辛劳，特别下令停止制造龙凤团茶，只供芽茶、叶茶等散茶。由此，散茶取代了以传统的龙凤团茶为代表的团茶或饼茶的历史地位，真正成为了中国茶叶的主角。

明清时期出现了一些新茶种。叶茶（芽茶）的兴盛，炒青技术的发展，为明清时期茶叶生产在种类上的突破带来了机遇，此时期出现的茶叶种类主要有黑茶、青茶和红茶。一般认为，在明朝除传统的绿茶外，红茶、黄茶、白茶、黑茶均已出现，清代又发明了乌龙茶。至此，中国茶叶已经完成六大茶类的创制。

四、茶的相关著述

（一）陆羽的《茶经》

若要说茶叶相关著作，当首推成书于唐代（公元758年）、由"茶圣"陆羽撰写的《茶经》。《茶经》共三卷、十类，在我国乃至世界历史上第一次全面总结了唐代以前中国人在茶叶生产方面取得的成就，系统地传播了茶叶的知识，不仅对茶叶的生产起到了极其重要的作用，而且对茶事活动的推广普及、促进茶叶在唐代成为"国饮"发挥了重要的作用。因此，《四库全书总目》就说："言茶者莫精于陆羽，其文亦朴雅有古意。"

1. 茶之源

关于产地及茶树外形：

"茶者，南方之嘉木也。一尺、二尺乃至数十尺；其巴山峡川有两人合抱者，伐而掇之。其树如瓜芦，叶如栀子，花如白蔷薇，实如栟榈，蒂如丁香，根如胡桃。"

关于茶字的来源:

"其字,或从草,或从木,或草木并。其名,一曰茶,二曰槚,三曰蔎,四曰茗,五曰荈。"

关于茶的功效:

"茶之为用,味至寒,为饮最宜。精行俭德之人,若热渴、凝闷、脑疼、目涩、四肢烦、百节不舒,聊四五啜,与醍醐、甘露抗衡也。采不时,造不精,杂以卉莽,饮之成疾。……"

2. 茶之饮

《茶经》中关于饮茶有以下论说:

"茶之为饮,发乎神农氏,……左思之徒,皆饮焉。……盛于国朝,两都并荆俞间,以为比屋之饮。"

此外,《茶经》中还记载了唐朝时中国人喝茶的方法:

"饮有粗茶、散茶、末茶、饼茶者。乃斫、乃熬、乃炀、乃舂,贮于瓶缶之中,以汤沃焉,谓之痷茶。或用葱、姜、枣、橘皮、茱萸、薄荷之等,煮之百沸,……"

关于如何能喝到精美的茶汤:

"茶有九难:一曰造,二曰别,三曰器,四曰火,五曰水,六曰炙,七曰末,八曰煮,九曰饮。"

关于喝茶的人数及茶汤分法:

"夫珍鲜馥烈者,其碗数三;次之者,碗数五。若座客数至五,行三碗;至七,行五碗;若六人以下,不约碗数,但阙一人而已,其隽永补所阙人。"

(二)陆廷灿的《续茶经》

自《茶经》问世之后,我国出现的论茶之书多达一百多种。清代陆廷灿的《续茶经》即为其中的著名续作。《续茶经》的体例完全模仿《茶经》,亦为三卷,篇目与《茶经》完全相同,即分为茶之源、茶之具、茶之造等十个门类。但自唐至清,历时近千年的时光流转,产茶之地、制茶之法以及烹煮器具等都发生了巨大的变化,《续茶经》对唐之后的茶事资料收集全面,并进行考辨,名虽为"续",实际上是一部完全独立的著作。《续茶经》当中的"茶之略"部分,详细地记载了自《茶经》之后我国的茶相关著述,给读者进一步深入研究茶文化提供了极大的便利。

(三)其他与茶相关的著述

宋徽宗赵佶的《大观茶论》。此书序之外分为地产、天时、采摘、蒸压、制造、鉴辨等二十多个部分内容,涉及茶叶的播种、采摘、制作、煮制、饮用、品鉴等全过程。虽然全篇字数不多,只有2800字,但是却言简意赅,多为中的之语,因此后人对此书的评价较高。例如,在论茶香时书中说道:

"茶有真香,非龙麝可拟。要须蒸及热而压之,及干而研,研细而造,则和美具足,入盏则馨香四溢,秋爽洒然。……"

宋徽宗醉心茶事并亲力亲为,经常把茶作为礼物赏赐给大臣,兴之所至还亲自给臣下表演茶艺,对推动宋代茶事活动的普及发挥了难以估量的作用。

此外,中国历史上还有其他的茶著述如蔡襄的《茶录》等也很有名。但是,内容深度、广度都不及《茶经》和《续茶经》。

第二节　茶叶的种类

我国是世界上茶类最齐全、种类最丰富的国家。在我国,茶叶经历了漫长的演化和发展,逐渐形成了现在的绿茶、黄茶、黑茶、白茶、乌龙茶、红茶六大基本茶类及再加工茶类。各种茶具有各自的基本加工工艺及独特的品质特点。

一、绿茶

绿茶属于不发酵类茶,其基本特点是"绿汤绿叶,香气高厚,滋味鲜醇,富有收敛性",是我国产区最广、产量最高、品种最佳的一类茶叶,其产量占我国茶叶总产量的70%左右。绿茶的基本加工流程包括三个步骤:杀青、揉捻和干燥。按照初制加工过程的杀青和干燥方式不同,可将其分为蒸青绿茶(如玉露茶、阳羡茶、煎茶等),为蒸汽杀青;炒青绿茶,为锅炒杀青。炒青绿茶按照最终的干燥方式可再分为炒青(炒干)、烘青(烘干)绿茶和晒青(晒干)绿茶三种。其中,炒青还可以再分成眉茶(主要有炒青、特珍、珍眉、凤眉、秀眉、贡熙等)、珠茶(主要有珠茶、雨茶等)、细嫩炒青(主要有龙井、大方、碧螺春、雨花茶等);烘青还可以分成普通烘青(主要有闽烘青、浙烘青、徽烘青、苏烘青等)、细嫩烘青(包括黄山毛峰、太平猴魁、华顶云雾等);晒青主要有滇青、川青和陕青等。

二、红茶

红茶属于全发酵茶,其基本特点是"红汤红叶,有特殊的甜花香气,滋味醇厚甜和"。红叶、红汤是红茶共同的品质。在国际茶叶市场上红茶贸易量占世界茶叶总贸易量的90%以上。红茶创始于17世纪,由福建崇安首创小种红茶,后来又发明了工夫红茶。红茶的基本加工流程包括四个步骤,即萎凋、揉捻、发酵和干燥。鲜茶叶先经过"萎凋",就是将茶叶按照一定的厚度摊放,通过晾晒使之萎蔫,再经过"揉捻"、"发酵"步骤促使茶叶自身含有的多酚类物质发生生物氧化,产生茶红素、茶黄素等,形成红茶特有的色、香、味。我国红茶主要有小种红茶、工夫红茶和红碎茶等品种。

1. 小种红茶

福建特产,因干燥时用松柴熏染,故有一股特殊的松烟香味,味似桂圆汤。知名品种有正山小种、烟小种等。

2. 工夫红茶

因制作精细,耗费功夫而得名。成品条索紧密。色泽乌润,冲泡后汤色、叶底色红艳明亮,香味持久,并带有甜花香和蜜糖香,滋味醇厚。工夫茶因产地不同分为滇红、祁红、川红、闽红、宁红(江西)、宜红(湖北)、湖红(湖南)、浙红等。其中,闽红又分为坦洋工夫、白琳工夫和郑和工夫等。

3. 红碎叶茶

因在揉捻时用机器将茶叶切碎而得名。其特点是色泽乌润,茶味鲜浓,容易浸泡。按照茶叶切碎的程度可细分为叶茶(短条形)、碎茶(颗粒状)、片茶(小片状)和末茶(细末状)。

三、乌龙茶

乌龙茶又名青茶,属于半发酵茶类,其基本特点是"汤色黄红,有天然花香,滋味浓厚,具有独特韵味"、"绿叶红镶边"(三红七绿)。乌龙茶生产开始于19世纪中叶,由闽南地区首创。其加工流程主要包括萎凋、做青、杀青、揉捻和干燥。在我国,乌龙茶的主产区为福建、广东、台湾三省。

闽北乌龙。主要产于武夷山一带,在种类上有武夷岩茶、闽北水仙和闽北乌龙之分。其中以武夷岩茶最为著名,知名品种主要有大红袍、铁罗汉、白鸡冠、水金龟、十里香、金锁匙、吊金钟、瓜子金、金柳条等。此外,奇兰、乌龙、铁观音、梅占、肉桂、毛猴等也比较有名。

闽南乌龙。闽南是乌龙茶的发源地,闽南安溪铁观音和黄金桂是最为著名的品种。

广东乌龙。主要产于广东潮州地区,知名品种主要有凤凰单枞和凤凰水仙等。

台湾乌龙。著名品种有台湾冻顶乌龙,驰名中外。

四、其他

(一)黄茶

属于微发酵茶类。其品质特点是"黄叶、黄汤,香气清悦,滋味醇厚爽口"。其制作方法和绿茶基本相似,不同之处在于揉捻前或者初烘后要作堆积沃黄的处理。黄茶是我国特有的茶类,主要产于我国的四川、安徽、湖南、湖北、浙江、广东等地。按照叶的老嫩不同分为黄芽茶、黄小茶和黄大茶。

黄芽茶。以单芽或一芽一叶制成的黄茶。常见的品种有湖南洞庭湖的君山银针、四川雅安和名山的蒙顶黄芽、安徽霍山的霍山黄芽等。

黄小茶。以细嫩芽叶制成的黄茶。常见的品种有湖南岳阳的北港毛尖、湖南宁乡的沩山毛尖、湖北远安的远安鹿苑以及浙江的平阳黄汤等。

黄大茶。黄大茶一芽若干叶的都有。常见的品种有安徽霍山的霍山黄大叶、广东的大叶青等。

(二)白茶

属于轻微发酵茶类,成品茶以满身白毫为显著特征,基本特点是"汤色浅绿,味道鲜醇"。白茶的主产区为福建、广东等地。白茶的基本加工步骤分为萎凋和晒干或烘干。由于在加工过程中不揉不捻,因此能够保持茶叶原有的白毫以及原始形态和品质基本不变。冲泡后的白茶叶形舒展、茶气芬芳,有清火去暑之功效。在我国关于白茶的记载始见于宋代,是宋代珍贵的茶品之一,宋徽宗的《大观茶论》就有关于白茶的记载。白茶按照茶树的不同分为大白、水仙白和小白,按照鲜叶的采摘标准分为芽茶和叶茶两类。

芽茶。完全用大白茶的肥壮芽头制成的白茶。白毫银针是其中著名品种,有烘干的北路银针和晒干的南路银针之分。

叶茶。以一芽二、三叶或单片叶制成的白茶,主要有白牡丹、贡眉和寿眉等品种。

(三)黑茶

属于后发酵,俗称"边销茶",主要供应于边疆少数民族地区。黑茶是我国特产,明代就已经开始大量生产。当时由于要将四川的绿茶运销至西北地区,为方便运输,对绿茶采用蒸压处理,使之由绿变黑。黑茶的原料比较粗老,其基本特点是:外形粗大,色泽暗褐油润,近乎黑色;汤色深红或暗黄,香气醇和,有老茶特有的味道。黑茶的基本加工步骤有杀青、揉捻、沃堆、干燥等。黑茶一般分为黑毛茶和紧压茶,黑毛茶是紧压茶的主要原料,紧压茶又分为篓装茶和砖茶两种型制。黑茶的主要产地在四川、云南、广西、湖北、湖南等地,主销青海、西藏等地,是少数民族不可缺少的饮品。

1. 湖南黑茶

湖南黑茶的成品茶均为紧压茶。历史上比较有名的有天尖、贡尖和生尖"三尖",还有花卷、黑砖、茯砖等品种。

2. 湖北老青茶

也称"老青毛茶"。由于湖北老青茶主要是由山西商贩运至西北地区销售,因此当地人称之为"晋茶"。

3. 四川边茶

传统上被分为南路边茶和西路边茶。南路边茶产于雅安、天全等地,主要销往西藏、青海等地。南路边茶上等分为毛尖、芽细和康砖,为细茶;中等分为金尖、金玉和金包,为粗茶。西路边茶主要产于灌县、平武、崇庆等地,主要销往川北、青海、甘肃、新疆等地区,有圆包茶和方包茶之分。

4. 云南黑茶

又称为普洱茶。云南黑茶主要以当地青毛茶经沤堆发酵后干燥而成,有散茶和紧压茶之别,因茶产于普洱府,普洱府又是茶叶集散地,故名"普洱茶"。其散茶条索肥壮,汤色橙黄,香味醇厚,可以直接饮用,但大多用于制作紧压茶。在紧压茶中,沱茶、方茶仍属绿茶,而饼茶、紧茶和圆茶属黑茶。普洱茶的特点为:茶味浓郁、香陈气芳,刺激性强,耐冲泡,耐久贮。普洱茶具有独特的药用功能,如减肥、降低血液中胆固醇等作用,明清时期就已经蜚声海内外。

5. 广西黑茶

广西生产黑茶的历史已经有 200 多年了,以六堡茶最为知名,其茶汤以红、浓、醇、陈为主要特色。

五、再加工茶类

再加工茶类是以绿茶、红茶、乌龙茶等六大基本茶类为原料进行再加工而成的固态和液态茶,包括花茶、紧压茶、速溶茶、浓缩花茶、风味茶、保健茶及液态茶饮料等。

1. 花茶

花茶又称熏花茶、香片,是以成品茶(主要是绿茶中的烘青茶)为茶坯,用各种香花窨制而成。用以窨香的花种主要有茉莉、木樨、玫瑰、兰蕙、栀子、白兰、柚花和桂花等。

花茶的名称或类别有很多。按照茶坯不同可分为炒青花茶、烘青花茶、红茶花茶、乌龙花茶等;按照花香不同可分为茉莉花茶、珠兰花茶、玫瑰花茶、桂花花茶等;按照茶名加花名可分为茉莉烘青、玫瑰红茶、珠兰大方、桂花铁观音等。不同的花茶一般都有自己独特的品质,但是总体而言,"香气鲜浓,滋味醇厚,汤色鲜明"是花茶的基本特点。

2. 紧压茶

紧压茶是将加工完好的半成品再经过蒸压处理而成的团块状茶,故又称"蒸压茶"、"压造茶",其形状有砖状、圆饼状、圆柱状等。紧压茶的半成品主要有绿茶、红茶、乌龙茶和黑茶等。

绿茶紧压茶。主要产于四川、云南、广西等地,常见的有沱茶、普洱方茶、竹筒茶、广西粑粑茶、四川毛尖、香饼茶等。

乌龙紧压茶。因为在烘干过程中要用白纸将茶饼包裹起来,故又称为"纸包茶"。福建的水仙饼茶是代表品种。

红茶紧压茶。主要产于湖北,常见的有米砖茶、小京砖和凤眼香茶。

黑茶紧压茶。以各种黑茶的毛茶为坯料经蒸压而制得的成品茶,常见的品种有:湖南的湘尖、黑砖、花砖、茯砖等,湖北的老青砖,四川的康砖、金尖、方包茶,云南的紧茶、圆茶、饼茶,广西的六堡茶等。

3. 萃取茶

萃取茶是以成品或半成品茶为原料,用热水萃取其中的可溶性物质,再制成的固态或液态的茶,常见的如罐装的饮料茶、速溶茶、浓缩茶等。

4. 其他茶

主要有果味茶、药用保健茶以及茶饮料等。果味茶是将茶汁按照一定配比与果汁混合后得到的饮料,如荔枝红茶、柠檬红茶和猕猴桃茶等;药用保健茶是用各种茶与某些中草药或食品配制成的饮品,具有一定的保健作用,如菊花茶、杜仲茶、人参茶、天麻茶等;茶饮料是将茶与其他饮料配制而成的混合式饮料,如茶可乐、茶汽水、茶酒等。

第三节　茶道

一、概述

茶道是以修行为宗旨的饮茶艺术,是饮茶之道和饮茶修道的统一。茶道包括茶礼、茶艺、茶境、修道四大要素。茶艺是指准备茶具、选择用水、取火候汤、习茶品茶的一套技艺,茶礼是指茶事活动中的礼仪规范,茶境是指茶事活动的场所环境,修道是指通过茶事活动来怡情修性。在以上四大要素,茶艺是茶道的基础,茶道的形成必然是在饮茶及茶艺完善之后。我国唐代之前虽然有饮茶的风气,但是并不普遍;东晋虽有茶艺的雏形,但远未完善;南朝到盛唐是中国茶道的酝酿期。只有到了中唐以后,中国人的饮茶已成风气,陆羽《茶经》问世之后,才形成了煎茶道。此后,又在北宋时期形成了点茶道、明代形成了泡茶道。这里只选择现代较为流行的北京茶道和武夷山功夫茶道作为泡茶道的代表简要介绍,点茶道则以日本茶道为例来重点介绍。据考证日本茶道最早滥觞于我国北宋时期浙江的径山寺院。当时寺院的僧众为了参禅悟道,需要克服困倦的侵扰,于是,饮茶成为僧众每天必修活动。日本留学僧在寺院内学习中国文化,回国时将寺院僧众饮茶仪式带回日本,并结合日本本土文化,最终形成了独具特色的日本茶道。从日本茶道仪式中,我们能够透过时光的云雾,依稀可见一千多年前我们祖先喝茶的情形。

二、北京茶道

北京人爱饮花茶,北京盖碗茶以花茶也就是北京香片为主要用茶。北京茶道用具主要有印有茶德的绢帕、挂绢帕的挂架、装有四种茶叶的茶罐、盖碗、清水罐、水勺、铜炉、铜壶、水盂等。北京茶道的程序如下:

(1)恭迎嘉宾。茶博士致欢迎词。

(2)敬宣茶德。茶博士解释北京茶道的内涵。北京茶道的茶精神可以归纳为廉、美、和、敬。首先,廉就是廉俭育德。茶可以益智明思,促使人们修身养性、冷静从事。所以,茶历来就是清廉、勤政、俭约、奋进的象征。其次,美就是美真康乐。饮茶给人们带来味美、汤美、形美、具美、情美、境美,是物质与精神的极大享受。再次,和就是和诚相处。同饮香茗,共话友谊,能使人在和煦的阳光下共享亲情友情。最后,敬就是敬爱为人。客来敬茶的风俗造就了炎黄子孙尊老爱幼、热爱和平的民族性格。

(3)精选香茗。茶博士介绍所选用的花茶名称、特点及选用的用意等内容。

(4)理火烹泉。

(5)鉴赏甘霖。茶博士介绍泡茶用水的相关知识,并展示当日用水的特色。

(6)摆盏备具。茶博士介绍沏泡花茶所用的茶具——盖碗。盖、碗、托三位一体,象征天、地、人不可分离。

(7)流云拂月。茶博士开始温盏,给茶碗加热有利于茶叶的冲泡。

(8)执权投茶。向茶碗内投放茶叶,每碗可放茶叶 3 克。

(9)云龙泻瀑。茶博士向茶碗中加水。先加注少许温润茶芽,然后再悬壶高冲。一般注水七成满为宜。

(10)初奉香茗。将沏好的茶奉献给宾客。

(11)陶然沁芳。茶博士展示喝茶的方法:左手托住盏托,右手拿起碗盖,轻轻拂动茶汤表面,使茶汤上下均匀。待香气充分挥发后,开始闻香、观色,然后缓啜三口。三口方知味,三番才动心,之后便可以随意饮用。

(12)泉入龙潭。往茶壶中加水。

(13)品评江山。茶博士讲述品鉴茶叶优劣的方法。

(14)百味凝春。一边喝茶一边品尝茶点心。

(15)重酌醲香。当茶碗中尚余三分之一的茶汤时,主人及时添注开水。

(16)再识佳韵。喝第二泡的茶汤。此时茶汤的质量最好香醲浓郁,回味无穷。好花茶可以冲泡三次,三次以后不再续饮。

(17)即兴颂章。茶能够清诗思、助诗兴。有意者可吟诗一首助兴。

(18)书画鉴赏。

(19)尽杯谢茶。喝尽碗中的茶,敬谢主人。

(20)嘉叶酬宾。为表情意,向来宾奉上茶叶。

(21)洁具收盏。

(22)茶仓归一。将所有的茶具、用具收拾整理完毕。

(23)再宣茶德。

(24)致谢话别。

三、功夫茶道

功夫茶所用的茶叶只限于半发酵的福建武夷岩茶、溪茶以及潮汕凤凰山的水仙等,均为青茶类。其他茶类如红茶、绿茶、砖茶、花茶、白茶等不适合功夫茶的冲泡法。因为这些茶用功夫茶的冲泡法冲泡,则茶汤往往非常苦涩不堪入口。

武夷山功夫茶道程序如下:

(1)恭请上座:客人上坐,主人为客人沏茶。

(2)焚香静气:焚点檀香,造就幽静、平和的气氛。

(3)丝竹和鸣:轻播古典民乐,使品茶者进入品茶的精神境界。

(4)叶嘉酬宾:出示武夷岩茶("叶嘉"即苏东坡用拟人手法称呼武夷岩茶之名,意为茶叶佳美)让客人观赏。

(5)初沸山泉:泡茶用山泉之水为上,用活火煮到初沸为宜。

(6)孟臣喜沐:即烫洗茶壶(孟臣是明代紫砂壶制作名家,后人将名贵茶壶称为孟臣)。

(7)乌龙入宫:把乌龙茶放入紫砂壶内。

(8)乌龙戏水:把盛开水的长嘴壶高提冲水,高冲使茶叶翻动。

(9)乌龙现身:用壶盖轻轻刮去茶汤表面泡沫,使茶汤清新洁净。

(10)孟臣复浴:用开水浇淋茶壶,既可以洗净茶壶之外表,又可以提高茶壶的温度。

(11)若琛出浴:即烫洗茶杯(若琛乃清初之人,以善制茶杯出名,故此后人把名贵茶杯称为若琛)。

(12)玉液回壶:把已泡好的茶水倒出,再倒回壶内,使茶水更均匀。

(13)关公巡城:依次来回向各杯斟茶。

(14)韩信点兵:壶中茶水剩下少许时,则往各杯点斟茶水。

(15)三龙护鼎:用拇指、食指扶杯,中指顶杯,此法既美观又稳当。

(16)鉴赏三色:认真观看茶水在杯里上中下的三层颜色。

(17)喜闻幽香:嗅闻岩茶的香味。

(18)初品奇茗:观色、闻香后开始品茶。

(19)再斟兰芷:即斟第二道茶,"兰芷"泛指岩茶,源于宋代范仲淹"斗茶香兮薄兰芷"。

(20)复品甘露:细致地品尝岩茶,"甘露"指岩茶。

(21)三斟石乳:即斟三道茶。"石乳"为元代岩茶之名。

(22)领略岩韵:客人慢慢地领悟岩茶的韵味。

(23)敬献茶点:主人奉上品茶之点心,一般以咸味为佳,因其不易掩盖茶味。

(24)自斟慢饮:客人自斟慢饮,尝用茶点,进一步领略情趣。

(25)轻歌曼舞:观看茶歌舞表演。茶歌舞大多取材于武夷茶民的活动。

(26)再观游龙:客人选一根条索紧致的干茶放入杯中,斟满茶水,恍若乌龙戏水,观之自然成趣。

(27)尽杯谢茶:客人起身喝尽杯中之茶,心中感谢先人恩典,感谢主人的辛劳。

四、日本茶道

（一）日本茶道的茶精神

日本人视和、敬、清、寂为茶道的精髓，认为这四字能够表现出茶道的礼法与伦理规范，是日本茶道最重要的思想理念，且公认这四字为"茶道四谛"。

"和"，就是调和、和悦、和睦，表达了茶室或禅寺茶道进行过程中的精神。调和意味着形式，而和悦则暗示着内在的感情。和悦之和为触感的和，香味的和，光线的和，音响的和；悦则为因和而产生的发自内心的喜乐。和睦乃是指参加茶会之人关系融洽。泽庵（1573—1645）的《茶亭记》中记载："茶道以天地中和之气为本，乃治世安稳之风俗"。公元 604 年圣德太子在十七条宪法的开头一句就说："以和为贵，以不忤为宗"，不难看出在日本文化当中"和"精神的重要性。

"敬"，就是对自然界的崇敬和对茶道中简朴茶器的欣赏，这和禅以诚实的心灵去观照自然的实践相通。泽庵《茶亭记》中说："礼之本为敬，其用以和为贵，是孔子礼用之词，亦茶道之心法。公子贵人来坐，则其交淡泊，绝无阿谀奉承之事；差等下辈来访，仍以敬相待，亦无傲慢无礼之举，茶室之中，和气长流，久而成敬之故也"。"敬"原来是一种宗教情感，后来这一情感逐渐推移扩展到社会关系中之后，才逐渐失去了"敬"的本来面目，堕落成为一种单纯的形态主义。禅宗的宗旨是抛却一切虚饰，华丽的外表，直取事物的本质，为了这一真理的存在，禅不惜捣毁包括重要遗产在内的一切文献，甚至"灭祖杀佛"。禅宗需要的只是心中的至诚，而不是什么概念的东西或单纯外在形式的模仿。千利休就曾说过："所谓茶道者别无他事，唯只煮水、点茶、品饮而已"。敬，其实就是心灵的诚实和纯化。

"清"，就是纯洁、清净，表现在茶室茶具的清洁、人心的清净。日本茶道的"清"与我国道教的"清"有相通之处，二者修行的目的都是为了使心远离颠倒梦想，究竟涅槃，彻底脱离五官带来的受想行识，获得心灵上真正的自由。一位茶人说过："茶道本意在于清净六根，眼见挂轴、插花、鼻闻香气，耳听汤音，口品香茗，手足正格。此五根清净之时，意根自然清净。毕竟，清净意根之所在，不离茶道之心，此绝非徒享口舌之乐也。"

"寂"，是空寂、闲寂、静寂，就是凝神、摒弃欲望，表现为茶室中的气氛恬静、茶人们表情庄重，凝神静气。构成茶道四要素之一的"寂"的理念，是作为茶道的最根本的要素而存在的。如果没有"寂"，茶道也终将无法成为茶道。而且，也只有在"寂"这一理念的基础上，禅才能真正同茶道水乳交融。千利休的孙子千宗旦认为只有"寂"才是茶道的精髓，因为"寂"也完全符合佛教徒的道德生活："茶道之中，寂为持戒。然俗辈往往取寂容态，而心无寂之真意。耗黄金以购茶斋，回田园以购珍器，示于宾客以称风流，彼等以为此即闲寂，实乃大谬。寂者，物不足，不如意,贫穷窘迫之意也! 即虽不自由,然不生不自由之念;虽不足,然不起不足之意;虽不运然不怀不运之心。此为寂意之训也! 苟若依然思其不自由,愁其不足,忧其不运,则其乃真贫人也。唯只抛却此等杂念,始可坚守寂之本意戒。"闲寂,是美、道德与灵魂的融合。因此,茶人们深刻地体味到,茶道绝对不是什么娱乐,不管这种娱乐本身有多么高雅,茶道是茶人的一种生存境界。

(二)日本的茶道程序

笔者根据滕军的《日本茶道文化概论》中描写的一次茶会过程,尝试着将日本茶道的程序归纳如下:

(1)发函邀请。举办茶会前 10 日,用毛笔郑重地写下邀请函。受邀者在茶会举办前 3 日要复函应邀。

(2)欣然赴会。按照参加茶会的礼法,准备袈裟、礼扇等物品赴会。

(3)更衣漱口。在更衣室里换上袈裟,侍者送来漱口水请客人漱口,并对客人说"漱口之后请到茶庭"。

(4)茅屋观景。从等候室出来到茅屋坐定,收敛思绪,静观茶庭景色。早在客人达到之前的 30 分钟,整个茶庭就已经被打扫得干干净净,并洒过水净化空气。

(5)流水邀宾。主人在客人观景不久,即从茶厨里提出一桶水,将水倒入洗手钵里,呼唤客人洗手,并准备进入茶室喝茶。

(6)露地相逢。听到水声之后,客人准备进入茶庭后半。此时,主人在茶庭后半的山门处等待客人的到来,主客双方几乎同时来到山门,相互之间互行默礼。

(7)净手入室。客人在茶庭后半的洗手池里洗手之后,打开茶室小入口之后膝行而入。

(8)虔观室景。进入茶室之后,仔细观赏茶室的挂轴、地炉的景致,体会主人的造景苦心。然后,席地坐在设定的位置。

(9)主客互礼。主人判断客人已经就座之后,打开茶室的另一扇门入室,先行礼再寒暄"欢迎各位远道光临。"客人则回答"承蒙邀请不胜荣幸"。

(10)赞美茶具。寒暄过后,客人要就茶会的规模、挂轴、烟具、开水瓶、茶庭的设计等一一询问,并给予适当的赞美。至此,客人更衣、观赏茶庭、入席大约需要 20 分钟。

(11)客赏初炭。主客就茶道具交流完毕之后,主人退下,从茶厨里拿出炭斗开始添炭。此时,客人要围坐在地炉旁边欣赏主人添炭的技巧。

(12)闻香鉴榡。当主人将最后一块炭添到地炉里之后,客人们再次回到自己的座位上。主人打开一个陶制的香盒,从里面取出香团放入地炉,一阵幽香从炉中发出。此时,客人要求鉴赏香盒,并和主人之间要有关于香盒的对话。整个添炭和闻香大约需要 20 分钟。

(13)怀石料理。对话结束之后,主人开始上怀石料理,规格是"三菜一汤"。

怀石料理饭菜量非常少,通常占器皿面积的 30% ,这是为了让客人更好地欣赏茶具器皿的缘故。怀石料理整个就餐时间大约需要 60 分钟。

(14)供奉茶点。怀石料理最后,是吃软点心,一般是用糯米粉包上豆馅制成的。

(15)露地中歇。吃完软点心之后,客人从茶室里膝行而出,至茶庭小憩。茶庭地面、植被上已经被主人的助手提前喷洒了水,清凉湿润的空气扑面而来。大约歇息 20 分钟。

(16)洒扫茶室。利用客人中间休息时间,主人重新打扫茶室,将壁龛的挂轴取下,换上挂花。再将点浓茶用的道具摆在点茶席。

(17)金锣延客。洒扫茶室之后,主人鸣锣示意客人再次入席。

(18)客入茶室。客人听到锣声之后,再次到洗手池里洗手、漱口,膝行入茶室,拜看壁龛里的瓶花。

(19)供奉浓茶。客人拜看壁龛里的瓶花之后依次坐定。此时,主人轻轻拉开扇门,与客人互行默礼,然后,主人开始点浓茶。

(20)共饮禅茗。客人们接过主人的奉茶,行默礼,然后,共饮一碗浓茶。

(21)客鉴茶具。客人们饮完浓茶之后,主客之间要有关于茶的雅号、出产商等的问答(对于茶的色香味等问题则无人过问)。问答之后,客人开始鉴赏茶碗、茶勺、茶罐等,同时与主人之间要有关于茶道具的问答。

(22)后席添炭。主人再次进行添炭的表演,这叫"后席添炭"。"后席添炭"与初炭的技法相同,最大的相异之处在于使用含有大量水的茶巾擦茶釜。

(23)后炭茶点。这次用的是硬点心。硬点心通常是用糖粉、米粉、豆粉压模而成。

(24)薄茶供奉。茶点之后,主人开始为客人点薄茶。点薄茶过程中,客人和主人之间可以进行简单的交谈。

(25)赏析茶具。喝完薄茶之后,客人照例要就茶碗、茶勺、茶盒等茶具进行鉴赏夸奖。

(26)离别之礼。赏析茶具之后,主客之间互致离别之礼。以上一切都在约定俗成之中进行。客人再次欣赏茶室的茶花、茶釜等物,然后膝行从茶室小入口出去,主人也只送到小入口。

(27)更衣归程。客人回到更衣室,整理衣装,穿过宁静的茶庭离去。此时,客人心灵上得到满足和慰藉。

(28)致感谢信。茶会之后,客人们一定要用书信向主人表示感谢,也可以附上一些土特产品(称之为"后礼")。

第四节　茶与文学

一、中国历史上茶的诗词

（一）卢仝的《走笔谢孟谏议寄新茶》

日高丈五睡正浓，将军打门惊周公。口云谏议送书信，白绢斜封三道印。

开缄宛见谏议面，手阅月团三百片。天子未尝阳羡茶，百草不敢先开花。

……（中间略）

碧云引风吹不断，白花浮光凝碗面。一碗喉吻润，二碗破孤闷，

三碗搜枯肠，唯有文字五千卷，四碗发轻汗，平生不平事，尽向毛孔散，

五碗肌肤清，六碗通仙灵，七碗吃不得也，唯觉两腋习习清风生。

蓬莱山在何处？玉川子乘此清风欲归去。……

解读：唐朝时期茶成为"国饮"，许多文人骚客都写过吟咏茶的诗歌。其中，卢仝的《走笔谢孟谏议寄新茶》（又称七碗茶）是我国诗歌史上咏茶的绝唱，前无古人，后无来者。诗中从"一碗喉吻润"一直到"七碗吃不得也，唯觉两腋习习清风生"活灵活现地写出饮茶人的心灵感受，相信所有喝茶的人都有此体验！

（二）元稹的《茶》

茶。

香叶，嫩芽。

慕诗客，爱僧家。

碾雕白玉，罗织红纱。

铫煎黄蕊色，碗转曲尘花。

夜后邀陪明月，晨前命对朝霞。

洗尽古今人不倦，将知醉后其堪夸。

解读：这是一首"宝塔诗"，因为字句叠起来就像一座宝塔。这种形式的诗非常少见，在茶诗中更是绝无仅有。诗客、僧家爱茶不仅是因为"香叶，嫩芽"，而且茶可以早晨对着朝霞喝，也可以晚上邀请明月作伴喝，并且能够洗净古往今来的胸臆，还使人不会感到疲倦。特别是酒后喝茶，更会感觉到茶比酒好，茶真是比酒更值得赞美的饮品啊。

（三）白居易的《谢萧员外寄蜀茶》

蜀茶寄到但惊新，渭水煎来始觉珍。满瓯似乳堪持玩，况是春深酒渴人。

解读：白居易的《谢萧员外寄蜀茶》写明了当时茶的制作情况：诗中说茶是"煎"过后才能喝，不是冲泡着喝；还说经过击拂之后的茶汤"满瓯似乳"，浓浓的

酽酽的一碗茶,恰好解酒后之困酒后之乏,真好。

(四)苏轼《试院煎茶》

> 蟹眼已过鱼眼生,飕飕欲作松风鸣。
>
> 蒙茸出磨细珠落,眩转绕瓯飞雪轻。
>
> 银瓶泻汤夸第二,未识古人煎水意。
>
> 君不见,昔时李生好客手自煎,贵从活火发新泉;
>
> 又不见,今时潞公煎茶学西蜀,定州花瓷琢红玉。
>
> 我今贫病长苦饥,分为玉碗捧娥眉。
>
> 且学公家作茗饮,砖炉石铫相行随;
>
> 不用撑肠拄腹,文字五千卷,但愿一瓯常及,睡足日高起。

解读:诗中说冲泡茶的水要"蟹眼已过鱼眼生,飕飕欲作松风鸣"才算烧好,茶要用磨磨出"蒙茸出磨细珠落"的效果才妥当,搅打击拂的效果要达到"眩转绕瓯飞雪轻"才行。煮水的条件苛刻,须要满足"贵从活火发新泉",只有如此,注入茶碗里的茶才呈现出"定州花瓷琢红玉"的效果,才能饮到由好茶制成的好汤。最后,诗人说喝过茶之后的效果是令诗人文思泉涌,毫不费力地就完成"文字五千卷"的写作,堪称茶的神奇。

(五)杜耒的《寒夜》

寒夜客来茶当酒,竹炉汤沸火初红。寻常一样窗前月,才有梅花便不同。

解读:在寒冷的夜晚,朋友来了以茶相待好呢,还是以酒相待好呢? 如果要静看窗前月下的梅花,当然还是喝茶好啊! 此诗的后两句"寻常一样窗前月,才有梅花便不同",后来成为禅宗开悟境界的描绘,这就是茶带来的效果。假设饮酒的话,这两句可能就会变成"但使主人能醉客,不知何处是故乡"了。

(六)皎然的《饮茶歌诮崔石使君》

越人遗我剡溪茗,采得全芽爨(音窜 cuàn)金鼎。素瓷雪色飘沫香,何似诸仙琼蕊浆。

一饮涤昏寐,情思爽朗满天地;再饮清我神,忽如飞雨洒轻尘;三饮便得道,何须苦心破烦恼。此物清高世莫知,世人饮酒多自欺。愁看毕卓瓮间夜,笑向陶潜篱下时。孰知茶道全尔真,唯有丹丘得如此。

解读:此为皎然与友人崔刺史共品龙井后的即兴篇,盛赞龙井甘露般清新郁香,描绘一饮、再饮、三饮的不同感受,彰显了以茶代酒、品茗寄情的高格雅境,本诗可与卢仝的七碗茶比较着读,体会文人作品和僧家作品的妙处。

二、文学作品中的茶

(一)《红楼梦》中的茶

《红楼梦》第四十一回　贾宝玉品茶栊翠庵　刘姥姥醉卧怡红院
(节选)

当下贾母等吃过了茶,又带了刘姥姥至栊翠庵来。妙玉相迎进去。众人至院中,见花木繁盛,贾母笑道:"到底是他们修行的人,没事常常修理,比别处越发好看。"一面说,一面便往东禅堂来。妙玉笑往里让,贾母道:"我们才都吃了酒肉,你这里头有菩萨,冲了罪过。我们这里坐坐,把你的好茶拿来,我们吃一杯就去了。"宝玉留神看她是怎么行事,只见妙玉亲自捧了一个海棠花式雕漆填金"云龙献寿"的小茶盘,里面放一个成窑五彩小盖钟,捧与贾母。贾母道:"我不吃六安茶。"妙玉笑说:"知道。这是'老君眉'。"贾母接了,又问:"是什么水?"妙玉道:"是旧年蠲(音juān)的雨水。"贾母便吃了半盏,笑着递与刘姥姥,说:"你尝尝这个茶。"刘姥姥便一口吃尽,笑道:"好是好,就是淡些,再熬浓些更好了。"贾母众人都笑起来。然后众人都是一色的官窑脱胎填白盖碗。

那妙玉便把宝钗黛玉的衣襟一拉,二人随她出去。宝玉悄悄地随后跟了来。只见妙玉让他二人在耳房内,宝钗便坐在榻上,黛玉便坐在妙玉的蒲团上。妙玉自向风炉上煽滚了水,另泡了一壶茶。宝玉便轻轻走进来,笑道:"你们吃体己茶呢!"二人都笑道:"你又赶了来撒茶吃!这里并没你吃的。"……又见妙玉另拿出两只杯来,仍将前番自己常日吃茶的那只绿玉斗来斟与宝玉。……妙玉听如此说,十分欢喜,遂又寻出一只九曲十环一百二十节蟠虬整雕竹根的一个大盏出来,笑道:"就剩了这一个,你可吃的了这一海?"宝玉喜的忙道:"吃的了。"妙玉笑道:"你虽吃的了,也没这些茶你糟蹋。岂不闻一杯为品,二杯即是解渴的蠢物,三杯便是饮驴了。你吃这一海,更成什么?"说的宝钗、黛玉、宝玉都笑了。妙玉执壶,只向海内斟了约有一杯。宝玉细细吃了,果觉轻淳无比,赏赞不绝。

黛玉因问:"这也是旧年的雨水?"妙玉冷笑道:"你这么个人,竟是大俗人,连水也尝不出来!这是五年前我在玄墓蟠香寺住着,收的梅花上的雪,统共得了那一鬼脸青的花瓮一瓮,总舍不得吃,埋在地下,今年夏天才开了。我只吃过一回,这是第二回了。你怎么尝不出来?隔年蠲的雨水,那有这样清淳?如何吃得!"黛玉知她天性怪僻,不好多话,亦不好多坐,吃过茶,便约着宝钗走出来。

解读:栊翠庵的一幕出现在刘姥姥游园火炽热闹大段故事的结尾处。浓墨重彩如火如茶的描绘中忽然投入了清幽淡远的一笔,不但增加了文情的跌宕,也协调了全篇的节奏。

贾母要吃茶，妙玉就亲自捧了一个海棠花式雕漆填金"云龙献寿"的小茶盘，里面放一个成窑五彩小盖钟，献给贾母。之后贾母和妙玉之间关于茶、水等内容的对话，充分说明了贾母和妙玉都是饮茶的行家。对茶具的描写，曹雪芹也花费了很大力气，这是因为自古以来爱茶之人就十分看重茶器的缘故。

妙玉给宝玉九曲十环一百二十节蟠虬整雕竹根的一个大盏，并问他能否喝尽这一海的茶汤时，宝玉说"吃得了"从而引出妙玉的高论："岂不闻一杯为品，二杯即是解渴的蠢物，三杯便是饮驴了。"后来宝玉只喝了一杯茶，"果觉轻淳无比，赏赞不绝。"可见妙玉果真是懂得了饮茶的真味。

此外，《续茶经》"五之煮"部分内容几乎说的都是煮茶用水。可见水乃是茶人极为重视的烹茶原料，中国那么多名家也都是因为烹茶而得名的。妙玉煮茶的水也太金贵了，把五年前梅花上的雪水收集贮存起来盛夏烹茶，实在是讲究到了极致，反倒让人觉得妙玉这人有些矫情。

（二）《金瓶梅》中的茶

《金瓶梅》是一部反映明代后期社会百态的长篇小说，其中有关饮食生活的部分，其繁丰和细腻程度，都堪足与《红楼梦》媲美。略有差别的是，《红楼梦》里贾府是世代簪缨的诗礼之家，他们无论饮茶饮酒，豪华、讲究而不失大家风范；而《金瓶梅》里亦官亦商的西门庆，尽管他也穷奢极欲，但毕竟是市井俗物，难免有暴发户的习气。另外，《金瓶梅》成书于明代，而《红楼梦》成书于清代，时代不同，描写对象不同，所以饮食生活的内容也就呈现较大差异。

《金瓶梅》写喝茶的地方极多。无论什么地方，来客必敬茶，形成风尚，可见茶在当时确实是深入千家万户的日常生活。不过，《金瓶梅》写西门庆家里饮茶，提到的茶名却只有两个：一个是六安茶，另一个是"江南凤团雀舌芽茶"。其中，六安茶出现在第二十三回，吴月娘吩咐宋惠莲："上房拣妆里有六安茶，顿（炖）一壶来俺每（们）吃。"原来六安茶历代沿作贡品，尤其在明代享有盛誉，此外，六安茶有清胃消食功效，大概对酒肉无度的西门庆相宜吧。"江南凤团雀舌芽茶"则出现在第二十一回，吴月娘"教小玉拿着茶罐，亲自扫雪，烹江南凤团雀舌芽茶"。"江南凤团雀舌芽茶"指北宋时期产于福建北苑、专贡朝廷的一种名茶，"江南"是一种源称，实际产地在建安县（今福建建瓯）凤凰山北苑。《金瓶梅》写吴月娘烹江南凤团芽茶，可见西门庆家豪华奢侈无比。

除了以上描写吴月娘在喝六安茶和江南凤团芽茶时是喝清茶之外，在《金瓶梅》里很少看到他们喝清茶，多数时候喝茶时要掺入干鲜果、花卉之类作为茶叶的配料，然后沏入滚水，吃的时候将这些配料一起吃掉，而且配料有二十余种之多。我国历史上茶的饮用方法，由中药的煎法不断变迁，历经宋朝的冲泡击拂，到《金瓶梅》成书时代，一般都以简单冲泡为主，如第二回，王婆自称：开茶坊，"卖了一个泡茶",但有时候也烹煮。直到清代初期,才只泡不烹。《金瓶梅》正写于烹煮法向冲泡法的转换期。《金瓶梅》中加配料的茶主要有以下几种:胡桃松子泡茶(第三回)、福仁泡茶(第七回)、蜜饯金橙子泡茶(第七回)、盐笋芝麻木樨泡茶(第十二回)、果仁泡茶(第十三回)、榛松泡茶(第三十一回)、木樨芝麻熏笋泡茶(第三十四回)、木樨青豆泡茶(第三十五回)、咸樱桃泡茶(第五十四回)、玫瑰泡茶(第六十八回)、姜茶(第七十一回)、土豆泡茶(第七十三回)、芫荽芝麻茶(第七十五回)。

思考与练习

1. 简单说说茶叶在中国的传播历程。

2. 简单说说历史上中国饮茶方式的变迁。

3. 说说《茶经》"茶之饮"部分内容

4. 乌龙茶的基本特点有哪些?

5. 比较功夫茶道和日本茶道的不同之处。

6. 仔细体味卢仝《走笔谢孟谏议寄新茶》描写的饮茶感受。如有条件自己泡杯茶品味一下喝七碗茶的感觉。

7. 仔细阅读《红楼梦》"贾宝玉品茶栊翠庵 刘姥姥醉卧怡红院"这部分内容,感受封建社会时期达官贵族饮茶的情境。

第四章

中国酒文化

第一节　酒文化的发展史

一、酒的起源

(一)关于酒起源的传说

1. 黄帝造酒说

黄帝,姓姬,号轩辕氏、有熊氏,少典之子。传说曾经打败过炎帝、蚩尤,统一了华夏大地上的诸部落,成为中华民族的共同祖先。今天日常应用的许多技术,如养蚕、舟车、文字、音律、医药、算数等技术和学问都是在黄帝时期发明的。酒也是由黄帝发明的。《黄帝内经》中记载了黄帝与岐伯讨论"五谷汤液及醪醴"之事,说明在黄帝时期就已经有酒存在并且是常饮之物了。例如当黄帝问当时之人为何半百而衰的时候,岐伯对曰:"上古之人,其知道者,法于阴阳,和于术数,食饮有节,起居有常,不妄作劳,故能形与神俱,而尽终其天年,度百岁乃去。今时之人不然也,以酒为浆,以妄为常,醉以入房,以欲竭其精,以耗散其真,不知持满,不时御神,务快其心,逆于生乐,起居无节,故半百而衰也。"从考古得到的有关资料已经证实了古代传说中的黄帝时期、夏禹时代确实存在酿酒行业。

2. 上天造酒说

中国古代还有"天有酒星,酒之作业,其与天地并矣"之传说,古代中国人认为酒是天上"酒星"所造。酒星的发现,最早见于《周礼》一书中,距今已有近三千年的历史。在《晋书》中就有关于酒旗星座的记载:"轩辕右角南三星曰酒旗,酒官之旗也,主宴飨饮食。"轩辕是中国古星名,共有十七颗星,其中十二颗属狮子星座。酒旗三星,即狮子座中三颗星,因亮度太小或太遥远,而用肉眼很难辨认。在当时天文科学仪器极其简陋的情况下,能在浩瀚的星河中观察到这几颗并不怎样明亮的"酒旗星",给予命名并留下关于酒旗星的种种记载与传说,充分反映了华夏祖先的聪明智慧。

3. 猿猴造酒说

猿猴喜欢酒,经常因吃酒过量烂醉而被人类捉住。唐人李肇在《国史补》中记载人类用酒诱捕猿猴的方法。猿猴是十分聪明伶俐的动物,它们居于深山野林中,出没无常,很难捉到。经过细致的观察,人们发现猿猴"嗜酒"。于是,便在猿猴出没的地方摆上香甜浓郁的美酒。猿猴闻香而至,先是在酒缸前流连不走,发现没有什么危险之后才开始蘸酒入口呡尝。终因抵挡不住美酒的诱惑而畅饮起来,直到酩酊大醉而被人捉住。这种捕捉猿猴的方法并非中国独有,东南亚一带的居民和非洲的土著民族捕捉猿猴或大猩猩,也都采用类似的方法。

猿猴不仅嗜酒,而且还会"造酒"。并且早在明代,对这类猿猴"造酒"的传说就有过明文记载。如明代文人李日华在他的著述中就曾经记载"黄山多猿猱,春夏采花果于石洼中,酝酿成酒,香气溢发,闻数百步"。清代文人李调元也在他的著述中有"岩深处得猿酒,盖猿酒以稻米杂百花所造,味最辣,然极难得"的记载;清代的另一本笔记小说中也道:"粤西平乐等府,山中多猿,善采百花酿酒。樵子入山,得其巢穴者,其酒多至数石。饮之,香美异常,名曰猿酒。"众所周知,酿酒需要酵母菌,酵母菌是一种分布极其广泛的菌类,在广袤的大自然原野中,尤其在一些含糖分较高的水果中酵母菌更容易繁衍滋长。山林中野生的水果,是猿猴的重要食物。猿猴在水果成熟的季节,收贮大量水果于"石洼中",堆积的水果受到自然界中酵母菌的作用而发酵,酿造出有酒精的饮料也是很有可能的。

4. 仪狄造酒说

中国的史籍中有多处提到仪狄造酒的事情。西汉时期刘向编订的《战国策·魏策》中记载:"昔者,帝女令仪狄作酒而美,进之禹,禹饮而甘之,遂疏仪狄,绝旨酒,曰:'世必有以酒亡其国者。'"根据此种说法,夏禹时期制酒技术已经比较成熟。另一种说法是"酒之所兴,肇自上皇,成于仪狄"。意思是说,自上古三皇五帝的时候,就有各种各样的造酒的方法流行于民间,是仪狄将这些造酒的方法归纳总结起来,始之流传于后世的。还有一种说法叫"仪狄作酒醪,杜康作秫酒"。中国古代的酒醪一般是指黄米酿成的混浊的酒;"秫"是高粱的别称,所谓的杜康作秫酒,就是指杜康使用高粱为原料制出美酒。由此猜测,仪狄可能是黄酒的创始人,而杜康可能是高粱酒的创始人。

5. 杜康造酒说

据民间传说和历史资料记载,杜康又名少康,字仲宇,夏朝人,是中国夏朝的第五位国王(另一说不是国王,是黄帝手下的一位大臣)。古籍如《世本》、《吕氏春秋》、《战国策》、《说文解字》等书对杜康都有过记载。清乾隆十九年重修的《白水题志》中,对杜康也有过较为详细的描述。"慨当以慷,忧思难忘。何以解忧,唯有杜康。"曹操的这首《短歌行》让中国人知道了杜康,并且认为酒就是由杜康所造的说法也更加普及开来。晋江统在其所著的《酒诰》中说:"有饭不尽,委之空桑,郁绪成味,久蓄气芳,本出于代,不由奇方。"意思是说,杜康将未吃完的剩饭,放置在桑园的树洞里,剩饭在树洞中发酵,有芳香的气味传出,这就是酒的酿造方法,杜康理所当然就是酿酒的始祖。

(二)酒史专家的观点

酒史专家对酒的起源持有以下两种基本观点:

观点一,酒是自然界的一种天然产物,人类发现了酒而不是发明了酒。因为,酒的主要成分是酒精,自然界中很多食物可以在自然环境中,通过不同方式转变成为酒精。例如,水果中含有较多的果糖可以自然发酵成酒精,谷类食物中的淀粉也可以通过自然发酵产生酒精,等等。

观点二,最早的酒应该是果酒和乳酒。这是因为,水果在一定的温度、湿度环境下,在自然界中存在的野生酵母或微生物的作用下,通过自然发酵而变成酒精;乳酒则是鲜乳中混合了自然界天然存在的微生物通过自然发酵而成的含有酒精的乳饮料。

总之,早期的人类受到自然发酵的"果酒"、"乳酒"的启发,开始尝试人工酿造"果酒"、"乳酒"最终成功之后,通过历代经验积累,酿酒的技术不断提高,最后才掌握了以谷类为原料的酿酒技术。

二、我国不同历史时期的酒文化简介

(一)原始社会

在原始社会里,人们巢栖穴居,主要以自然采集和渔猎为生。由于野果中含有能够发酵的糖类,在野生酵母菌的作用下,可以产生一种具有天然甜味的液体,这就是最早的天然果酒。古代"猿猴造酒"的传说就是建立在这种天然果酒的基础上。人类社会进入新石器社会之后,畜牧业逐渐产生并且发展壮大。当捕获到哺乳动物的母兽时,人们可能品尝到兽乳,由于兽乳当中含有乳糖,在接触到自然界中的野生酵母菌的时候,就可以发酵成乳酒。随着农业文明的不断进步,谷物酿酒取代了天然酿酒,这标志着酒已经开始成为一种人类有意识创造出来的食物出现在社会生活中,人类已经有了饮酒的需求。从考古发掘的许多酿酒和饮酒器皿中更可以知道,在我国,大约在5000年前的龙山文化早期,先民们就已经掌握了谷物酿酒的技术。

(二)夏商周时期

在氏族社会末期,由于生产工具的改进和生产力的提高,农产品有了剩余,人们逐渐掌握了利用谷物酿酒的技术。酒的产生,丰富了人们的生活,也对国家的政治生活产生重大影响。例如,《尚书·夏书》中的五子之歌"其二曰:训有之内作色荒,外作禽荒。甘酒嗜音,峻宇雕墙。有一于此,未或不亡。"把饮酒作为太康失败的一个重要原因来反思。到了商代,饮酒更加普遍,造酒的经验和技术更加纯熟。

《尚书·商书》中说："若作酒醴,尔惟曲糵;若作和羹,尔惟盐梅。"足以说明酒的问题已经引起了商朝统治者的高度重视。到了商王朝的纣王时期,因为纣王荒淫无度纵情酒色,每每"酒池肉林"狂吃滥饮,结果被周所灭。周武王在讨伐商纣王时曾经作《泰誓》三篇,列举商纣王的罪过时说"今商王……淫酗肆虐,臣下化之",把饮酒无度当作商纣王的一项重罪布告天下。周朝建立之后,制定了比较完备的饮酒之礼以示节制,对后世影响非常广泛。

春秋战国时期,由于铁器工具的使用,生产技术有了很大的进步,农产品尤其是谷类产量稳步增加,给制酒提供了坚实的物质基础,这个时期关于酒的文献记载十分丰富。

（三）秦汉三国魏晋南北朝时期

公元前221年,秦始皇统一中国,结束了春秋战国以来几百年的分裂局面。秦始皇接受李斯的建议"焚书坑儒",除秦记、医药、占卜、种植之类的书之外皆烧之。由于造酒当时属于医药书类得以幸免保存下来。西汉时期经济繁荣,酿酒业自然昌盛起来,汉代典籍中对酒的记载十分丰富。例如,《史记·孝文本纪》记载:"朕初即位……酒酺五日"。意思是说皇帝即位,大家可以开怀畅饮五天。历史上汉文帝是个非常节俭的皇帝,因为自己即位而会聚饮食五天,说明当时汉文帝心情非常畅快。《汉书·景帝本纪》载:"景帝中三年,夏旱,禁酤酒。"禁酤酒即禁止卖酒。历史上的汉景帝也是有名的节俭皇帝,是年夏季遭遇大旱,因此禁止酿卖酒。东汉的许慎,在其所著的《说文解字》中,不仅对酒字作了解释,而且对与酒有关的文字作了大量的简述:"酉,就也,八月黍成可为酎酒,象古文酉字形,凡酉之属皆从酉。""酒,就也,所以就人性之善恶,从水从酉……吉凶所造也。"许慎在《说文解字》中,一口气解释了七十五个与酉有关的字,说明汉代时对酒的认识更加深入和具体。

魏晋南北朝时期,造酒技术进一步发展,北魏贾思勰著的《齐民要术》十卷九十二篇,为我国最早的一部十分完整的农学著作。该书除对种植、饲养作了大量的论述外,还对酒的酿造作了详细记载。西晋哲学家、医药学家葛洪,又自号抱朴子,一生著书甚多,谈酒者有《抱朴子·酒戒》、《肘后备急方》等。葛洪所著的各种药方,很多是配酒服食的,说明当时酒作为一种"药引"得以广泛应用。晋代的文人嗜酒者很多,相传阮籍为了能畅饮美酒不惜自降身价求职步兵校尉。刘伶的《酒德颂》是当时文人以酒抒怀的典型著作。

（四）隋唐五代时期

隋朝时期经济社会进一步发展,反映到社会生活中就是百姓可以自由酿酒不再由官府专营。据《隋书·食货志》记载:"开皇三年,罢酒坊与百姓共之,远近大悦。"唐朝初年,政通人和,物阜民丰。据《唐书·太宗本纪》记载,唐太宗在位期间曾经多次赐酺天下,如贞观四年赐酺五日、贞观七年赐酺三日、贞观八年赐酺三日、贞观十七年赐酺三日等;唐高宗、武则天、唐玄宗等也多次赐酺天下。唐朝皇帝赐酺之事在各帝本纪中记载甚多。此外,各大臣名人传记中尚有不少关于酒事的记载。如皇甫松的《醉乡日异》、刘恂的《岭表录异记》、房千里的《投荒杂录》等书中记载了各地的特色酒,说明唐代酒业已是比较发达。

（五）宋辽金元时期

公元960年,赵匡胤称帝,国号宋,史称北宋,结束了五代十国的分裂局面。北宋初期,社会较为安定,经济有了较快的发展,出现了中国历史上饮食市场空前繁荣的大好局面。1127年,金灭北宋,康王赵构在应天府即位,后迁都杭州,史称南宋。南宋时期,由于大力兴修水利改良农田,也出现了所谓的"苏杭熟,天下足"的繁荣景象。物质极大丰富,科学文化高速发展,为酿酒业的繁荣发展提供了坚实的基础。在两宋的文献和各种文学作品中,以酒为主题内容的十分普遍。例如:《酒经》、《东坡志林》、《北山酒经》、《续北山酒经》、《桂海酒志》、《酒名记》、《山家清供》、《山家清事》、《新丰酒法》、《酒尔雅》、《酒谱》、《酒小史》、《酒边词》等就是其中的代表。

公元916年,阿保机武力统一各部,建立契丹国(947年改称辽国)。在辽统治下的东北女真族后来逐渐强大起来,并于1115年建立政权,国号大金。金奉行对外扩张的政策,公元1125年灭辽,1127年灭北宋,并与南宋隔江对峙。在此期间,北方的蒙古族逐渐兴盛,1234年将金灭掉并于1271年定国号为元。最终,1279年元灭南宋统一中国,结束了华夏大地长期分裂的政治局面。辽政权虽然持续200余年,但经济发展并不快。其后继者金政权统治期间,农业、手工业略有发展。元代,虽然文化比较落后,但由于疆域广大,经济状况较好,因此酿酒业也得到进一步发展。辽金元三个王朝统治时间较长,历史上也有不少关于酒的文献流传下来。例如《真腊风土记》、《文献通考·论宋酒坊》、《饮膳正要·饮酒避记》、《安雅堂觥律》等就是其中的代表。

（六）明清时期

明初至中期,封建王朝十分重视发展农业生产,采取休养生息的政策,农业、手工业发展十分迅速,稻田亩产有了很大的提高,由此促进了商业的繁荣。与此同时,科学文化也有较大进步发展。上述条件为酒的酿造业提供了雄厚的物质基础。因此,在明代的诸多典籍当中,与酒有关的记载不少。如谢肇淛在《五杂俎》中对善饮者劝诫道:"酒者扶衰养疾之具,破愁佐药之物,非可以常用也。酒入则舌出,舌出则身弃,可不戒哉?"此外还对各种酒进行了品评:"酒以淡为上,苦洌次上,甘者最下。……京师有薏酒,用薏苡实酿之,淡而有风致,然不足快酒人之吸也。易州酒胜之,而淡愈甚。闽中酒无佳品。"明代伟大的药物学家李时珍,在其所著的《本草纲目》中对酒也做了大量充实完备的记述。

清朝初期同样采取休养生息的政策,在一定程度上调动了农民、手工业者的积极性,从而促进社会生产的发展和经济的繁荣。在农业方面,不但粮食产量有较大的提高,而且桑茶、棉花、烟草等经济作物也有很大发展。手工业规模也是日渐扩大。各省会及大城市处处相通,粮食运行不舍昼夜。与此同时,酿酒业也取得一定程度的发展。不过,清政府对酿酒采取抑制措施,早在清朝初年就曾经实施过禁酒政策。如清康熙三十年十月二十六日上谕:"直隶巡抚令其于所属地方,以蒸酒糜米谷者,其加意严禁之。"此后,清朝历代皇帝对酒大多也都采取整治政策,因此清代有关酒的著作为数不多,黄周星的《酒社刍言》是比较优秀的一本著作。黄周星提出不要为饮酒而饮,最好是饮酒时以礼和欢乐的形式,借以研究学问。为此,他接着提出饮酒"三戒"即戒酒令、戒说酒底字和戒拳阂,在当时社会上产生了一定的影响。

三、酒相关著述

中国历史上与酒有关的著述不胜枚举,其中比较有代表性的有:

《酒令》,东汉贾逵撰写。《后汉书·贾逵传》记载"逵作酒令,学者宗之"。该书是我国历史上著述最早的酒令之书,书中记载了各种宴席酒令,可惜今已佚失。

《九酿酒法》,曹操撰写,书中记录了"酒酿春酒"的酿造方法。

《齐民要术》,北魏贾思勰撰写。记录了 40 多种酒的制作方法。此书对研究中国古代酿酒技术极为重要。《齐民要术》最早记载了酸浆法酿酒技术,还提到了押酒法:"令清者,以盆盖,密泥封之,经七日,便极清澄,接取清者,然后押之"。可知押酒法实际上就是酿酒工艺的后续处理方法,即首先是任酒液自然澄清,取上清酒液后,下面的酒糟则用押的方法进一步取其酒液。

《北堂书钞》,唐虞世南等撰写。其中卷 142 ~ 148 为酒食部,卷 148 为酒部。书中所录的典故、诗文丰富,如 148 卷引用了曹丕的《典论·酒诲》,此外还收集了许多亡佚之书的部分内容。

《艺文类聚》,唐欧阳询等撰写。其中卷 70 食物部有酒相关的内容,收录了唐以前的酒事、酒典,还有许多此前亡佚之书的内容。

《醉乡日月》,唐皇甫菘撰写。书中的主要内容乃是觞政相关内容,全书已经遗失,只存有部分内容。

《酉阳杂俎》,唐段成式撰写。书中卷 7 为酒食内容,主要记载了南北朝以及唐代的酒俗、酒名、酒产地以及酒掌故等内容。

《太平御览》,宋李昉等撰写。书中卷 843 ~ 867 为饮食部,对唐及唐以前的酒事内容记载非常丰富。

《太平广记》,宋李昉等撰写。书中卷 233 为酒部,大量记载着唐代以前的酒文化资料。

《酒经》,宋苏轼撰写。《酒经》主要是写南方的酿酒法。

《北山酒经》,宋朱肱撰写。该书被称为中国古代酿酒史上学术价值最高、最能体现黄酒酿造技术精华的制酒专著。

《续北山酒经》,宋李保撰写。该书内容主要分为经、温酒法两部。在温酒法中,记述了酿制各种曲和酒的方法。

《杜海酒志》,宋范成大撰写。该著中主要对当时生产的各种美酒进行品评,是了解宋时酿酒行业状况的珍贵资料。

《酒名记》,宋张能臣撰写。该著专记酒名,如:香泉、天醇、瑶池、坤仪、重温、杭州竹味清、碧香、苏州木兰堂、白云泉、明州金波、湖州碧兰堂、剑州东溪、汉州廉泉、果州香桂、银液、广州十八仙、齐州舜泉、曹州银光、登州朝霞等。

《酒谱》,宋窦苹撰写。该著十三项分述,即:酒之源一、酒之名二、酒之事三、酒之功四、温克五、乱德六、诫失七、神异八、异域九、性味十、饮器十一、酒令十二,最后为总论。是一本关于酒的百科全书式著述。

《熙宁酒课》,宋赵珣撰写。该书是宋熙宁年间的酒政资料,记载着当时各道州郡的酒务数以及税款额等详细内容。

《清异录》,宋陶谷撰写。书中有较多的关于唐五代时期的酿酒、饮酒习俗的内容。

《武林旧事》,宋周密撰写。书中有较多的关于宋代酒业、酒事、酒俗的内容。

《酒名记》,宋张能臣撰写。主要记载了北宋时期各地名酒近百种等。

《酒本草》,宋田锡撰写。主要记载了药酒的药性、功用和饮食宜忌等内容。

《觞政述》,宋赵与时撰写。讲述酒令的来源以及行令之法等内容。

《酒小史》,元宋伯仁撰写。主要记载了历代名家与各地所产美酒等内容。

《酒乘》,元韦孟撰写。详细记载了我国历史上的酒文献。

《饮膳正要》,元忽思慧撰写。书中明确提到蒸馏烧酒的制法,对饮酒宜忌进行了全面总结。如《饮膳正要》论及饮酒过多的害处以及补救措施时说:"少饮尤佳,多饮伤神损寿。醉饮过度,丧生之源。饮酒不欲使多,知其过多,速吐之为佳。"劝告醉酒之后的人要注意"醉不可当风卧,生风疾;醉不可令人扇,生偏枯;醉不可露卧,生冷痹;醉不可接房事,小者面生黑干、咳嗽,大者伤脏澼痔疾;醉不可饮冷浆水,失声成尸噎;醉不可澡浴,多生眼目之疾。"此外,书中还记载了许多制药酒的方法。

《居家必用事类全集》,元佚名撰写。书中记载了各种酒的制作技术方法,是研究元代酿酒技术非常重要的资料。

《农政全书》,明徐光启撰写。书中食物部有造曲酿酒之法的内容。

《本草纲目》,明李时珍撰写。在《本草纲目》中,李时珍不仅对各种酒进行了品评,还归纳总结了烧酒的制作方法及保健作用。关于烧酒的制作李时珍认为:"烧酒非古法也。自元时始创其法,用浓酒和糟入普瓦,蒸令气上,用器承取滴露。

凡酸坏之酒,皆可蒸烧。近时惟以糯米或粳米或黍或大麦蒸熟,以普瓦蒸取。其清如水,味极浓烈,盖酒露也。"关于烧酒的保健作用李时珍认为:"消冷积寒气,燥湿痰,开郁结,止水泄,治霍乱疟疾噎膈,心腹冷痛,阴毒欲死,杀虫辟瘴,利小便,坚大便,洗赤目肿痛,有效。"此外,李时珍在书中又记载了六十九种药酒方,并且对各种药酒的功能、制法以及宜忌等内容进行了详细论述。

《天工开物》,明宋应星撰写。书中对明代酿酒制曲工艺有非常详细的论述。

《遵生八笺》,明高濂撰写。在书中的酿造类部分中,详细地记载了制造酒曲和酿制药酒的技术方法,是研究明代酒文化不可多得的宝贵资料。

《觞政》,明袁宏道撰写。主要论述了觞政的事情。

《调鼎集》,清佚名撰写。书中关于绍兴酒的技术具有重要的史料价值。

第二节　酒的种类

一、基本分类

(一)按照酿造方法分类

根据酿造方法的不同,可以将酒分成酿造酒、蒸馏酒和配制酒。

(1)酿造酒。又称为发酵酒,是指以含糖或淀粉原料,经过糖化、发酵、过滤、杀菌工艺制得的酒。这种酒一般属于低度酒,酒精含量一般在4.5%～20%,葡萄酒、啤酒、日本清酒、中国黄酒等均属此类。

(2)蒸馏酒。蒸馏酒是利用水果、果汁或谷物发酵得到发酵液,然后蒸馏含有酒精的发酵液而成的酒。各种蒸馏酒的不同风味主要是由随酒精一起蒸馏出来的各种有机物质所决定的。一般而言,蒸馏酒的颜色多为无色透明,彼此之间差别不是很明显。典型的蒸馏酒有中国白酒、法国白兰地、英国威士忌和朗姆酒、俄罗斯伏特加等。

(3)配制酒。配制酒是以各种酿造酒、蒸馏酒或食用酒精为基酒,配以各种药材、果汁、香精,经过浸泡或重新蒸馏方法制成的酒精饮料。配制酒有金酒(杜松子酒)、果露酒、香槟酒、汽酒、各种药酒和滋补酒等。

(二)按照酒度分类

酒中酒精的含量叫"酒度",其表示方法有三种,即容积百分比(V/V)、质量百分比和标准酒度。容积百分比即100毫升酒中含有的酒精毫升数;质量百分比即100克质量的酒中含有的纯酒精克数;标准酒度是欧美国家常用的标示蒸馏酒中酒精含量的一种方法。

按照酒中酒精度的含量对酒分类,可分为低度酒、中度酒和高度酒。低度酒的酒精含量在20%(V/V),中度酒的酒精含量在20%～40%(V/V)之间,高度酒的酒精含量一般在40%（V/V）以上。在我国低度酒一般泛指酒精度在40%以下的白酒。

（三）按照酿酒的原材料分类

根据酿酒用的原材料不同，可以将酒划分为三类：粮食酒、果酒和代粮酒。

（1）粮食酒。粮食酒就是以粮食为主要原料生产的酒。例如高粱酒、糯米酒、包谷酒等。

（2）果酒。果酒就是用果类为原料生产的酒，如葡萄酒、苹果酒、橘子酒、梨子酒、香槟酒等。

（3）代粮酒。代粮酒就是用粮食和果类以外的原料，比如野生植物淀粉原料或含糖原料生产的酒，习惯称为代粮酒，或者叫代用品酒。例如，用青秆子、薯干、木薯、芭蕉芋、糖蜜等为原料生产的酒均为代粮酒。

二、中国酒类及中国名酒

（一）黄酒

黄酒是中国特有的酿造酒。多以糯米为原料，也可用粳米、籼米、黍米和玉米为原料，蒸熟后加入专门的酒曲和酒药，经糖化、发酵后压榨而成。酒度一般为16～18度。黄酒是中国最古老的饮料酒，起源于何时，难以考证。在出土的新石器时代大汶口文化时期的陶器中，已有专用的酒器。其中，除一些壶、杯、瓤外，还有大口尊、瓮、带孔漏器等大型陶器，它们可作为糖化、发酵、储存、沥酒之用，标志着四五千年前大汶口文化时期（原始社会）已可人工酿酒。经过夏商两代，酿酒技术有所发展，商朝武丁时期已经产生中国独有的黄酒酿造工艺。南北朝时，贾思勰编纂的《齐民要术》中详细记载了用小米或大米酿造黄酒的方法。北宋政和七年（公元1117年），朱肱写成《北山酒经》三卷，进一步总结了大米黄酒的酿造经验，比《齐民要术》时的酿造技术有了很大改进。福建的红曲酒——五月红，曾被誉为中国第一黄酒。南宋以后，绍兴黄酒的酿制逐渐发达起来，到明清两代时已畅销祖国大江南北。

黄酒中的名酒有浙江绍兴黄酒、福建龙岩沉缸酒、江苏丹阳封缸酒、江西九江封缸酒、山东即墨老酒、江苏老酒、无锡老廒黄酒、兰陵美酒、福建老酒等。

（二）白酒

白酒是中国传统蒸馏酒。以谷物及薯类等富含淀粉的作物为原料，经过糖化、发酵、蒸馏制成。酒度一般在40度以上，目前也有40度以下的低度酒。中国白酒是从黄酒演化而来的。虽然中国早已利用酒曲、酒药酿酒，但在蒸馏器出现以前，还只能酿造酒度较低的黄酒。蒸馏器具出现以后，用酒曲、酒药酿出的酒液再经过蒸馏，就可得到酒度较高的蒸馏酒——白酒。白酒起源于何时，尚无确考。1975年12月，河北出土了一件金世宗年间（1161—1189年）的铜烧酒锅，证明了中国在南宋时期已有白酒。另据李时珍《本草纲目》中记载:"烧酒非古法也,自元时始创。"确切说明蒸馏酒在我国元代时就已经成熟。此后,在相当长的一段历史时期内,中国白酒的酿造工艺、技术习惯世代相传,但多为作坊式手工生产。1949年新中国成立以后,开始变手工操作为机械操作,但绝大多数名酒生产的关键工序,仍保留着手工操作的传统。

值得一提的是,中国白酒有着独特的分类方法。主要分为:(1)酱香型白酒。以茅台酒为代表。酱香柔润为其主要特点。发酵工艺最为复杂。所用的大曲多为超高温酒曲。(2)浓香型白酒。以泸州老窖特曲、五粮液、洋河大曲等酒为代表,以浓香甘爽为特点,发酵原料是多种原料,以高粱为主,发酵采用混蒸续渣工艺。发酵采用陈年老窖,也有人工培养的老窖。在名优酒中,浓香型白酒的产量最大。四川、江苏等地的酒厂所产的酒均是这种类型。(3)清香型白酒。以汾酒为代表,特点是清香醇正,采用清蒸清渣发酵工艺,发酵采用地缸。(4)米香型白酒。以桂林三花酒为代表,特点是米香醇正,以大米为原料,小曲为糖化剂。(5)其他香型白酒。这类酒的主要代表有西凤酒、董酒、白沙液等,香型各有特征,这些酒的酿造工艺采用浓香型、酱香型、或汾香型白酒的一些工艺,有的酒的蒸馏工艺也采用串香法。

中国白酒生产的历史悠久。各地在长期的发展中产生了一批深受消费者喜爱的著名酒种。在全国评酒会上,先后评出了多种国家名酒。1952年,只有贵州茅台酒、山西汾酒、泸州大曲、西凤酒四种酒成为国家名酒;而到了1984年,成为国家名酒的有茅台酒、泸州老窖特曲、汾酒、全兴大曲、五粮液、双沟大曲、洋河大曲、特制黄鹤楼酒、剑南春、郎酒、古井贡酒、武陵酒、董酒、宝丰酒、西凤酒、宋河粮液、沱牌曲酒,共计17种之多。此后,我国没有再评选国家名酒。

(三)葡萄酒

葡萄酒是以葡萄为原料,经过酿造工艺制成的饮料酒。酒度一般较低,在8~22度之间。葡萄原产于亚洲西南小亚细亚地区,后广泛传播到世界各地。汉武帝建元三年(公元前138年),张骞出使西域,将欧亚种葡萄引入内地,同时招来酿酒艺人,中国开始有了按西方制法酿造的葡萄酒。兰生、玉蕤为汉武帝时的葡萄名酒。史书中第一次明确记载内地用西域传来的方法酿造葡萄酒的是唐代的《册府元龟》,唐贞观十四年(公元640年)从高昌(今吐鲁番)得到马乳葡萄种子和当地的酿造方法,唐太宗李世民下令种在御园里,并亲自按其方法酿酒。清朝光绪十八年(公元1892年),华侨张弼士在山东烟台开办张裕葡萄酒酿酒公司,建立了中国第一家规模较大的近代化葡萄酒厂,引进欧洲优良酿酒葡萄品种,开辟纯种葡萄园,采用欧洲现代酿酒技术生产优质葡萄酒。以后,太原、青岛、北京、通化等地又相继建立了一批葡萄酒厂和葡萄种植园,生产多种葡萄酒。进入20世纪50年代以后,中国葡萄酒的生产走上迅猛发展的道路。

在长期的发展过程中,涌现出一批深受消费者欢迎的葡萄酒著名品牌。1952年,在中国第一届全国评酒会上,玫瑰香红葡萄酒(今烟台红葡萄酒)、味美思(今烟台味美思)均被评为八大名酒之一。此后,在1963年、1979年和1984年举行的第二、第三、第四届全国评酒会上,又有中国红葡萄酒、青岛白葡萄酒、民权白葡萄酒、长城干白葡萄酒、王朝半干白葡萄酒先后荣获国家名酒称号。

(四)啤酒

啤酒是以大麦为主要原料,经过麦芽糖化,加入啤酒花(蛇麻花),利用酵母发酵制成,酒精含量一般在2% ~7.5%之间,是一种含有多种氨基酸、维生素和二氧化碳的营养成分丰富、高热量、低酒度的饮料酒。啤酒距今已有八千多年的历史,最早出现于美索不达米亚(现属伊拉克)。啤酒是中国各类饮料酒中最年轻的酒种,只有百年历史。1900年,俄国人首先在哈尔滨建立了中国第一家啤酒厂。其后,德国人、英国人、捷克斯洛伐克人和日本人相继在东北三省、天津、上海、北京、山东等地建厂,如1903年在山东青岛建立的英德啤酒公司(今青岛啤酒厂)等。1904年,中国人自建的第一家啤酒厂——哈尔滨市东北三省啤酒厂投产。

中国生产啤酒的历史虽短,但各地已经涌现出一批优质品牌。1963年在第二届全国评酒会上,仅有青岛啤酒被评为国家名酒。二十多年后,在1984年第四届全国评酒会时,已有青岛啤酒、特制北京啤酒、特制上海啤酒被评为国家名酒了。

第三节 历代酒政与饮酒诸事

一、历代酒政

(一)概述

远古时代,由于粮食生产并不稳定,酒的生产和消费一般来说是一种自发的行为,主要受粮食产量的影响。在奴隶社会,有资格酿酒和饮酒的都是有身份、有地位的上层统治阶层人物。酒在一定的历史时期内并不是商品,而只是一般的物品。人们还未认识到酒的经济价值。这种情况一直延续到汉朝前期。

当酒成为人们日常的消费用品之后,它就成了一种重要交换商品。酒的生产不仅与特定年份的粮食产量密切相关,也逐渐成为封建国家重要的税收来源,占据与铁、盐等相近的重要地位。因此,历代封建王朝对酒的生产和销售给予了高度的重视,并制定了种种政策来对酒加以专控。国家政权为酒的生产、流通、销售和使用而制定的各种政策与制度称之为酒政。中国历史上的封建王朝采取何种酒政与其所处的时代政治、经济状况有关,历代酒政也都不尽相同,但是归纳起来,不外乎禁酒、榷酒和税酒这三种政策。

（二）禁酒政策

1.禁酒的措施

禁酒，即由政府下令禁止酒的生产、流通和消费。禁酒的目的有：首先，减少粮食的消耗，备战备荒。这是历朝历代禁酒的主要目的；其次，防止官员沉溺于酒而导致伤德败性，或酒后狂言妄议朝政；最后，防止百姓酒后聚众闹事。纵观中国古代历史上出现过的禁酒措施，主要有以下几种：

（1）全面禁酒。即官私皆禁，无一例外，整个社会都不允许酒的生产和流通。（2）局部禁酒。即只在部分地区禁酒，通常是在粮食歉收地区实施暂时的禁酒政策，这种政策在元代时期实施得较多。（3）禁曲。即禁止生产酿酒用的酒曲达到禁酒的目的。（4）禁私。即禁止私人酿酒、运酒和售酒。（5）课税。即对酒课以重税，以此达到限制酒产量的目的。

2.《尚书·酒诰》中的禁酒令

中国古代关于禁酒的最早文献资料是《尚书·酒诰》。在中国历史上，夏禹可能是最早提出禁酒的帝王，他曾经"恶旨酒"，但是其后代并没有遵照他的旨意行事。夏桀王"作瑶台，罢民力，殚民财，为酒池糟纵靡靡之乐，一鼓而牛饮者三千人。"最终被商汤乘机起兵灭国。到了商代，贵族饮酒风气并未收敛，反而越演越烈。出土的酒器不仅数量多，种类繁，而且其制作巧夺天工，堪称世界之最。据说商纣王饮酒七天七夜不歇，酒糟堆成小山丘，酒池里可运舟。西周统治者在推翻商代的统治之后，鉴于夏桀王、商纣王饮酒误国的经验教训，自建国初期就极力推行限制酒消费的政策措施，发布了我国最早的禁酒令《尚书·酒诰》。

《尚书·酒诰》是周公代表成王告诫康叔在卫国应该戒酒的训导。在文中周公首先指明酒是用于祭祀的，戒酒是文王和上天的旨意；然后总结了殷商亡国的经验教训，由此指出了酗酒的危害；最后指出实行禁酒的必要性和颁布禁酒令，规定聚众饮酒者将会被杀死等。在这样严厉的高压政策之下，西周初期酗酒的风气有所收敛。这可从出土的器物中，酒器所占的比重比商代有所减少而得以证明。

3.中国历史上的禁酒

纵观中国历史上的禁酒令出台的原因，一方面是政治原因，一方面是粮食安全原因。每当碰上天灾人祸，导致粮食紧张匮乏时，朝廷就会发布禁酒令。而当粮食丰收时，禁酒令就会解除。禁酒时，会有严格的惩罚措施。如发现私酒，轻则罚没酒曲或酿酒工具，重则处以极刑。秦始皇统一中国之后，曾经推行过严厉的禁酒政策，规定由全国各地掌管农业事务的小官吏监督执行，违者治罪。西汉前期实行"禁群饮"的制度，相国萧何制定的律令规定"三人以上无故群饮酒，罚金四两"（《史记·文帝本纪》）。这大概是西汉初期，新王朝刚刚建立，统治者为杜绝反对势力聚众闹事，故而有此规定。"禁群饮"实际上就是根据《酒诰》而制定的。历史上曹操和孔融曾经因禁酒而展开过一场争辩。孔融认为禁酒是因噎废食，曹操认为要以"亡王为戒",必须严厉禁酒。结果自然是孔融赢得了声誉,但禁酒令依然得以推行。三国时期的魏和蜀汉都曾经实行过禁酒政策,主要目的在于防止酗酒影响社会安定和浪费粮食。魏晋南北朝时期开始,朝廷的酒政主要是采取酒专卖制度或是课税手段,禁酒只是偶尔为之。此后的隋唐宋元明清各朝代,禁酒事件更是少见。

(三)榷酒政策

1.榷酒的方式

所谓榷酒,即是酒专卖,由国家垄断酒的生产和销售,禁止私人从事与酒有关的行业。由于实行国家的垄断生产和销售,酒价或者利润可以定得较高,一方面可获取高额收入,另一方面也可以用此来调节酒的生产和销售。据史料记载,汉代天汉三年(公元前 98 年)春二月,中国历史上最早的榷酒之法"初榷酒酤"出现了,《汉书·武帝本纪》对此事件有明确记载。此后,中国历史上很多朝代都曾经有过榷酒制度。历史上酒专卖的形式主要有以下几种:

(1)完全专卖。完全专卖是由官府负责全部过程,诸如造曲、酿酒、酒的运输、销售。由于国家专营垄断,因此酒价可以定得很高,朝廷政府可以获得丰厚的利润。

(2)间接专卖。间接专卖的形式很多。总体来说是官府只承担酒业的某一环节,其余环节则由民间负责。如官府只垄断酒曲的生产,实行酒曲的专卖,从中获取高额利润。

(3)特许商专卖。特许商专卖是指官府不生产、不收购、不运销,通过选择特许的商人或酒户,在交纳一定的款项并接受管理的条件下,允许他们自酿自销或经理购销事宜。

2.榷酒的重要意义

榷酒之法的建立是中国酒政史上的一件大事,其积极意义主要体现在以下三方面:

首先,榷酒为国家扩大了财政收入的来源,为当时频繁的边关战争、浩繁的宫廷开支和镇压农民起义提供了财政来源,同时间接地减轻了不饮酒人的负担。

其次,从经济上加强了中央集权,使一部分商人、富豪的利益转移到国家手中。因为当时有资格开设大型酒坊和酒店的人都是大商人和大地主,财富过多地集中在他们手中,对国家并没有什么好处。实行榷酒,在经济上剥夺了这些人的特权。这对于调剂贫富差距,无疑是有一定的进步意义的。

最后,实行榷酒,由国家宏观上加强对酿酒的管理,国家可以根据当时粮食的丰歉来决定酿酒与否或酿酒的规模。由于在榷酒期间不允许私人酿酒、卖酒,因此比较容易控制酒的生产和销售,从而达到节约粮食的目的。

当然,榷酒之法并非百无一害,因其"与民争利"而饱受社会的诟病。

3. 宋代的榷酒

酒的专卖,在唐代后期、宋代、元代及清代后期都是主要的酒政形式。其中,北宋和南宋两代在榷酒方面最具特色,榷酒方式主要有榷酤、榷曲和包税等。其中,榷酤是政府开设酒厂以供市场对酒之需。有时政府也把生产的酒批发给零售商,再由零售商把酒销售给市场。榷曲是指官府只专卖酒曲,由此间接控制酒的生产。包税是指包税人承包一个地区的酒坊和榷酒,他人不得私酿、私卖,否则依法受到惩处,承包期一般为三年。此外,宋代还有专供官吏饮用的"公使酒",即官府以公款酿酒供官吏饮用。

在南宋时实行的"隔槽法"是比较有特色的间接专卖酒的方法。"隔槽法"的特点在于官府只提供场所、酿具、酒曲,酒户自备酿酒原料,向官府交纳一定的费用,酿酒数量不限,销售自负。

关于榷酒之政的利弊宋人周辉在其所著的《清波杂志》中有比较精辟的论述:"榷酤创始于汉,至今赖以佐国用,群饮者唯恐其饮不多而课不羡也。为民之蠹,戾于古! 今祭礼宴飨馈遗,非酒不行。田亩种秫,三分之一供酿材曲蘖。州县刑狱与夫淫乱杀伤,皆因酒所致。甚至设法集妓女以诱其来,尤为害教……"不难看出,周辉肯定榷酒对国家财政的帮助、否定以酒趋利而产生的社会危害的见解是比较中肯的。

(四)税酒政策

1. 概述

向酿酒业收取税金的政策始于汉昭帝。据《汉书·昭帝纪》记载:"昭帝始元六年(公元前81年)二月议罢盐铁榷酤,秋七月,罢榷酪官,卖酒升四钱。"自此以后,尽管也有禁酒政策,但是绝大多数时间酒政还是在或榷或税之间摇摆。禁酒之所以难,因为酒已经成为朝廷税赋的主要来源。以南宋为例,绍兴末年东南及四川酒税达1400万贯,仅次于盐税的2100万贯。酒税是朝廷的支柱性税赋,其对于朝廷财政的重要性可想而知。

2. 榷酒和税酒的区别

首先,榷酒制度下,利益的全部或者大部归官府所有;税酒制度下,利益大多数归私人(酿酒者以及酒业从事者)所有。其次,榷酒时纳税的经营者也是由政府特许的;税酒则只要交税,任何商家都可经营酒业。再次,榷酒时,官府对酒的生产、销售进行严格监管;税酒时,商家独立经营,官府一般不加干涉。最后,榷酒时,为保障官府和经营者的利益,会制定相应的法律严禁私酿、私贩等事情的发生;税酒时,只要交税酒可以自由地经营。

综上所述,榷酒的特点是高税高价、特许经营,并且需要官府监督产销和禁私缉私;而税酒的特点则是税额较轻、经营自由,并且经营酒业并不需要政府特许。

3. 明清时期的税酒

(1)明代税酒。明代历史上除了初期有短暂的禁酒令和后期为增加税赋收入而大幅提高酒税之外,大部分时期均采取比较稳定的税酒制度,这在历代封建王朝中是罕见的。其原因主要有以下几点:采取轻赋养民的政策;其他税赋收入稳定,无需借酒生财;财政支出压力比较小;商品经济发展使得重商思想深入民心。

(2)清代税酒。清代的酒政显得比较复杂,不同历史时期有税有禁,而且清代末期实施的重税和特许制已经与榷酒制不差上下。清代前期的酒税是比较轻的,主要税种有曲税(向制曲者征收)、市税(向零售者征收)和门关税(向运销者征收)。乾隆年间,官府开始向酒户颁发"牙帖"即营业执照,同时限定经营数额,并据此征税。清代后期,因国库空虚、财政紧张而加大了酒税征收的力度,增添了新的征税名目,主要有酒离(对通关的酒征收1%的税)、烧锅税(主要向酿酒户征收,有特许性质,纳税者为"官烧",未纳税者将被取缔)、落地税、门销捐、坐贾税、出锅税以及印花税等。

二、饮酒器具

(一)酒器的种类

1. 按酒器材质分类

以制品材料来讲,常用的可分为陶制酒器、青铜制酒器、漆制酒器、玉石制酒器、瓷制酒器、金银铜锡制酒器、水晶玻璃制酒器、动植物制酒器、塑料制酒器以及纸制酒器等。

2. 按酒器用途分类

(1)盛酒之器。古代盛酒酒器,是非常考究的,不仅名目、型类、花式繁多,而饮用对象也有严格的区别,如吉酒器中的尊、爵就是一种典礼时或君王赐酒于臣下时所用酒器,堪为历代王朝之珍品。据不完全统计,古代盛酒之器有尊、瓠、彝、罍、瓶、斝、卣、盉、壶等。由于造型独特,器具表面雕有精致花纹图案,极富艺术性,因此酒的盛器不仅作盛酒之用,这可用于艺术品陈设欣赏。

(2)温酒之器。温酒之器主要有斝与盉两种。在中国古代这两种器皿是一物兼二用,既是温酒酒器,也是盛酒酒器。

(3)饮酒之器。在古代饮酒之器有爵、角、觥、觯、瓠等器皿,它们的造型和工艺大致与盛酒酒器、温酒酒器相类似。早期的陶制品、青铜制品、瓷制品、贵重金玉制品等都极具欣赏珍藏价值。

在中国历史的早期,饮酒器具是身份的象征。在正式宴饮场合下,不同身份的人只能用与之身份相适应的饮酒器具,如《礼记·礼器》篇里明文规定:"宗庙之祭,尊者举觯,卑者举角。"

3. 几种重要的酒器

（1）尊。古代盛酒礼器，用于祭祀或宴享宾客之礼，后泛指盛酒器皿。敞口，高颈，圈足。尊上常饰有动物形象。《说文》记载："尊，酒器也。《周礼》六尊：牺尊、象尊、著尊、壶尊、太尊、山尊，以待祭祀宾客之礼。"段玉裁注："凡酌酒者必资于尊，故引申以为尊卑字……"

（2）爵。古代酒器，青铜制，用以盛酒和温酒，盛行于商代和周初。《说文》记载："爵，礼器也。象爵之形。"段玉裁注："古说今说皆云爵一升。"郑玄注："凡觞，一升曰爵，二升曰觚，三升曰觯，四升曰角，五升曰散。"尊贵的人用爵，地位低下的人用散。

（3）觥。古代酒器。《说文》记载："觥，兕牛角可以饮者也。从角，黄声。"王国维《说觥》："是于饮器中为最大……"初用兽角，后亦多用铜、玉、木、陶等制作。青铜制品器腹椭圆，有流及鋬，底有圈足。有兽头形器盖，也有整器作兽形的，并附有小勺。容五升（一说容七升）。盛行于商代及西周初期。后世用指酒器。常被用作罚酒。

（4）斝（jiǎ）。古代酒器。圆口，有流、柱、鋬（pàn，把手）与三足，供盛酒与温酒用。后借指酒杯。《说文·斗部》记载："斝，玉爵也。夏曰盏（zhǎn），殷曰斝，周曰爵。"古书中也称为"散"，其形状像爵，但比爵大。斝可温酒和饮酒，类似现在的大酒杯。现在通称为斝的青铜器，名称是宋人所定，始见于《博古图录》。

（5）卣（yǒu）。古代专门用以盛放祭祀用香酒的青铜酒器。器形一般为椭圆口，深腹，圈足，有盖和提梁，有的上下一样大，像个直筒。卣主要盛行于殷商和西周。在大祭典礼结束后，用卣把酒洒在地上，以享鬼神之用。

（6）罍。盛酒器。小口，广肩，深腹，圈足，有盖，多用青铜或陶制成。形制有两种：一种方形有盖，有两耳；一种圆腹，两耳，器身下部有个鼻，类似大坛子。《尔雅·释器》云："罍者，尊之大者也。"

（7）卮。卮的简化字，一种圆筒状的有把手和三个小脚的饮酒器。《玉篇·卮部》："卮，酒浆器也，受四升。"《史记·项羽本纪》："卮酒安足辞"。

（8）彝。古代青铜祭器的通称，"皆盛酒尊，彝其总名"（郭璞语）。杜预注《左传》："彝，常也。谓钟鼎为宗庙之常器。"其形状长方有盖，器身有觚陵。

（9）盉（hé）。是用水调酒的器具。盛行于殷代和西周初期。当时举行大典礼时，不能喝酒的人，就喝掺了白水的酒，叫作"玄酒"。盉的形状一般是大腹、敛口，前面有长流，后面有把手，有盖，下有三足或四足；春秋战国时期的盉呈圈足式，很像后来的茶壶。

（10）觞。原指盛满酒的酒杯，后泛指酒器。《说文·角部》："觞，觯实曰觞，虚曰觯。"段玉裁注："《韩诗》说爵、觚、觯、角、散五者总名曰爵，其实曰觞。"后来，觞的意思引申为向人敬酒或自饮。

（二）我国酒器的发展历史

1. 远古时期的陶制酒器

早在新石器时代,出现了形状类似于后世酒器的陶器。由于酿酒业的发展、饮酒者身份的高贵等原因,酒具从一般的饮食器具中分化了出来。酒具质量的好坏,往往也成了饮酒者身份高低的象征之一。专职的酒具制作者也就因此应运而生了。在山东的大汶口文化时期的一个墓穴中,曾出土了大量的酒器,据分析死者生前可能是一个专职的酒具制作者。在新石器时代的晚期,主要是以龙山文化时期为代表,酒器类型增加,用途明确,与后世的酒器有很大的相似性。这些酒器类型有:罐、瓮、盂、碗、杯等。酒杯的种类也很多:平底杯、圈足杯、高柄杯、斜壁杯、曲腹杯、觚形杯等。

2. 青铜酒器鼎盛于商周

纵观中国历史,夏、商、周时期是我国古代礼制的成熟期,更是中国古代礼制的典范时期。当时的酒器更多的是作为礼器的社会功能出现。"礼以酒成"造就出无酒不成礼的时代。因此当时的酒礼是最为复杂的,这也和当时统治阶级的政治是紧密联系的。正是因为酒器作为礼器在夏、商、周时期得到了重视,所以青铜酒器也就成了夏商周三代青铜文化中的亮点。

青铜器起于夏,广为人知的最早的青铜酒器就是二里头文化时期的爵,在商周时期青铜器用途非常广泛。其中,青铜礼器在商周时期达到鼎盛。根据《殷周青铜器通论》中描述,"商周的青铜器共分为食器、酒器、水器和乐器四大部,共五十类,其中酒器占二十四类。按用途分为煮酒器、盛酒器、饮酒器、贮酒器。此外还有礼器,其形制丰富变化多样,但基本组合主要是爵与觚。同一形制的礼器,其外形、风格带有不同历史时期的特点。"

3. 漆制酒器流行于两汉魏晋

商周时期之后,青铜酒器逐渐衰落下来。秦汉时期的酒器总体上继承了东周的遗风,在中国北方仍重于青铜器,并在原青铜器基础之上镶嵌金银、绿松石等装饰,极尽奢华之能事。在中国南方则漆器十分流行,漆器表面一般都有彩绘和花纹,非常漂亮和实用。马王堆一号汉墓中出土的大量漆器更是堪称一绝。在两汉和魏晋时期漆器用具的盛行背景下,漆制酒具成为酒器的主流,造型基本上是继承了青铜酒器的形体,有盛酒器具和饮酒器具。其中饮酒器具中漆制耳杯是最为常见的。

4. 瓷制酒器经久不衰

瓷器大约出现在我国历史的东汉前后。把它与远古的陶器相比较,不管是酿酒具、盛酒具还是饮酒具,瓷器的优点都远远地超越了陶器。唐代的酒杯形体比过去小很多,当时更加精致。唐代后期,中国人进餐使用的桌椅出现较大变化,适合在桌子上使用的酒具也随之出现。如当时饮酒使用的注子,唐人称为"偏提",其形状似今日之酒壶,有喙,有柄,既能盛酒又可向酒杯中注酒,因而取代了以前笨重的樽和勺。宋元时期,制瓷业空前的繁荣,瓷制酒器色彩斑斓夺目、器形丰富、品种完备,在中国历史上空前绝后。值得一提的是,宋代人非常喜欢将黄酒温热后饮用,因此也就发明了注子和注碗配套使用的温酒器具。明代的瓷制品酒器以青花、斗彩和祭红酒器最有特色。清代的瓷制酒器具则以珐琅彩、素三彩、青花玲珑瓷以及各种仿古瓷具为主。明清时期,随着制瓷工艺的进一步提高,瓷酒具的质量已日臻完善了。瓷制酒器也因其完美无缺而一直使用至今。

5.其他酒器

在我国历史上还有一些用独特的材料制成的酒器,其中不乏造型独特的酒器,也具有极高的欣赏价值。例如用金、银、象牙、玉石、景泰蓝等珍贵的材料制成的酒器。这些酒器当中具有代表性的主要有:夜光杯、倒流壶、鸳鸯转香壶、九龙公道杯、渎山大玉海等。

三、酒的饮用

(一)各种酒的饮用

1.黄酒

(1)黄酒温度。根据季节的差异,黄酒的饮用方法有常温、加热和冰镇之别。常温饮用一般在春秋两季,通常无需对酒进行加热或冰镇处理,可以直接饮用;加热饮用则主要在冬季或气温较低的时候,加热的方法有煮和烫两种,目的在于通过加热充分展现黄酒的滋味之美,同时也有益于饮酒者的身体健康;冰镇饮用主要在暑热之际。

(2)菜肴搭配。不同品种的黄酒有不同的口味和特质,饮酒之时如果能够配之以合适的菜肴,则会有相得益彰之效。一般认为,在传统的中式宴席上,鸡鸭肉蛋适宜搭配干型黄酒,冷菜适宜搭配半干型黄酒,甜食糕点适宜搭配半甜型黄酒,陈加饭与元红兑饮的话则最好与蟹搭配。

2.啤酒

饮用啤酒讲究温度、酒杯和倒酒。

(1)啤酒温度。啤酒理想的温度是10℃。温度太低的话则难以体现酒的风味,温度过高的话则会有苦涩的味道。

(2)酒杯。喝啤酒用的酒杯适宜选择厚壁、深腹、窄口且容积最好在200~300毫升的酒杯,这样的酒杯能够很好地保持啤酒的泡沫和香气,也便于观察啤酒的颜色。酒杯应该纯净、无垢,使用前最好在冰箱里冰镇一段时间,直到酒杯外壁有一层薄霜之后再取出使用。

(3)倒酒。常见的倒酒方法是:先在酒杯中倒三分之一的啤酒,待泡沫形成之后再把酒杯倾斜,慢慢地将啤酒倒满,酒液与泡沫的比例以4:1为宜。泡沫的作用主要是防止酒香和酒中的二氧化碳外逸,泡沫太多或太少均不适宜饮用。

3. 葡萄酒

饮用葡萄酒时应注意酒的温度和酒与菜肴的搭配。

(1)温度。葡萄酒的温度对葡萄酒的风味及品质展现具有非常重要的作用。常见的葡萄酒适宜饮用的温度是:香槟酒9℃~10℃,干白葡萄酒10℃~11℃,白甜葡萄酒13℃~15℃,干红葡萄酒16℃~18℃,浓甜葡萄酒18℃。

(2)葡萄酒与菜肴的搭配。不同种类的葡萄酒在滋味和品质上各有独到之处,因此,饮用葡萄酒时如何选择合适的菜肴就显得十分重要。不同葡萄酒选择菜肴的原则是:海鲜类菜肴适宜与白葡萄酒、干白葡萄酒和半干葡萄酒搭配;一般肉类适宜与淡味红葡萄酒、桃红葡萄酒搭配;味道浓厚的肉禽类菜肴适宜与干红葡萄酒搭配;一般的牛、羊肉适宜与红葡萄酒搭配。

(二)饮酒之忌

忽思慧在《饮膳正要》中专设"饮酒避忌"一章讨论饮酒的利弊,尤其是着重谈了醉酒的害处和避忌。忽思慧认为,长期大量饮酒乃至酗酒,不仅没有任何益处,反而走向反面。一方面饮酒过量会伤肝、伤气、伤神、损目、损齿,损坏身体,影响身心健康甚至危及生命;另一方面饮酒过量还会因酒后精神错乱,失言、失态,行为越轨,败坏道德,丧失礼仪,给家庭和社会带来不良影响或严重后果。"饮酒避忌"有关论述摘要如下:

饮酒不欲使多,知其过多,速吐之为佳,不尔成痰疾;醉勿酪酊大醉,即终身百病不除;酒,不可久饮,恐腐烂肠胃,渍髓,蒸筋。

醉不可当风卧,生风疾;醉不可向阳卧,令人发狂;醉不可令人扇,生偏枯;醉不可露卧,生冷痹;醉而出汗当风,为漏风;醉不可强食、嗔怒,生痈疽;醉不可走马,伤筋骨;醉不可接房事,小者面生黑干、咳嗽,大者伤脏、澼、痔疾;醉不可冷水洗面,生疮;醉,醒不可再饮,损后又损;醉不可高呼、大怒,令人生气疾。

醉不可便卧,面生疮,内生积聚。大醉勿燃灯叫,恐魂魄飞扬不守。醉不可饮冷浆水,失声成尸噎。

醉不可忍小便,成癃闭、膝劳、冷痹;空心饮酒,醉必呕吐;醉不可忍大便,生痔;醉不可强举力,伤筋损力;饮酒时,大不可食猪、羊脑,大损人,炼真之士尤宜忌;酒醉不可当风乘凉、露脚,多生脚气;醉不可卧湿地,伤筋骨,生冷痹痛;醉不可澡浴,多生眼目之疾;如患眼疾人,切忌醉酒、食蒜。

用现代科学眼光看,忽思慧的"饮酒避忌"内容虽有个别荒诞不经之谈,但是大多数还是有一定道理的。现代的饮酒避忌,与古人相差不大,例如,忌滥饮、忌失礼、忌混饮、忌空腹饮,还有酒后忌看电视、忌服西药。此外,忽思慧还要求饮酒之后不得骑马,现代法律则规定酒后不得驾车,同样是出于人身安全的考虑。

（三）酒的疗疾养生作用

在医食同源或药食同源的文化背景下，中国人对酒的疗疾养生作用非常重视，古代文献中有不少关于以酒疗疾的记载。例如，《史记·扁鹊传》记载："扁鹊过齐，齐桓侯客之。入朝见曰：'疾在肠胃，酒醪之所及也。'"说明以酒疗疾是中医治病的重要手段之一。外涂、内服、制药是酒疗疾的常用之法，《本草纲目》、《伤寒论》等中医经典中均有关于药酒和以酒入药的内容。中医认为酒的药理作用主要有四个方面，即驱寒、助消化、安神镇静和舒筋活血。此外，酒也是中国人非常喜欢的延年益寿和养生之品。现代医学也证明，适度饮酒有促进血液循环、减轻精神压力、帮助入眠等功效。

在我国民间，在酒中加入一定的药材或其他物料泡制而成的药酒或补酒（配制酒）深受中国普通民众的喜爱。在中医典籍中，有关药酒或补酒的记载不胜枚举。例如，《饮膳正要》中就记载了枸杞酒、地黄酒、松节酒、茯苓酒、松根酒、羊羔酒、五加皮酒等补酒的功效和配制方法。

四、宴席上饮酒的规矩和游戏

（一）觞政

所谓觞政，就是饮酒的规矩。觞政一词最早出现于西汉刘向的《说苑》：魏文侯与大夫饮，使公乘不仁为觞政，曰："若饮不尽，浮之大白。"不难看出，当时的觞政实际上就是今日宴席上的监酒官而已。到了明代，在袁宏道的《觞政》中，其内容已经不只是监督酒客饮酒那么简单了。《觞政》全书共十六条，全面反映了明代士大夫对酒文化的态度和对聚饮规范的见解。

第一条"吏"，即古人设立酒监之意。吏中的一人为"明府"，主斟酌之事，另一人为"录事"，主监督之事，录事要有"善令、知音、大户"之才。换言之，录事要具备擅长酒令、能唱小曲、善饮不醉等条件的人才能胜任。

第二条为"徒"，是指参加宴饮的酒徒。作者认为参加酒宴而饮酒，就必须具备一定的条件。"酒徒之选，十有二款。"十二款中主要包括：加入酒徒队伍必须有酒量，否则要有酒兴，娴于酒令，能诗善谑，思想敏锐，善于应答，有酒德，酒后不失仪态等。

不难看出一、二两条是对宴饮参加者作出规范。三至六条则主要反映了作者对酒与生活艺术关系的见解。第三条"容"，指饮酒时的风仪气度："饮喜宜节，饮劳宜静，饮倦宜恢，饮礼法宜潇洒，饮乱宜绳，饮新知宜闲雅真率，饮杂揉宜逡巡却退。"

第四条"宜"，主要论及适宜饮酒及醉酒的地点环境，并描述了不同身份的人在醉后所应有的表现："凡醉有所宜。醉花宜昼，袭其光也。醉雪宜夜，消其洁也。醉得意宜唱，导其和也。醉将离宜击钵，壮其神也。醉文人宜谨节奏章程，畏其侮也。醉俊人宜加觥盂旗帜，助其烈也。醉楼宜署，资其清也。醉水宜秋，泛其爽也。一云：醉月宜楼，醉暑宜舟，醉山宜幽，醉佳人宜微酡，醉文人宜妙令无苛酌，醉豪客宜挥觥发浩歌，醉知音宜吴儿清喉檀板。"从这十五"宜"中可见饮酒给人们带来的精神享受，也反映了士大夫审美理念与人生态度。

第五条"遇"，主要说适宜饮酒的诸多条件。"饮有五合，有十乖。"其中五合乃是适合饮酒的五种情况，即"凉风好月，快雨时雪，一合也；花开酿熟，二合也；偶尔欲饮，三合也；小饮成狂，四合也；初郁后畅，五合也。"十乖乃是不适合饮酒的条件，主要包括自然环境不好、心情恶劣、主客不合及准备酒事草率等。

第六条"候"，指饮酒快乐与不快乐的时候。作者认为在十三种情况下饮酒可能会欢快。包括饮酒得其时、宾主久别以及主酒令者要求严格，席间劝酒歌妓善解人意等。有十六种情况可能会造成不快，包括主人吝啬、宾客轻主、主客趣味低俗、不按酒令办事等情形。

第七条至第十一条为聚饮中的各项杂事。其中，第七条为"战"，包括赌饮（拇战划拳）、较诗赋歌曲等。作者主张"百战百胜，不如不战。"

第八条"祭"，主张"凡饮必祭所始"。这种祭带有游戏性质。作者以孔子作为"觞之祖"，因为孔子提倡"酒无量，不及乱"为饮酒宗旨，以阮籍、陶潜、王绩、邵雍为"四配"，以刘伶等十人为"十哲"，以贺知章、李白等祀之"两庑"。这种祭的仪式完全模仿孔庙，而被祭者除孔子之外皆为酒徒。

第九条"刑典"，指可以为今日酒徒所效法的历代著名"酒徒"。这些酒徒虽然都好饮酒，却各有其独特之处。如蔡邕善饮又为文宗，郑玄嗜酒又是著名的儒者，济公为禅师，张志和为道徒，他们皆寄情于酒；白居易之饮为求闲适，苏舜钦之饮寄托愤慨等。酒徒可以根据自己的才智选取适合自己的典型。

第十条"掌故"，写饮者应该掌握熟悉的典籍。作者以六经中《论语》、《孟子》所言及的饮酒方式为酒经，以其他关于酒的著作为内典，以《庄子》、《离骚》、《史记》以及陶潜、李白、白居易等人的集子为外典，以柳永、辛弃疾的词，董解元、王实甫、马致远、高明等人的曲、杂剧、传奇以及《水浒传》、《金瓶梅》为轶典。认为不了解以上内容，就不配为酒徒。

第十一条"刑书"，是对饮酒犯规者的惩戒条例，实际上乃是戏谑之辞。

第十二条至第十六条乃是饮酒的物质条件。其中，第十二条"品"，即酒品，作者认为以"色清味冽为圣，色如金而醇苦为贤"和"以巷醪烧酒醉人者为小人"。

第十三条"杯杓"，作者认为以"古玉及古窑器上，犀、玛瑙次，近代上好瓷又次"，而"黄白金银制品为下"。

第十四条"饮储"，指下酒物，包括"清品"如鲜蛤、糟蚶、酒蟹之类；"异品"如熊白、西施乳之类；"腻品"如羔羊、子鹅炙之类；"果品"如松子、杏仁之类；"蔬品"如鲜笋、早韭之类。

第十五条"饮饰",指室内居饮时的装饰布置,要求"棐几明窗,时花嘉木,冬幕夏荫,绣裙藤席"。即饮酒环境要做到窗明几净、鲜花美树,冬有帐幕、夏有荫凉,坐需设藤席。

第十六条"欢具",指宴饮时的助兴之物,如楸枰、高低壶、觥筹、骰子、古鼎、昆山纸牌、羯鼓、冶童、女侍史、茶具、吴笺、宋砚、佳墨等。

综上所述,明代饮酒艺术已经达到很高的水平,这与明末士大夫追去生活艺术是分不开的。由此也可以得知古代中国人的饮酒乐趣所在,以及中国文人士大夫醉心于饮酒的缘由。

（二）酒令

1. 古令

古令是指古代所遗酒令,内容极其广泛,如"即席联句"、"即席赋诗"、"回文反复"、"藏钩"、"射覆"、"偷手令"、"骰子令"、"猜枚"等。有的酒令很简单,如射覆。其基本方式是将一物藏起来,令别人猜射。如"猜子令"游戏当中,出令人左右手一实一空,令对方"射"出哪只手是"实"、哪只手是"空",猜不中罚酒,猜中的话则由"覆"者喝酒。有的则很有趣且要求参与者具备较高的文学修养。如有关历史上有名的"落地无声令"的记载:苏轼与晁补之、秦少游同去拜访佛印禅师,四人一起饮酒行令,要求每人先说一种落地无声之物,接着用人名贯串,句末再附诗一联。苏东坡先说:"雪花落地无声,抬头见白起,白起问廉颇:如何爱养鹅? 廉颇曰:'白毛浮绿水,红掌拨清波。'"晁补之接着说:"笔花落地无声,抬头见管仲,管仲问鲍叔:如何爱养竹? 鲍叔说:'只需两三竿,清风自然足。'"秦少游接着说:"蛙屑落地无声,抬头见孔子,孔子问颜回:如何爱种梅? 颜回曰:'前村风雪里,昨夜一枝开。'"佛印最后说:"天花落地无声,抬头见宝光,宝光问维摩:僧行进如何? 维摩曰:'对客头如鳖,逢斋颈似鹅。'"他们四人行的就是"落地无声令",从中不难看出这种酒令的难度很大,非饱学之士难以应对。

2. 雅令

雅令须引经据典,分韵联吟,当席构思。因此,在酒宴之上行雅令之际,要求所有参与者文化素养水平相当才可顺利进行下去,否则"一人相隔,满座为之不乐矣。"清代掌故家梁章钜在《归田琐记》中记载了一段宴会上行令的故事。无锡县令卜大有与武进县令预先商量好行一个很难的雅令让新任宜兴县令难堪。卜先说:"我有一令,不能从者,罚一巨觥。"然后卜出令:"两火为炎,此非盐酱之盐。既非盐酱之盐,如何添水便淡?"此令有三个难点:第一句第四字必须是第二字重叠而成;第四字必须与第二句末一个字谐音,但在字义上却毫无关联;经过第三句转折之后,把第一句第四个字填个偏旁,其字义便与第二句末一个字密切相关了。武进县令和曰:"两日为昌,此非娼妓之娼。既非娼妓之娼,如何开口便唱?"宜兴县令略微沉思和曰:"两土为圭,此非乌龟之龟。既非乌龟之龟,如何添卜成卦?"宜兴县令所和酒令不仅完全合格,而且还借此嘲弄了卜大有。

3.通令

所谓令是指通行之令,游戏性强,大多需要借助骰子、牙牌等器具,没有太高文化素养的人也可以参与。《历代酒令大观》中的"猜点令"就属于通令:令官摇两骰,合席猜点数,不中自饮,中则令官饮巨杯。此外,也有一些非常通俗的酒令,如"五官搬家令"就是其中的典型代表。令官问五官部位,如眼睛在哪里? 被问者急速回答鼻子在这里,并用手指其他部位如口、耳、眉等,唯独不许指眼睛或鼻子;连问三次,再接下一位。这种令即使家庭妇女、小孩也会玩。通令即使涉及书史也比较简单,多是《千家诗》、《幼学琼林》之类的文化入门书。

4.筹令

顾名思义,筹令就是用"筹"(令签)才能行的令。一般情况下,令筹多为市街所售,其上有唐诗(或宋词、或元曲)一句,并注明饮酒条件。《红楼梦》六十三回中描写的"占花名令"即属于筹令(见本章第四节酒与文学部分内容)。筹令一般涉及较多的诗词歌赋,这与袁宏道在《觞政》"掌故"中所说的"内典"、"外典"、"逸典"的精神是一致的。历史上比较流行的筹令有"名贤故事令"、"名士美人令"、"无双酒谱令"、"《西厢记》酒筹"、"访鸳鸯令"、"访黛玉令"、"《水浒》酒筹"等。

(三)拇战

拇战,即划拳,俗称闹拳,源于酒令,是酒令的通俗表达形式。有的场合,以划拳决定胜负,输者说"酒面"(酒令词)并要喝酒。

拇战一般是两人相对出手,猜对方所伸手指的数目,合而计算,以分胜负。拇战有出声的玩法,也有不出声的"哑拳令"。玩法为"两家出手,不须口叫,有言者罚,拳数多寡,听人临时酌定。"此外,"抬轿令"也是不出声,是"三家出指而不作声。两手相同为抬轿,其不同者饮。"出声的拇战也有很多的区别,花样繁多,如"空拳",彼此出指互叫,各无胜负者,则两家之左右邻座各饮。如果彼此之指相同,且彼此之叫也同,称为"手口相逢",通席皆饮,猜中反而不饮。正因为拇战双方都不饮酒,所以称之为"空拳"。此外,拇战还有所谓的"叮当拳"、"连环拳"、"过桥拳"等。明朝的王征福著有《拇战谱》,其中记载了很多种拇战的名称和拇战方法,内容十分有趣。

拇战大多有令辞。拇战比较粗犷,为下层社会、不识字之人所喜好,文人士大夫则不大喜欢。不过,现代社会能行酒令者越来越少,拇战的喧嚣声倒是经常在酒席宴会上时有所闻。

第四节 酒与文学

一、中国历史上关于酒的诗词

1. 白居易的《问刘十九》

绿蚁新醅酒,红泥小火炉。晚来天欲雪,能饮一杯无?

解读:亲爱的朋友啊,我家新酿的米酒已经成熟,尽管还未过滤,酒面上泛起一层绿泡,但是香气扑鼻。我呢,已经点燃了用红泥烧制成的煮酒用的小火炉。抬头看看天空,天色阴沉沉的,看样子晚上即将要下雪。在此凄寒的傍晚,你快来我家与我共饮一杯酒吧!浓郁的友情,殷切的关怀,跃然纸上,令人遐想连篇。

2. 杜甫的《赠卫八处士(节选)》

(前略)

怡然敬父执,问我来何方。问答乃未已,驱儿罗酒浆。夜雨剪春韭,新炊间黄粱。

主称会面难,一举累十觞。十觞亦不醉,感子故意长。明日隔山岳,世事两茫茫。

解读:此诗写偶遇少年知交的情景,抒写了人生聚散不定、故友相见格外亲切的情感。然而,天下没有不散的筵席,暂聚忽别,却又令人感慨世事渺茫。老朋友见杜甫之后十分热情,置备简单的家宴招待儿时好友,二人连续喝了十几杯都没有醉意,万分珍惜这来之不易的短暂相聚。诗的最后两句描写刚重逢却又要分别的伤感,真是低回婉转,耐人寻味不已!

3. 李白的《月下独酌(二)》

天若不爱酒,酒星不在天。地若不爱酒,地应无酒泉。天地既爱酒,爱酒不愧天。已闻清比圣,复道浊如贤。贤圣既已饮,何必求神仙。三杯通大道,一斗合自然。但得酒中趣,勿为醒者传。

解读:《月下独酌》是李白写酒的代表名篇。其中的“花间一壶酒,独酌无相亲。举杯邀明月,对影成三人。”写出了寂寥者饮酒的旷达之处。这里“三杯通大道,一斗合自然。”道尽了饮酒之后的畅快感受,尤其是“但得酒中趣,勿为醒者传。”更是所有嗜酒之人都曾经领悟过的饮酒之乐:在醉乡里暂时摆脱了日常礼法的束缚,于冥冥中获得了精神的自由!

4. 辛弃疾的《破阵子》

醉里挑灯看剑,梦回吹角连营。八百里分麾下炙,五十弦翻塞外声,沙场秋点兵。马作的卢飞快,弓如霹雳弦惊。了却君王天下事,赢得生前身后名。可怜白发生!

解读:辛弃疾的这首词写尽了人生的无奈,但是却写得壮怀激烈。蹉跎岁月,借酒消愁。不过,诗人的愁苦是那么的壮烈,那么的豪气! 挑灯看剑过后醺然入梦。梦见什么? 将士战前饱餐烤牛肉,千军万马整装待发,将士一心同仇敌忾即将上阵杀敌。马作的卢飞快,弓如霹雳弦惊,战争的气势多么宏大、多么紧张和凄惨! 建功立业之后的结局呢? 可怜白发生! 一切皆为泡影。

5. 柳永的《雨霖铃》

寒蝉凄切,对长亭晚。骤雨初歇,都门帐饮无绪,方留恋处,兰舟催发。执手相看泪眼,竟无语凝噎。念去去,千里烟波,暮霭沉沉楚天阔。

多情自古伤离别,更那堪,冷落清秋节。今宵酒醒何处? 杨柳岸,晓风残月。此去经年,应是良辰好景虚设。便纵有千种风情,更与何人说!

解读:此词写别情,尽情展现与亲密爱人即将生离之不忍之情,情深意长而浑厚绵密。尤其是词末"便纵有千种风情,更与何人说!"余恨无穷,余味不尽,令人怅惘伤感不已! 其中的"今宵酒醒何处? 杨柳岸,晓风残月"乃是古今佳句。

6. 苏轼的《竹叶酒》

楚人汲汉水,酿酒古宜城。春风吹酒熟,犹似汉江清。耆旧何人在,丘坟应已平。惟余竹叶在,留此千古情。

解读:苏学士以非常质朴的语言,描写出古代宜城人造酒的辛劳以及酒质之美好,同时也表达了自己对宜城的诚挚热爱,以及当时超脱潇洒的心态。"惟余竹叶在,留此千古情。"读后令人顿有沧海桑田之感。

7. 陆游的《闭门》

闭门何所乐,聊息此生劳。霜薄残芜绿,风酣万木号。研朱点周易,饮酒读离骚。断尽功名念,非关快剪刀。

解读:秋尽冬初的时节陆游在家闭门读书。读什么书?《周易》、《离骚》。《周易》乃是一部占卜之书,难道陆游也热衷卜算自己的将来? 不是,他关心的是国家的未来! 不然的话他读《离骚》何故? 而且还是饮酒读离骚。大概是为了排遣自己如同屈子一般的忧心忧国却又报国无门的落寞之意吧。

二、文学作品中的酒

1.《红楼梦》中的酒

第四十回　史太君两宴大观园　金鸳鸯三宣牙牌令
(节选)

凤姐儿忙走至当地,笑道:"既行令,还叫鸳鸯姐姐来行更好。"众人都知贾母所行之令必得鸳鸯提着,故听了这话,都说:"很是。"凤姐儿便拉了鸳鸯过来。王夫人笑道:"既在令内,没有站着的理。"回头命小丫头子:"端一张椅子,放在你二位奶奶的席上。"鸳鸯也半推半就,谢了坐,便坐下,也吃了一钟酒,笑道:"酒令大如军令,不论尊卑,唯我是主。违了我的话,是要受罚的。"王夫人等都笑道:"一定如此,快些说来。"鸳鸯未开口,刘姥姥便下了席,摆手道:"别这样捉弄人家,我家去了。"众人都笑道:"这却使不得。"鸳鸯喝令小丫头子们:"拉上席去!"小丫头子们也笑着,果然拉入席中。刘姥姥只叫:"饶了我罢!"鸳鸯道:"再多言的罚一壶。"刘姥姥方住了声。鸳鸯道:"如今我说骨牌副儿,从老太太起,顺领说下去,至刘姥姥止。比如我说一副儿,将这三张牌拆开,先说头一张,次说第二张,再说第三张,说完了,合成这一副儿的名字。无论诗词歌赋,成语俗话,比上一句,都要叶韵。错了的罚一杯。"众人笑道:"这个令好,就说出来。"鸳鸯道:"有了一副了。左边是张'天'。"贾母道:"头上有青天。"众人道:"好。"鸳鸯道:"当中是个'五与六'。"贾母道:"六桥梅花香彻骨。"鸳鸯道:"剩得一张'六与幺'。"贾母道:"一轮红日出云霄。"鸳鸯道:"凑成便是个'蓬头鬼'。"贾母道:"这鬼抱住钟馗腿。"说完,大家笑说:"极妙。"贾母饮了一杯。

解读:《红楼梦》描写的鸳鸯作令官、喝酒行令的情景,是活脱脱的清代上层社会喝酒行酒令的风貌。本节写鸳鸯是令官,在酒宴上指挥全场,包括在贾府至高无上的贾母都须听她调遣,更不用说是其他人等。行令是牙牌令,属于酒令当中的筹令,现代社会很难看到行筹令饮酒的了。

2. 武侠小说里的酒

笑傲江湖之十四论杯
(节选)

祖千秋见令狐冲递过酒碗,却不便接,说道:"令狐兄虽有好酒,却无好器皿,可惜啊可惜。"令狐冲道:"旅途之中,只有些粗碗粗盏,祖先生将就着喝些。"祖千秋摇头道:"万万不可,万万不可。你对酒具如此马虎,于饮酒之道,显是未明其中三昧。饮酒须得讲究酒具,喝甚么酒,便用甚么酒杯。喝汾酒当用玉杯,唐人有诗云:'玉碗盛来琥珀光。'可见玉碗玉杯,能增酒色。"令狐冲道:"正是。"祖千秋指着一坛酒,说道:"这一坛关外白酒,酒味是极好的,只可惜少了一股芳冽之气,最好是用犀角杯盛之而饮,那就醇美无比,须知玉杯增酒之色,犀角杯增酒之香,古人诚不我欺。"令狐冲在洛阳听绿竹翁谈论讲解,于天下美酒的来历、气味、酿酒之道、窖藏之法,已十知八九,但对酒具一道却一窍不通,此刻听得祖千秋侃侃而谈,大有茅塞顿开之感。只听他又道:"至于饮葡萄酒嘛,当然要用夜光杯了。古人诗云:'葡萄美酒夜光杯,欲饮琵琶马上催。'要知葡萄美酒作艳红之色,我辈须眉男儿饮之,未免豪气不足。葡萄美酒盛入夜光杯之后,酒色便与鲜血一般无异,饮酒有如饮血。岳武穆词云:'壮志饥餐胡虏肉,笑谈渴饮匈奴血,'岂不壮哉!"令狐冲连连点头,他读书甚少,听得祖千秋引证诗词,于文义不甚了了,只是"笑谈渴饮匈奴血"一句,确是豪气干云,令人胸怀大畅。祖千秋指着一坛酒道:"至于这高粱美酒,乃是最古之酒。夏禹时仪狄作酒,禹饮而甘之,那便是高粱酒了。令狐兄,世人眼光短浅,只道大禹治水,造福后世,殊不知治水甚么的,那也罢了,大禹真正的大功,你可知道么?"

令狐冲和桃谷六仙齐声道:"造酒!"祖千秋道:"正是!"八人一齐大笑。祖千秋又道:"饮这高粱酒,须用青铜酒爵,始有古意。至于那米酒呢,上佳米酒,其味虽美,失之于甘,略稍淡薄,当用大斗饮之,方显气概。"

令狐冲道:"在下草莽之人,不明白这酒浆和酒具之间,竟有这许多讲究。"

祖千秋拍着一只写着"百草美酒"字样的酒坛,说道:"这百草美酒,乃采集百草,浸入美酒,故酒气清香,如行春郊,令人未饮先醉。饮这百草酒须用古藤杯。百年古藤雕而成杯,以饮百草酒则大增芳香之气。"令狐冲道:"百年古藤,倒是很难得的。"祖千秋正色道:"令狐兄言之差矣,百年美酒比之百年古藤,可更为难得。你想,百年古藤,尽可求之于深山野岭,但百年美酒,人人想饮,一饮之后,便没有了。一只古藤杯,就算饮上千次万次,还是好端端的一只古藤杯。"令狐冲道:"正是。在下无知,承先生指教。"岳不群一直在留神听那祖千秋说话,听他言辞夸张,却又非无理,眼见桃枝仙、桃干仙等捧起了那坛百草美酒,倒得满桌淋漓,全没当是十分珍贵的美酒。岳不群虽不嗜饮,却闻到酒香扑鼻,甚是醇美,情知那确是上佳好酒,桃谷六仙如此糟蹋,未免可惜。祖千秋又道:"饮这绍兴状元红须用古瓷杯,最好是北宋瓷杯,南宋瓷杯勉强可用,但已有衰败气象,至于元瓷,则不免粗俗了。饮这坛梨花酒呢?那该当用翡翠杯。白乐天杭州春望诗云:'红袖织绫夸柿叶,青旗沽酒趁梨花。'你想,杭州酒家卖这梨花酒,挂的是滴翠也似的青旗,映得那梨花酒分外精神,饮这梨花酒,自然也当是翡翠杯了。饮这玉露酒,当用琉璃杯。玉露酒中有如珠细泡,盛在透明的琉璃杯中而饮,方可见其佳处。"忽听得一个女子声音说道:"嘟嘟嘟,吹法螺!"说话之人正是岳灵珊,她伸着右手食指,刮自己右颊。

(中略)祖千秋道:"就罚我将这些酒杯酒碗,也一只只都吃下肚去!"桃谷六仙齐道:"妙极,妙极!且看他怎生……"一句话没说完,只见祖千秋伸手入怀,掏了一只酒杯出来,光润柔和,竟是一只羊脂白玉杯。桃谷六仙吃了一惊,便不敢再说下去,只见他一只又一只,不断从怀中取出酒杯,果然是翡翠杯、犀角杯、古藤杯、青铜爵、夜光杯、琉璃杯、古瓷杯无不具备。他取出八只酒杯后,还继续不断取出,金光灿烂的金杯,镂刻精致的银杯,花纹斑斓的石杯,此外更有象牙杯、虎齿杯、牛皮杯、竹筒杯、紫檀杯等等,或大或小,种种不一。众人只瞧得目瞪口呆,谁也料想不到这穷酸怀中,竟然会藏了这许多酒杯。祖千秋得意扬扬地向桃根仙道:"怎样?"桃根仙脸色惨然,道:"我输了,我吃八只酒杯便是。"拿起那只古藤杯,咯的一声,咬成两截,将小半截塞入口中,叽叽咯咯的一阵咀嚼,便吞下肚中。

解读:祖千秋论酒杯与酒的关系,虽然有些杜撰的味道,但是古人讲究美酒配美器却是不争的事实。

思考与练习

1.酒的起源传说有哪几种? 专家的观点又如何?

2.《饮膳正要》中关于饮酒过多的害处是如何描述的?

3.说说黄酒的制作方法,并举例比较有代表性的黄酒种类。

4.说说中国白酒的分类方法,并说出几种较有代表性的白酒。

5.简单说说《尚书·酒诰》中的禁酒内容。

6.简单说说我国酒器的发展历史。

7.简单说说饮用黄酒时如何选择与之搭配的菜肴。

8.简单说说酒的疗疾与养生作用。

9.酒令有哪几类?《红楼梦》中描写的酒令属于哪类酒令?

第五章

中国饮食习俗与食礼

第一节 概述

一、民俗及其基本特征

(一)民俗的一些概念

在民俗学研究当中,有许多与习俗相近的词语,如风俗、成俗、习惯、遗俗、风尚等。在普通人的意识当中,这些概念之间的差别并不大,其实,这些概念之间还是有一些差别的。

风俗。风俗也经常被称为习尚,是由历代传承下来,广泛传播于社会和集体的,并且在一定条件下经常重复出现的行为方式。其中,所谓的风是指因自然条件的差异而形成的习尚;所谓的俗则是指因社会条件的不同而形成的习尚。风俗是民众自发的重复行为,那些由政府规章制度引发的行为不能算作风俗。但如果后来这些行为变成民众自觉的行为则成为风俗。

风尚。是指具有道德价值、通过道德关系得以维持的风俗习惯。风尚也不是维护社会纪律和秩序的明文规定,只是一些能够起规范社会民众行为作用的惯常行动方式。

习惯。是指那些在相同条件下由于社会需要而形成的经常重复的行为方式。非社会性的个体的惯常行为方式不是严格意义的习惯。习惯必须为某一群体所共有,具有简化社会活动过程和调节人们行为的作用,是风俗传承的重要工具和纽带。

民俗同化。是指不同民俗在传承、传播的过程中,因为相互影响而逐渐消除差异并趋于同一的过程。自然和社会文化因素是造成民俗差异的主要原因,但是不同民族文化或者不同地域的人群在长期的相互交往的过程中,相互之间就会产生不同程度的异俗同化现象。一个强势的民族或文化群体,还会使与之交往的比较弱势的民族或文化群体产生趋从性质的异俗同化现象。

此外,还有一些其他概念,如民俗事象即民俗的外在形态或民俗活动的表现形式,民俗实物即民俗活动中产生的具有代表性的典型器物等。本书所说的习俗主要是指风俗和习惯。

（二）民俗的基本特征

首先,民俗具有传承性。传承性或继承性是指民俗在传播过程当中,自始至终都保持着相同或相似的内容以及大致相同的表现形式。传承又可分为性质传承和形态传承等。其中,性质传承是指民俗的信仰等内在因素的传承,形态传承是指民俗活动的外在形式的传承。民俗传承过程中,习惯是最为重要的传承纽带。

其次,民俗具有历史性。历史性有时也称为时代性。不同的历史时期,有着不同的社会政治经济环境,这些环境对民俗的产生、发展乃至消亡具有重要的影响。在漫长的历史发展过程中,很多民俗已经消亡,或者时过境迁发生改变,同时也有一些新的习俗不断产生。所以说,某些特定的民俗也是特定的历史时期的独特标志。

再次,民俗具有地域性。地域性或称地方性,又称地理特征或者乡土特征,是指民俗的产生发展与其所依存的当地生产生活特点息息相关。"十里不同风,百里不同俗"是对民俗地域性特征十分形象的写照。

最后,民俗具有变异性。民俗在传播过程当中,总会受到当地的政治经济文化的限制,会产生所谓的涵化现象,其表现形式或内涵实质会发生某种程度的变化。此外,在不同的历史时期,民俗也会适应当时的社会经济文化的变迁而不断地微调。

二、饮食民俗的含义与范围

（一）饮食民俗的含义

饮食民俗是指人们在筛选食物原料、加工、烹调以及食用过程中所积累并传承下来的风俗习惯。

（二）食俗范围

中国人的传统饮食习俗是植物性食物原料为主,谷类食物被定义为主食,意为每餐不可缺少的食物;蔬菜和肉类、鱼类等被定义为副食,每餐饭可以多一些也可以少一些或者没有也可;喜欢喝茶和饮用蒸馏酒。在主食烹调方法上,主要采用水加热和蒸汽加热,副食烹调方法主要用炒制;讲究味道,五味调和是中式烹调一个十分显著的特征;就餐形式是合餐制,使用筷子进食。中国人追求天人合一的人生境界,在不同的季节时令,几乎都有与之相适应的饮食习俗。此外,中国不同少数民族的饮食习俗也是异彩纷呈,成为中华民族饮食风俗里的重要组成部分。

饮食习俗的研究范围十分广泛。由于篇幅和结构的限制,本书只对中国的节令食俗和少数民族食俗进行重点介绍,对部分传统食礼则酌情简要介绍;其他内容如食具、烹调加工等参见本书第六章内容。

三、饮食民俗的类型

按照乌丙安先生的观点,饮食习俗可分为三个大类型,即日常生活需要的饮食惯制、节日礼仪需要的饮食惯制以及信仰上的饮食惯制。具体的饮食民俗种类主要有以下几类。

(一)日常食俗

所谓日常食俗是指从生理需要出发,为了达到恢复体力的目的所形成的饮食习惯。包括节制饮食的次数、食量的分配以及间隔时间的规定等。日常食俗研究的主要内容包括食物的制作方式和食用方式。中式宴会是中国人日常生活中比较重要的食俗。一般而言,宴席具有注重菜点系列化、进餐的程序化以及环境气氛主题化等诸多特点。按照上菜程序主要有开胃小菜、冷盘、热炒、大菜、汤羹、主食以及餐后甜点,并且酒水贯穿整个宴席过程。各种菜肴讲究色泽搭配、味型搭配以及荤素搭配等,根据宴会主题不同还十分讲究进餐仪式,满汉全席是中式宴席集大成者(参见第六章中式烹调和食用方式部分内容)。

(二)祭祀食俗

相关文献表明,中国最早的祭祀可以追溯到殷商时期。在甲骨文里曾经发现了中秋祭月、元日祭神、正月祭祀星神、社日祭祀社稷神等记载。通过举行一定的仪式,将不同种类和数量的食物(例如猪、牛、羊、鸡等,还有各种谷物和蔬菜水果等,或者是各种加工成熟的食物)按照规定奉献给祭拜对象,是祭祀的普遍形式。

(三)待客食俗

生活在世俗的社会当中,人情往来是日常生活中非常重要的组成部分,由此形成了诸多的待客食俗。例如,在人情往来的过程中,相互馈赠食物是中国民间普遍的习俗,在一些特殊的节日当中,例如中秋节、端午节、重阳节等日子里,人们相互馈赠月饼、粽子、重阳花糕庆祝节日。请客吃饭时,根据客人的亲疏远近来决定陪客吃饭的成员,一般而言,妇女和儿童不能上桌作陪。此外,"客来敬茶"也是我国民间传统的待客之道。

(四)饮食宜忌

禁忌的产生是源于人们因对某种神秘力量产生恐惧而采取的消极防御措施。禁忌是非理性的,也是无法验证的约定俗成的禁令,绝大多数的禁忌都与宗教信仰有联系。饮食禁忌普遍存在于中国人民的日常生活之中。例如,忌讳以筷子敲打饭碗,因为乞丐经常敲打饭碗乞讨。再如忌讳扣碗,因为生病之人喝完药后要把药碗扣起来以示今后不再吃药,所以日常饮食生活忌讳于此。此外,还有一些因为宗教信仰产生的忌讳。如喇嘛教禁止教徒食鱼虾,佛教和道教忌食荤腥等。

（五）人生重要节点的饮食习俗

1. 生育习俗

主要包括求子、怀孕和诞生三个阶段的习俗。在求子阶段，主要是亲朋好友向希望生子的家庭和妇女馈赠一些有象征意义的食物，如南瓜、鸡蛋、芋头、生菜等；在怀孕阶段，主要是对孕妇进行饮食安排，如苹果、桂圆、鸡蛋一类的食物要尽量多吃，而兔子肉和荸荠则禁食，因为可能造成新生儿出现"兔唇"病患或残疾；在诞生阶段主要有报喜、满月、百日、周岁等习俗。生产完毕之后报喜用的食物主要有鸡蛋（男孩送单数女孩送双数）和鸡（男孩送公鸡女孩送母鸡），孩子满月时一般要准备满月酒宴请宾客，百日时要举办隆重的仪式并宴请宾客，周岁时小孩要吃鸡蛋面条（有的地方吃周岁粽）以示庆贺。

2. 婚嫁习俗

婚嫁是人生大事，我国不同地区的婚嫁习俗各有特点。江南地区过去以三茶礼较为普遍：订婚时喝"下茶"，结婚时喝"定茶"以及同房时喝"合茶"。另一说法是婚礼中要喝三道茶：头道茶为白果茶，二道茶为莲子枣子茶，最后再喝一道茶，寓意婚后生活幸福，子孙满堂、白头偕老，夫妻之间相敬如宾、互敬互爱。

3. 祝寿习俗

无论古今中外，生日都是世界各族人民十分重视的日子。中国汉族人习惯上将生日分成两大类别，一类是六十岁以下的生日，一类是六十岁及其以后的生日。其中，六十岁及其以后的生日美其名曰"做寿"。祝寿宴席上鸡蛋和面条是必不可少的，有的还专门制作寿桃以示吉祥。

4. 丧葬习俗

在中国亲友亡故、出殡、服丧期间，家人往往也用特定的饮食礼仪方式表达对逝去亲人的缅怀和悼念。丧葬饮食习俗一般包括对死亡亲人的食物供奉和对家人的饮食限制。供奉的主要是一些逝者生前喜爱的食物，家人则一般要减少饮食或斋戒。

第二节　中国年节文化食俗

一、概述

在漫长的历史发展过程中，中华民族创造了光辉灿烂的文化，丰富多彩的年节饮食文化是其中较有代表的组成部分。传统的二十四节气是中国特有的岁时民俗，中国人也把它们当作节日看待。在一年四季，中国人的年节众多，由此孕育出丰富多彩的年节饮食习俗文化。这里简单介绍春节、元宵节、清明节、端午节、中秋节等重要节日的饮食习俗。

二、主要节令食俗

1. 春节食俗

农历正月初一是中华民族一年当中最重要的传统节日——春节。我国过年的历史,可以上溯到尧舜时期,到了汉武帝时期才正式确定以农历正月初一为"岁首"。春节在古代还被称为"元日"、"元旦"等,辛亥革命之后我国采用公历纪年才改称"春节"。春节期间,我国人民有吃年糕的习俗,寓意"年年高"。饺子也是新春佳节期间不可或缺的年节食物,屠苏酒也是春节饮用的美酒,王安石就曾经在《元日》里写道:"爆竹一声旧岁除,春风送暖入屠苏。"此外,食用五辛盘、吞盐豉等也是春节的饮食习俗。

2. 元宵节食俗

农历正月十五是元宵节,又称为上元节、灯节,是农历新年的收尾日子。由于元宵之夜是新年里第一个月圆之夜(元是"第一个"的意思,宵是"月圆之夜"的意思),按照中国天人合一的理念,晚上家家户户要挂红灯,吃元宵庆贺家族团圆。元宵是元宵节的主要食品,有的地方把元宵叫作"汤圆"、"圆子",一般用糯米粉制成,从种类上说分为实心的和带馅的。其中带馅的元宵主要以酒酿元宵、五辛元宵(葱、荸、蒜、韭、姜)和五味元宵(肉馅、豆沙、芝麻、桂花、果仁)为代表。

3. 清明节食俗

清明节是二十四节气之一,一般在公历 4 月 5 日前后。旧俗在清明节之前还有寒食节。寒食节期间禁火冷食。清明节人们有踏青、扫墓和野炊的习俗。清明节经常食用的饮食品种有糯米团、馓子、鸡蛋等。

4. 端午节食俗

农历五月初五为端午节,又称端阳节、龙船节、粽包节等,是我国民间重要的节日之一。关于端午节的起源有很多说法,有说源于远古华夏族的祭龙活动,还有一说是纪念爱国诗人屈原等。端午节的时令食俗是吃粽子、饮雄黄酒,还有插菖蒲赛龙舟等活动。由于农历五月时已是盛夏,蚊蝇滋生,人的健康容易受到侵害,古人想出许多切实有效的办法来防止疾病的发生。用雄黄、蒜头、菖蒲根浸酒洒在墙壁上,或者在室内点燃艾枝熏烟,都可以达到驱杀害虫的功效。此外,吃大蒜可以促进食物消化,还能杀菌防病,即使用现代科学观念来看也是值得提倡的;少量饮酒能够促进血液循环,提高人体抵抗力;赛龙舟可以强身健体。由此可见,端午节是一个防疫疾病强身健体的传统节日。

5. 中元节食俗

农历七月十五是中元节,俗称"鬼节",又称祭祖节、盂兰盆节,是佛、道两家共有的祭祀祖先和亡魂的节日。节日的祭祀活动从农历七月初一开始,直到七月三十日为止,活动时间长达一个月。中元节始于南北朝梁武帝时期,兴盛于唐宋时期。佛教与道教对这个节日的意义各有不同的解释,佛教强调孝道,道教则侧重为那些从阴间放出来的无主孤魂做"普度"。

6.中秋节食俗

中秋节又名仲秋节、八月节、拜月节,是我国传统的文化节日。中秋节的主要活动是家人团圆和赏月。中秋节吃月饼的风俗起源于唐代,但是历史上明确记载月饼之名的时期却是在南宋。月饼的外形一般都是圆形,寓意家家团圆欢乐共享。此外,中秋节还有拜月、赏月、吃月饼、吃水果的风俗。由于八月十五正值丰收季节,届时家家都要置办佳肴美酒,尽情地开怀畅饮,表达丰收的喜悦之情,由此形成丰富多彩的中秋饮食习俗。

7.重阳节食俗

农历九月初九是我国传统的重阳节,也称重九节、登高节、九月九、茱萸节、菊花节、敬老节等。每年的这一天,人们都要登高望远、观赏菊花,还要吃菊花糕、饮菊花酒、插茱萸以祛灾辟邪。唐朝诗人王维的《九月九日忆山东兄弟》中"遥知兄弟登高处,遍插茱萸少一人"就是重阳节的形象写照。此外,重阳节时正值菊花盛开螃蟹上市,因此重阳节又是古代文人墨客赏菊食蟹的日子。

8.冬至节食俗

古代中国人对冬至极为重视,宋朝孟元老在《东京梦华录》中记载:"京师最重冬至节,虽至贫者,一念之间积累假借,至此日更易新衣,备办饮食,享祀先祖,庆贺往来,一如年节。"冬至节的习俗包括馈送、贺冬、馈赠老师豆腐等。馈送是指冬至前夕亲朋好友之间相互馈赠食物"冬至盘",贺冬就是节日期间亲朋好友之间相互拜贺。此外,北方的一些地区也有冬至日学生要给老师送豆腐祝贺的习俗。冬至节的主要食物还有馄饨、冬至团和赤豆粥等。

9.腊八节食俗

农历十二月初八是腊八节,简称腊八。腊八节也被称为佛成道节。相传佛祖释迦牟尼成佛之前绝欲修行,由于饥饿劳顿昏倒在路旁。一个牧羊女发现了昏迷的释迦牟尼,急忙用黏米、糯米、野果煮成稀粥对其进行施救。释迦牟尼获得食物之后重新恢复精力,在菩提树下静观默想,终于在腊月初八悟性成佛。此后,佛教徒在腊八这一天聚会举行盛大法会,并施腊八粥纪念佛祖。腊八不但为佛教信徒所重视,也是中国民间的传统节日。在我国,腊八节被固定在农历十二月初八始于南北朝时期,并且形成了腊八节吃腊八粥的食俗。腊八粥在不同的历史时期食材略有差异,并不拘泥于必须由八种原料组成。例如宋朝时期腊八粥主要由胡桃、松子、乳蕈、栗子和米煮成,而明清时期的腊八粥的食物原料组成有的甚至有十八种之多。用莲子、银杏、花生、红枣、松子再添加姜桂等调料与大米同煮制成的腊八粥具有滋补身体、温暖手足的功效。

10. 小年夜和除夕的食俗

小年夜是腊月二十四,这一天要送灶神、扫屋子,还要做糯米粉团、胶牙饧和糯米糖,因为这些食物的黏性十足,能够封住灶神的嘴,如此一来灶神不能在天上向玉帝说家里的坏话。大年夜是腊月三十,这天晚上全家人要团聚在一起共同守岁,放鞭炮、吃饺子迎接新年的到来。

第三节　中国主要少数民族的食俗

一、朝鲜族食俗

朝鲜族的饮食特色主要有:(1)用料就地取材,比较广泛。(2)烹饪中常用炖、煎、炒、拌之法,腌泡小菜,烹制狗肉,制作米食、冷面等方法独特,讲求精细美观。(3)调味以咸鲜为主,佐以辣、麻、香、酸。(4)菜肴大都具有滋补保健作用。

朝鲜族的饮食种类主要有神仙炉、补身炉(火锅之类)、铁锅里脊、生拌明太鱼、酱菜、泡菜。主食中打糕、冷面最为著名。泡菜几乎餐餐都不能少。朝鲜族爱吃狗肉。狗肉汤的制作方法独具特色:宰杀洗净的狗肉切成六大块,入冷水浸泡后,置沸水锅中煮熟透,趁热拆除骨头,肉撕作细丝。以熟芝麻、葱丝、胡椒粉、酱油调和后,装碗,加香菜末,浇以辣椒油,再向碗内倒进滚开的原汤,甩入蛋汁而成。

朝鲜族结婚宴请宾客的时候,要先在餐桌上放一只煮熟的大公鸡,公鸡的嘴上还要叼上一只红辣椒寓意婚后生活红火兴旺。尊老爱幼是朝鲜族的美德,即使是普通的家宴也比较讲究,要为老人长辈单独摆放一桌。此外,因为受到汉族饮食文化的影响,朝鲜族也有食疗养生的传统,日常生活中讲究"药饭"、"药食",经常食用的养生保健食材有糯米、大红枣、栗子、蜂蜜、白糖、香油等。每年正月十五,朝鲜族人民有吃药饭的习俗,据说可以避邪,有利于一年的身体健康。

二、回族食俗

回族的饮食特色主要有:(1)取料精洁。按照伊斯兰教义,不洁净的东西不能入口,所以回族风味特别重视烹饪原料的卫生,选料取料非常严格。(2)烹调工艺精细。无论是菜肴,还是面点小吃,回族烹制无不精工细作,确保质量。(3)花色品种丰富。回族清真食品自成一系,菜品多达500多种,面点、小吃等多达千种以上,深受各民族的欢迎。(4)有明显的地域性。回族风味大致分为西北、西南和京津华北三大流派。西北善烹牛羊肉、制作面食,风格古朴;西南善于制作家禽、菌类、蔬类和米面食,讲究清鲜;京津华北取材广泛,包括牛羊禽蛋、果蔬米面等,烹调善火候刀工。

回族的饮食种类众多,日常生活中经常食用的饮食小吃有油香、馓子、炸糕、酿皮、拉面、西安牛羊肉泡馍、伊斯兰烧饼、绿豆皮、牛肉米、烤羊肉串等。在传统的宗教节日上都有相应的食物与之对应。开斋节(新疆地区称为肉孜节)各家都要准备油香、馓子、羊肉粥等食物,古尔邦节则要宰杀牛羊或鸡鸭鹅招待亲友,圣纪节则聚集在清真寺听阿訇讲经,然后聚餐。

全羊席是回族饮食的代表。据熊四智先生的《中国烹饪学概论》记载,全羊席常用108种菜品,分三大组,每组36个菜。这36个菜又是由6个冷菜,6个大件以及24个熘炒菜组成的。其中令人惊叹不已的是,每组菜都是由羊的头部吃到尾部,且风味都独具特色,配合每一组菜还有适量的面食、点心。

三、壮族食俗

壮族的饮食特色主要有:(1)烹饪原料范围广泛。(2)烹调方法主要是煮,从主食到菜肴的制作均以煮为多。此外也采用蒸、烤、腌等方法制作食物。(3)喜食甜。壮族的日常生活中甜食很多,如糍粑、五色糯米饭等,连水晶包也要加糖,玉米粥更是如此。

五色糯米饭是壮族有名的传统美食。每年的"三月三"歌节等重要节日,家家户户都要制作五色糯米饭。五色糯米饭是采用紫藩藤、黄花、枫叶、红蓝草浸泡之后的清液,与优质糯米合而蒸之,不仅色彩斑斓而且味道香醇,象征着美好的生活前景。此外,我国的桂北壮族还喜欢吃糍粑,居住在山区的壮族则喜欢吃南瓜、红薯糯米饭,桂南壮族最喜欢吃油炸果。

四、蒙古族食俗

蒙古族的饮食特色主要有:(1)以羊、牛肉类、奶类为主要原料,辅以面、茶、酒等,制作"红食"(肉制品)、"白食"(奶制品)。(2)烹调方法以烤、煮、烧为主,代表性菜肴多以此三种方法制成。(3)味型以咸鲜为主,辅以胡辣、奶香等。

蒙古族的饮食种类比较丰富。菜式从筵席到大众便餐层次丰富,名菜有烤全羊、烤羊腿、手把肉等。此外,面奶小吃制品非常丰富,奶类制品如酸奶干、奶油、奶油渣、酪酥、奶粉、奶皮子、奶豆腐等是蒙古族人民日常生活中必不可少的饮食品种。蒙古族也讲究食疗保健,羊肉奶茶、米奶茶、酸马奶等是较有代表性的保健饮料。

五、维吾尔族食俗

维吾尔族的饮食特色主要有:(1)取料精洁。(2)烹饪方法以烤、煮、炸为主,有的方法极富特色,如烤制馕。(3)口味以鲜咸为主。常用辛辣的孜然调味,亦颇具特色。(4)常以瓜果佐食。

维吾尔族日常生活中经常食用的食物有烤全羊、手抓羊肉、羊杂碎、烤南瓜、馕、羊肉抓饭、油馓子、哈勒瓦(面粉、羊油等制作的糊状甜食)、曲连(面粉、杏干等制品)等。其中,羊肉抓饭是极具民族特色的传统食物,主要原料由大米、羊肉、胡萝卜、植物油以及少量的盐、葱等调料组成。维吾尔族的传统小吃烤羊肉串深受我国人民的喜爱。

六、藏族食俗

藏族的饮食特色主要有:(1)烹调以煮为主,兼用炖、熬、蒸、炸等方法。牛羊肉讲究新鲜,大火猛煮,开锅即食,以鲜嫩为佳。(2)调味以咸为主,多辅以酥油、奶等,如酥油茶、奶茶均为咸味。(3)植物性食物少,以动物性食物为主。

藏族日常生活中经常吃的食物因地制宜。四川的藏族经常吃"足玛"和"炸馃子"。其中足玛是青藏高原野生植物蕨类的一种,俗称人生果,当地春秋可以采挖,是藏族名贵菜肴使用的重要原料。云南的藏族还会将猪肉抹上花椒和食盐之后再用石板重压制成味道独特的"琵琶肉",冬季将鲜肉制成风干肉即"牛羊干巴"来贮存。此外,藏医十分注重食疗。以酥油茶为例,其中的原料就有核桃仁、芝麻、牦牛奶、花生米等,均为健脑益智延年益寿的食物品种。

七、苗族食俗

苗族的历史十分悠久,经千百年的发展变迁,现在主要分布在云、贵、川、两湖及广西等省区。苗族大部分居于温湿地区,农作物以稻、麦、玉米及各种蔬菜为主,居住在山区的苗族以玉米为主要食物,常饲养家禽、家畜为副食。苗族烹调历史悠久,并形成了独特的饮食习俗。如湖南苗族腌制肉类的方法,与古代制"鲊"相似,并且称谓也与古代相同,现在仍然还叫"鲊"。绝大部分的苗族口味上喜食酸辣,对糯米制食品也较为喜爱。

八、傣族食俗

傣族居住在云南的西双版纳和德宏地区,早在2000多年以前就学会了种植水稻,生产的粳米和糯米至今也非常有名。傣族的食谱广泛,烹饪原料种类较多。烹调方法上善于使用烧、烤、凉拌、腌制之法。口味上喜食酸辣和糯香,佐食菜肴及小吃均以酸味为主并辅之以辣。另外,喜食苦味也是其特色之一,嚼食槟榔就是傣族人的一个饮食习俗。

第四节　中国食礼简介

一、何谓食礼

纵观古今中外不同民族,几乎都有富有本民族特色的饮食礼仪。中国人的饮食礼仪是其中比较发达和完备的,正如《礼记·礼运》所说:"夫礼之初,始诸饮食"。根据历史文献记载可知,在我国周代时期,就已经形成了非常完整的饮食礼仪制度。这些饮食礼仪制度在漫长的封建社会发展过程中不断得到发展和完善,对调节中国古代社会秩序发挥着不可替代的重要作用。即使在饮食文化高度发达的现代社会里,中国古代饮食礼仪仍然影响深远而广泛,成为现代社会饮食生活领域的重要行为规范。总之,作为"礼"的组成部分,食礼就是聚餐宴饮领域的社会规范和典章制度,是餐饮活动中的文明教养的集中体现,也是餐饮活动当中的交际准则。毫不夸张地说,无论是主人还是客人,他们对食礼的掌握程度,是决定一次盛大聚会成功与否的重要因素。

二、古代食礼

(一)迎宾及升堂之礼

当客人与主人的身份等级相当或者客人的身份等级高于主人的时候,主人就要到大门外迎接宾客;如果客人的身份地位低于主人的话,主人则只需在大门内迎接宾客即可。在进每道门的时候,主人都要请客人先进。入室之际需要主人引导客人进行:主人和客人分别自东、西两边拾(蛇)级而上,主人先行登阶,客人跟随登阶。值得注意的是,东阶之人先迈右脚,西阶之人先迈左脚,不得随意登阶,否则是失礼行为。

(二)堂上交接之礼

登堂入室之后,要求主人和客人走路要轻缓,不要快进。走路的步伐也有讲究:每一步的距离应当是后脚跟着前脚的正常距离。献礼之时必须注意:若身份等级高者是站立的话,则要求卑微者不能用跪姿,以免位高者须弯腰才能与之交流;同样道理,若身份等级高者是坐着的话,那么位卑者不能站立,否则也是失礼的行为。

(三)扫除布席之礼

扫除之际,当客人比主人身份高贵时,主人应当将扫帚放在簸箕之上双手拿着簸箕而入。布席之际首先要坚持左高右低的原则。如果坐席按照一行排列的话,则以左为尊位;如果为围坐,则需请教位尊者客人的习惯和意愿,以满足位尊者客人意愿为主。

（四）主客进食之礼

食物在餐桌上的摆放位置遵循阴阳法则。切割成大块的带骨的熟肉摆放在左边,切割成小片的无骨的熟肉则摆放在右边(骨为阳而肉为阴);燥热的饭位于左边,羹则位于右边。饭羹靠近身体,胾肉在饭羹之外,醯酱则再外,最远处放置胲炙。醯酱的左边是葱姜等一些佐餐食物。如果客人的身份低于主人,则进食之前要起身向主人致谢,主人则需起身谦辞,然后主人和客人再坐下。正式进餐之前需要进行象征性的祭祀活动,然后按照一定的进食顺序开始进餐。

进餐时要讲究的礼貌主要有:在公用的饭器中取食,手一定要清洁卫生,并且一次不得抓取太多的饭,不要大口地喝汤,不要让舌头弄出响声咂嘴,不要啃骨头,不要专挑自己喜欢吃的菜肴来吃,羹中的菜必须经过咀嚼之后才能下咽。不难看出,这些饮食规范和现代社会的要求基本相同。值得一提的是,古代食礼要求不得在饭后当众剔牙,认为这是非常失礼的行为。

（五）卒食之礼

进食完毕,主人将要撤席。此时,身份低于主人的客人要半起身将自己的剩饭和酱等调料交付给主人家的侍者。

（六）侍奉尊长饮酒之礼

古代有餐后饮酒的习俗。当主人作为尊长赐酒时,年少客人应起立向酒尊摆放的方向施礼。并且,主人赐酒之时,年少的客人和身份低微者是不可以推辞拒绝饮酒的。此外,当主人举爵未饮或饮酒未尽之时,客人也绝对不能在主人之先而把爵中的酒全部饮尽。

除了以上介绍的食礼之外,还有一些饮食规则需要遵守。例如,君长赏赐的果实类食物,如果是有核的,那么吃剩的核是不能随意丢弃的;食用有菜的羹即铏羹,其中的菜需要用筷子夹取,没有菜的肉羹即大羹则要用勺盛取;父母生病期间,碍于人情不得已参与宴会时,食肉不可多且不得饮酒,更不得放声谈笑,只有在父母痊愈之后才可恢复正常饮食。赴宴之时与居丧者邻座,则自己也不能尽情吃喝而饱食,因为那是缺乏同情心的表现。

三、近现代食礼

（一）近代食礼

19世纪中后期的西方观察家在中国各地游历,并根据自己的亲身经验,清楚而完整地记录了中国晚清官场饮食礼俗,这些记载给我们提供了翔实的关于近代中国食礼的资料。具体而言可从以下记载的晚清中国官僚士绅的宴请礼节略见一斑。

首先是请帖的发放。中国人的宴请,通常会在宴会之前的两三天发出请帖。被邀请者接到请帖之后,可以口头答复送信的人表示请帖收到,也可以采用更为礼貌的方式,在自己准备的名片上写一些"非常感谢邀请""非常荣幸"之类的客套话托人带回。如果是拒绝赴宴的话，则需要用信封把请帖装起来，并同时附上另外一张"壁帖"，上写"敬谢顿首"、"心领谢"之类的较为委婉的拒绝赴宴的客套话。当请客人收到返回的请帖和"壁帖"之时，就会对客人拒绝出席之意心知肚明，一般情况下再努力邀请其他一些不重要的客人充数。如果请帖是宴会当日发出，被邀请者则可以口头答复；如果无法出席的话则需要书面辞谢，在一张名片上写"辞谢"两字交给送请帖的人带回交差。对于非常重要的客人，则要准备特殊的请帖，上书"速驾"两字以示尊敬，同时有恳请救场的请求含义在内。而得到这样请帖的客人，大都会拨冗出席应酬，否则此后无法再与主人继续来往。

　　请帖发出之后就是要进行各种准备工作。到了宴会那一天，万事俱备，只欠客人到场。宴会正式开始前，主人须在花厅迎候客人的到来。当主客见面之后，双方要非常礼貌地相互作揖，客人把主人的请帖还给主人。然后入座等候其他客人的到来。为避免大家到齐恭候未到之人的尴尬情形出现，客人要掌握好时间恰到好处地赴宴，不能太早到更不能迟到。先到的客人被安排在尊位，但是当有比他身份地位高的客人到来之际，先到客人就要非常识趣地让出尊位，自己坐到比较次等的位置等候开宴。如果是主客最先到坐在尊位上，那么后来的客人到达之时，这位主客也要站起来假装揖让，只有在后者坚决推辞不肯就座之后才重新坐回到尊位。期间，每位宾客到来之际，先到的宾客都要起立表示敬意。

　　客人到齐之后主人请宾客入位。如果客人之间的身份地位相差无几，主人会说"请宽衣"请客人脱下外套；客人响应主人的盛情好意回答"遵命"并脱下外套。如果客人身份地位相差较大或者有级别很高的重要人物在场则要正襟危坐。主人请客人就座，但是客人无一例外都会拒绝坐在尊位，此时需要主人施加"压力"劝说主客，而其他客人也会帮衬主人劝告主客就位。主客最终接受众人的劝说坐在主位，并对其他客人道歉说"占座，恕放肆"，其他客人则回答说"岂敢"。值得注意的是，过分谦虚退让和过分大胆不知退让都是失礼的行为。一个最合适坐在上位的客人坚持拒绝享受这一尊荣，就会使主人感到相当尴尬和无趣。此时最好的为客之道就是坚持"客随主便"的原则，最终听从主人的安排才是上策。

　　主人开始依次为客人杯中斟酒，然后端起自己的酒杯，说声"请"，只有在所有客人都把酒杯端到嘴边之后，主人才能开始喝酒；客人们则回以敬意，并请主人同饮。只有当所有客人酒喝完把酒杯放下之后，主人才能最后放下酒杯。然后，宴会气氛就开始活跃起来，可以谈论一些时尚的话题。但是注意谈话的主题要恰当，如在喜庆的场合就不适宜谈论悲伤的话题，客人脸上有疤痕的话则不适合谈论类似于"斑痕"、"疤痕"的话语，等等。主人基本不参与客人之间的交谈，他的任务是照料好客人，并且在恰当的时候向客人敬酒并调节席间氛围。

　　当席面上的冷盘、水果、小甜点被品尝过后，热菜就开始源源不断上桌。此时主人要拿起筷子，指着第一道菜，请客人拿起筷子随便吃。客人们则拿起筷子说

"请",开始夹菜吃,主人最后一个夹菜吃。如果主客放下筷子没有夹菜,那么其他的客人也要停止夹菜。此时,主人就要夹一小块精心挑选的食物放在主客的盘子里。面对主人的如此厚爱,主客要作揖答谢并说一些感谢的话语,但不要吃而要以同样的方式从另一道菜中夹取一小块精美的食物放在主人的盘子里,主客互相夹菜之际嘴里要说"请"。一旦主人和主客这样的互动完毕,其他客人才可以毫无顾忌地开始吃菜。席间每道菜都是如此遵守先后顺序。吃过几道菜之后,客人要对美味佳肴进行赞美,主人则需要说一些自我贬低的话以示谦客气。每次喝酒也要遵循先后的顺序,而不是由着客人喜好自斟自饮。

席间经常有"划拳"的游戏出现。一般情况是由主人邀请主客开始。主人会对客人说"请让",客人则回答"彼此彼此"。通过划拳会活跃宴席之间的氛围,减少客人的拘束感,使客人能够充分地放松心情。不喝酒或者酒量浅的客人则可以请别人代为参加,或者干脆地说"不善拇战"而拒绝。

当所有的菜上完之后,酒也喝得差不多尽兴了,此时主食就上来了。一般情况下,主食就是米饭。在众人划拳饮酒的过程中,如果某位客人酒量浅,也可以请他先吃饭。该客人吃完饭之后不能马上放下筷子,而要一直握在手里等候主人发话"请宽坐",此时客人回答"遵命不陪",然后才能放下筷子离席。在吃米饭的时候,主客应当与其他客人同时吃完才合乎礼貌。如果主客先吃完,那么其他客人就不得不十分仓促地把饭吃完;反之,如果主客吃饭时间过长,或者吃饭途中被谈话或其他事项耽搁了,此时其他客人只能被迫端着饭碗等着主客吃饭,场面气氛就显得十分呆滞尴尬。值得注意的是,当米饭端上桌之后,各种菜就允许自由夹取食用了。

在整个宴会期间,浸在温水或开水中的毛巾会穿插着端上来依次递给客人们。如果由于仆人的无知或其他原因,把毛巾先递给身份地位低的客人,这位客人最好不要使用,而是将毛巾递给主客,或者直接嘱咐仆人递给主客。如果毛巾是由主人亲自递上来的,客人应该起立双手接住。按照礼节,除非是主客先行站立,否则其他人从桌面上站起来是不对的(但在酒宴游戏期间如划拳时例外)。

吃饭结束之后,主客应当最先离开桌子。离开桌子时,主客要对主人说"敬谢费心",主人则回答"客气怠慢"。其他客人随着主客和主人来到另一个房间,仆人送上来湿热的毛巾让客人擦手擦脸,同时奉上茶水和烟草。一般情况下饭后客人不会再待很长时间,当主客离开时就会对主人作揖说"多谢",主人则作揖回答"客气怠慢"。然后主人把主客送到门口,此时其他客人要站起来与他们作揖道别但不要陪他们一起出去。当主人送完主客返回时,其他客人就同时告辞离开。

(二)现代食礼

现代社会日常聚餐或商务宴请十分频繁,封建社会中的各种繁文缛节几乎已经绝迹。但是,一些基本的赴宴礼节还是需要遵守。这里主要介绍宴席座次安排和宴会聚餐时的基本礼节。

1.首席确定与餐桌的排布

中式宴席一般用方桌或圆桌,每桌 8 人、10 人或 12 人,根据实际情况而略有不同。餐桌上一般都有约定俗成的"上座"即首席,绝大多数的情况下,靠近正对餐厅大门的室壁或者餐厅最深处的室壁的就是首席。特殊情况下,也可根据主客的需要来安排座次,以满足客人需要为原则。如果宴会的档次高并且客人数量多,那么餐桌的排布就需要认真考虑仔细斟酌。既要考虑宴会厅的大小与形状、门的朝向、主体墙壁的位置,也要考虑宴会主题及形式。例如有的宴会当中还有歌舞表演助兴,需要首席的位置便于欣赏。

2.入座的顺序

民间家庭或亲朋好友聚会就餐时,如果客人是同等辈分,一般情况是年长者先就座年幼者居后就座。如客人的辈分不同,则辈分高先就座辈分低后入座。如果是长辈请晚辈,虽然晚辈是客人,但也要礼让长辈先就座然后自己才能就座。此外,客人也可按照关系亲疏远近依次就座。主人要坐在第一桌招呼客人。值得注意的是,有些地方有特殊的习惯需要遵守:外甥结婚的喜宴上舅舅坐首席,岳父母祝寿的喜宴上女婿地位上升要坐首座,其他人的辈分再高关系再近也必须礼让。

3.宴会就餐的礼仪要求

(1)接受邀请。当接到请柬或有人邀请时,无论能否出席都应尽早答复对方,以便主人妥善安排。一般情况下,在接到别人的请柬后,如无特别重要的事情都应该接受邀请准时赴宴。

(2)宴前准备。参加宴会时要注意衣着打扮。赴喜宴时可穿一些喜气的衣服;相反,如果参加丧宴,则以素色或者黑色等庄重颜色的衣服为宜。守时是现代社会提倡的美德,参加宴会时不要迟到。如果有特殊的事情,可在入席前同主人说明情况,入席后当宴席中最名贵的菜肴上桌之后方可提前离去。在宴会上停留的时间不能太短,否则将被视为失礼或对主人不敬。

(3)入座。赴宴时应该尊重主人的安排,同时注意自己的座次,不得随意乱坐。邻座有长者要主动问候致意。正式开席前如果有仪式、演说等活动时,应该认真耐心地倾听。喜宴要言谈轻松幽默,丧宴则严肃庄重,不能喜形于色高声谈笑。

(4)开宴。宴会开始时,主人应该率先举杯敬酒,并致欢迎词。敬酒时可忽略客人身份地位依次敬全席客人,遗漏向某位客人敬酒是非常失礼的行为。敬酒碰杯时,主人和主客先行碰杯,人多时则可同时举杯示意敬酒但不一定非要碰杯。当主人和主客致辞之时要停止相互之间的敬酒碰杯及饮食活动并认真倾听。当其他来宾向你敬酒时,要积极殷勤地响应并回敬。要注意饮酒量,在任何宴会上饮酒过量乃至醉酒都是不符合食礼要求的。

思考与练习

1. 饮食民俗种类及各类饮食民俗的特点。

2. 简单说说朝鲜族的食俗特点。

3. 简单说说回族的食俗特点。

4. 简单说说壮族的食俗特点。

5. 简单说说蒙古族的食俗特点。

6. 古代食礼有哪些主要内容？请说说迎宾及升堂之礼。

7. 近代食礼有哪些主要内容？吃饭结束之后主客之间如何互动？

8. 简单说说现代食礼的内容。

第六章

中式烹饪和进食方式

第一节　中式烹饪

一、中式烹饪的术语

(一)火候

火候是在一定的时间范围内,在不变或一系列连续变化的温度条件下,食物原料在熟制过程中从热源(能源、炉灶)或传热介质中经不同的能量传递方法所获得的有效热量(能量)的总和。烹调过程中,主要从食物原料的感官性状判断火候是否到位。食物原料的感官性状是指原料的形态、大小、质地、颜色、气味等。在受热过程中,随温度的变化,这些性状会发生变化,在熟制后达到和谐的烹调结果。一般体积小而薄的料块、质地脆嫩的原料,适宜用高温短时间加热;而体积大而厚的料块、质地老韧的原料,则适宜用低温长时间加热。此外,火候的大小还与原料的表面积、加热设备及使用的燃料有关。

(二)刀工

刀工就是根据烹调与食用的需要,将各种原料加工成一定形状,使之成为菜肴所需基本形状的操作技术。刀工是菜肴制作的重要环节。它决定着菜肴的外形;使原料便于加热、调味并能提高质感;创造出更新的菜肴品种;便于食用,可促进人体的消化吸收。在运用刀工技术对食物原料进行处理时,要根据食物原料的不同特性选择适宜的刀法。如整形的鱼、方块的瘦肉、畜类的内脏(胃、肾、心)、禽类的肫以及鱿鱼、鲍鱼等食物原料适合采用剞花刀法,而如豆腐、凉粉等软嫩食物原料适宜直切、平刀片、抖刀片等刀法。

(三)挂糊

挂糊是根据菜肴的特点和要求,用淀粉为主要原料调制成的黏性粉糊把烹调原料包裹起来的一种操作技术。需要挂糊的原料以动物性原料为主,一般都要以油脂作为传热介质来炸制、煎、脆熘等。蔬菜、水果也可挂糊烹制但不多见。调制粉糊的原料有淀粉、面粉、鸡蛋、发酵粉,辅助原料有面包渣、花椒粉等。挂糊的作用主要有:能使菜肴形成不同的色泽和质感;防止原料中的水分流失;防止高温直接作用于原料而破坏营养素;糊和原料的巧妙结合丰富了菜肴的风味特色。糊的种类主要有:制作糖醋鲤鱼使用的水粉糊、制作软炸口蘑使用的蛋清糊、制作高丽香蕉使用的蛋泡糊、制作拔丝菜使用的全蛋糊、制作脆皮鱼条使用的脆皮糊等。

（四）拍粉

拍粉是在原料表面粘拍上一层干淀粉,以起到与挂糊相类似作用的一种烹调方法。所以拍粉也叫"干粉糊"。经拍粉之后的原料特点是容易成形并且美观,比挂糊的菜品更加整齐、均匀,并且经炸制后口感外酥脆、内软嫩,体积也不会缩小,形态整齐美观。此外,拍粉还可以固定菜肴形状,防止原料炸制后颜色太深,使之保持色泽金黄。拍粉操作的方法主要有直接拍粉和拍粉拖蛋糊两种。直接拍粉是指在原料表面直接拍淀粉,具有干硬挺实的特点,能防止原料松散、黏结、起壳。如"松鼠鱼"、"菊花鱼"就是经过直接拍粉后才炸制成形的。拍粉拖蛋糊是指先拍粉,然后从蛋液中拖过(再拍上一些面包粉或果仁),适用于高温油炸的菜肴,成品外香、松、酥、脆,里鲜嫩。若拍粉拖蛋液不粘其他原料,则成品菜肴具有外脆里嫩、色泽金黄、柔软酥烂的特点,如"生煎鳜鱼"就是如此。

（五）上浆

上浆是将原料用淀粉、蛋清调制的黏性薄质浆液裹匀。经加热后,原料表面的浆液糊化凝固成软滑的胶体保护层,使菜肴的质地细嫩。上浆的原料可以用油作为介质加热(以低油温滑油为主),也可用水作为介质或直接入锅烹制(如"水煮牛肉"、"鱼香肉丝"的制作过程就是如此)。

（六）勾芡

勾芡指在菜肴烹制接近成熟将要出锅前,通过向锅内加入水淀粉最终使菜肴汤汁浓稠从而具有一定黏稠度的烹饪技术。餐饮行业中一般按芡汁浓稠的差异,将菜肴芡汁分为包芡、糊芡、流芡、米汤芡四种。菜肴勾芡的方法主要有:菜肴成熟后,直接淋入芡汁,与原料翻拌均匀,再出锅,芡汁可一次淋入或分次淋入;或在锅中调好芡汁(俗称"卧汁芡"),然后将成熟的原料入锅翻拌均匀,再出锅;也有将芡汁用手勺浇淋在已装盘的原料表面。

二、中式菜肴的制作工艺

我国菜肴品种虽多至数千种,但就其菜肴的加热途径、制作特点、形态及风味特色而言,归结起来约有三四十种基本的烹调方法。常用的有炸、炒、熘、爆、烹、炖、焖、煨、烧、扒、煮、汆、烩、煎、塌、蒸、烤、涮等。在这些常用的烹饪方法中,有的加热时间较长,有的则较短(几乎转瞬即成),也有的加热时间长短适中等;有的烹饪方法是以油为主要的传热媒介进行的,有的则是用水,也有的是以蒸汽等为传热媒介进行的。以下以导热媒介为依据,分类介绍中式烹饪中常用的烹饪方法。

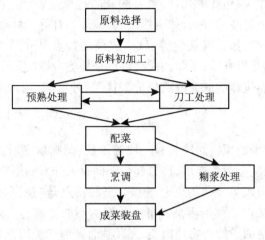

图 6-1　热菜工艺流程图

(一)以油为导热体的烹饪方法

1. 炒

炒是将切配后的丁、丝、片、条、粒等小型原料,用中油量或少油量,以旺火快速加热的烹饪方法。根据工艺特点和成菜风味,炒的烹饪方法又可分为许多种,主要有滑炒、软炒、生炒、熟炒等。滑炒的成品菜肴具有柔软滑嫩、紧汁亮油的特点,如滑炒虾仁、滑炒里脊丝等;软炒的成品菜肴具有细嫩软滑、酥香油润的特点,如炒木樨肉、软炒鲜奶等;生炒成菜具有鲜香脆嫩、汁薄入味、滑润清爽的特点,如金钩挂银条等;熟炒成菜具有酥香油润、见油不见汁、韧柔醇美的特点,如炒蟹黄、回锅肉等。

2. 爆

爆是将原料剞花刀成形,先经沸水稍烫或滑油、油炸后,直接在旺火热油中快速烹制成菜的工艺过程。爆的菜肴具有形状美观、脆嫩清爽、亮油包汁的特点。适于爆的原料多为具有韧性和脆性的水产品和动物肉类及其内脏类。爆还可分油爆、葱爆、酱爆、芫爆、汤爆等数种,它们的原料、刀工和制作方法基本相同,只是所用的主要辅料或调味料有所区别。其中油爆是最具代表性的技法,成品菜肴具有色泽光亮、鲜嫩爽口、亮油包汁等特点,如油爆肚仁、油爆海螺片等。

3. 炸

炸是将经过加工处理的原料,放入盛有大量油的热油锅中加热使其成熟的一种烹饪方法。炸的特点是火力旺,用油量多。炸的应用范围很广,它既是一种能单独成菜的方法,又能配合其他烹饪方法共同成菜。用于炸的原料在加热前一般须用调味品浸渍,有些菜肴在加热后,往往还要随带辅助性调味品。炸还可分为清炸、酥炸、软炸、干炸、卷包炸等几种,菜肴的成品特点是香、酥、脆、嫩。其中,清炸成菜具有外香酥、里鲜嫩的特点,如清炸仔鸡、清炸里脊等;酥炸成菜的特点是外酥松、内软烂细嫩、香醇,如香酥鸡腿等;软炸成菜的特点是外酥香、内鲜嫩、柔韧醇厚,如软炸大虾、椒盐里脊等;干炸的成菜特点是外脆内嫩、干香醇美,如干炸里脊、干炸豆腐丸子等;卷包炸的成菜特点是造型优美、外酥脆、内鲜嫩,如纸包虾、香酥蛋卷等。

4.烹

烹是将新鲜细嫩的原料切成条、片、块等形状,调味后,经挂糊或不挂糊,用中火热油将食物炸至呈金黄色捞出,再另起小油锅投入炸好的原料及各种辅料,加入兑好的调味汁,翻匀入味成菜的工艺过程。烹的特点是"逢烹必炸",即菜肴原料必须经过油炸(或油煎),然后再烹入事前兑好的不加淀粉的调味汁。烹适用的原料为新鲜易熟、质地细嫩的动物性肉类,尤其适合于海产类的烹制。烹的成菜特点是外酥香、内鲜嫩、汁少醇厚、爽口不腻,如烹虾段、烹带鱼段等。

5.熘

熘是将切配后的丝、丁、块等小型或整形原料,经滑油、油炸、蒸或煮的方法加热煮熟后,再用芡汁黏裹或浇淋成菜的一种烹饪方法。熘还可分为炸熘、滑熘、软熘。炸熘的成菜特点是外酥香松脆、内鲜嫩熟软,如炸熘鱼条、焦熘肉片等;滑熘的成菜特点是滑软柔润、鲜嫩多汁、清淡醇厚,如滑熘肉片、醋熘白菜等;软熘的成菜特点是滑嫩清鲜、柔软爽口,如西湖醋鱼等。

7.煎

煎是以少量油加入锅内,放入经加工处理成泥状(或粒状)原料制成的饼,或片形原料挂糊等半成品原料,用小火两面煎熟的工艺过程。煎的成菜特点是色泽金黄,外酥脆内软嫩。如椒盐鸡饼、南煎丸子等。

8.塌

塌是将加工切配好的原料,经挂糊后放入锅内煎至两面金黄起酥,另起小油锅加入煎好后的原料、调味品及少量清汤,用小火加热收浓汤汁(或再经勾芡)成菜的工艺过程。塌的成菜特点是色泽金黄,质地酥嫩,滋味醇厚。如锅塌豆腐、锅塌黄鱼等。

(二)以水为导热体的烹饪方法

1.烧

烧是将半成熟的原料里加入适量的汤汁和调味品后,先用旺火烧沸,再用中火或小火加热至汤汁浓稠入味成菜的工艺过程。按工艺特点和成菜风味,烧可分为红烧、白烧、干烧、酱烧、葱烧等多种。红烧的成菜特点是色泽金黄或红亮、质地细嫩或软熟、鲜香味厚,如红烧鱼、红烧牛肉等;干烧的成菜特点是色泽红亮、质地细嫩、带汁亮油、香鲜醇厚,如干烧鱼等。

2. 扒

扒是将初步熟处理的原料,经过切配后整齐地叠码在盘内成形,然后再推放入锅加入汤汁和调味品,用中火烧透入味,最后勾芡收汁大翻勺,并保持原形装盘成菜的工艺过程。扒制菜肴所用原料多为高档原料,如鱼翅、海参、鱼肚及蔬、菌类等。扒的方法,根据其色泽可分为红扒、白扒,烹调技巧完全相同,只是调料运用不同。白扒用无色调味料而红扒需用有色调料。从形态上讲,可分为整扒、散扒,整扒为整形不改刀的原料,散扒则需切配成小型原料摆码整齐成形。扒的成菜特点是选料精细,讲究切配造型,原形原样,不散不乱,略带卤汁,鲜香味醇。如海米扒油菜、白扒鱼肚等。

3. 焖

焖是把经过炸、煸、煎、炒、焯水等初步熟处理的原料,掺入汤汁用旺火烧沸,撇去浮沫,再放入调味品加盖用小火或中火慢慢加热,使之成熟并收汁至浓稠的成菜工艺过程。适合焖的原料,主要有鸡、鸭、鹅、兔、猪肉、鱼、蘑菇、鲜笋、蔬菜等。焖的烹调方法按色泽和调味的区别,可分为油焖、黄焖、红焖等三种,但操作程序和技巧都大同小异。焖的成菜特点是形态完整,汁浓味醇,熟软醇鲜或软嫩鲜香。如蚝油焖鸭等。

4. 炖

炖是把经过加工处理的大块或整形原料,放入炖锅或其他器皿中,加足水分,用旺火烧开,再用小火持续加热至熟透酥烂的工艺过程。炖的成菜特点是汤多味鲜,原汁原味,形态完整,软熟不碎烂,滋味醇厚。如清炖牛肉、烂炖肘子等。

5. 煨

煨是把经过炸、煸、炒、焯水等初步熟处理的原料,加入汤汁用旺火烧沸,撇去浮沫,放入调味品后用小火(或微火)长时间加热使原料熟烂成菜的工艺过程。煨的成菜特点是原汁原味,形态完整,软熟不碎烂,滋味醇厚。如甲鱼汤、坛子肉等。

6. 煮

煮是将原料(或经过初步熟处理的半成品)切配后放入过量的汤汁中,先用旺火烧沸,再用中火或小火加热,然后经调味制成菜肴的工艺过程。煮制菜肴应用十分广泛,鱼类、猪肉、豆制品、水果、蔬菜等原料都适合煮制。煮的成菜特点是保持原形,汤宽汁浓,汤菜合一,清鲜爽利,原汁原味。如盐水大虾、水煮肉片等。

7. 烩

烩是将多种易熟或经初步熟处理的小型原料,一起放入锅内,加入鲜汤、调味料用中火加热烧沸,再用湿淀粉勾成汁芡浓厚的成菜的工艺过程。成菜具有原料丰富,汁芡浓厚,色泽鲜艳,菜汁合一,清鲜香浓,滑润爽口的特点。如烩四宝、烩鸭舌掌等。

8.汆

汆是以新鲜质嫩、细小、薄而易熟的原料,加入沸汤水中旺火短时间加热成熟的菜肴制作工艺。或是将原料用沸水锅烫至八成熟后捞出,放于碗内,另将已调好味的滚沸的鲜汤倒入碗内一烫即成。汆加热时间极短,原料在滚沸汤水中迅速断生,并且汤汁只调味而不勾芡,因此火候掌握十分重要。汆的菜肴成品特点是汤宽鲜醇、原料质地嫩脆、清淡爽口。如清汆丸子、生汆鱼片等。

(三)以其他介质为导热体的烹饪方法

除了上述以油和水为加热媒介的烹饪方法之外,在我国种类众多的烹饪方法中,还有其他一些菜肴烹制方法,比较有特色的是蒸、烤、蜜汁、焗、微波烹饪法等方法。

1.蒸

蒸是将经过切配并调味完毕的原料装盘入锅,利用蒸汽加热,使原料入味成熟的工艺过程。蒸的适用范围很广,无论食物原料形状大小、流体或半流体、质老难熟或质嫩易熟等均适用于蒸制。根据不同的制肴特点,蒸还可分为清蒸、粉蒸、扣蒸等方法。蒸的成菜特点是原形不变,原味不失,软嫩柔韧,清香爽利。如清蒸鱼、粉蒸肉等。

2.烤

烤是利用各种燃料(如柴、炭、煤、天然气、煤气等)燃烧的温度或远红外线的辐射热使原料至熟成菜的工艺过程。烤适用于鸡、鸭、鹅、鱼、乳猪、方肉等整形和大块的原料。成菜的特点是色泽美观,形态大方,皮酥肉嫩,香味醇浓,干爽无汁。如烤牛肉片、烤鸡等。

3.蜜汁

蜜汁是把经过加工处理或初步熟处理的小型原料,放入用白糖、蜂蜜与清水熬成的糖液中,使其甜味渗透,再将糖汁收稠成菜的工艺过程。凡适合于拔丝的原料均适用于蜜汁。蜜汁成菜的特点是色泽美观,酥糯香甜,滋润滑爽。如蜜汁莲子、蜜汁山药墩等。

4.焗

焗是西餐烹调常用的方法,原意特指烤,是广东地区特有的烹调术语。焗是将整只原料、经过整形的原料或经过油处理后的较小原料,在添加汤汁调料后利用专用器具烤制使之成熟的成菜工艺。成菜特点为色泽和谐美观、质地软嫩、香鲜浓醇、油汁光泽明亮。焗的方法在用料、调味、火候运用和成形的质量标准上均具特色,根据所用调料的类别,焗有蚝油焗、陈皮焗、西汁焗、香葱焗、西柠焗等,突出各具味型的风味特色,代表菜例有陈皮焗凤翅、蚝油焗乳鸽、葱姜焗蟹、西汁焗鸡腿等。

三、中式面点的制作工艺

(一)和面与揉面

所谓和面是指将面粉与水、油、蛋等按比例配方掺和揉成面团的工艺过程。它是整个面点制作中最基础的一道工序。面点质量的好坏,与和面质量有着直接关系。和面的手法一般有抄拌法、调和法、搅和法。

所谓揉面就是在面粉吸水发生粘连的基础上,通过反复揉搓,使各种粉料调和均匀,充分融合形成面团的过程。揉面是调制面团的关键,它可使面团进一步均匀、增劲、柔润、光滑等。揉面的主要手法有捣、揉、揣、摔、擦等几种。

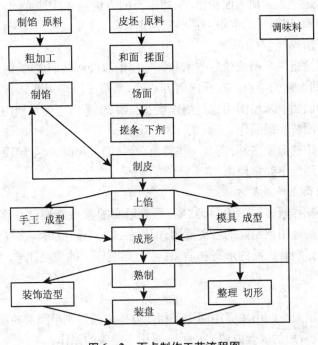

图 6-2   面点制作工艺流程图

(二)面团的种类

根据和面时所用的原料、调制面团的方法及面团的最终用途,可将面团分为水调面团、膨松面团、油酥面团、米粉面团等。

1. 水调面团

水调面团是指面粉掺水拌和而成的面团。这种面团一般组织严密,质地坚实内无孔洞,体积也不膨胀,富有韧性和可塑性。水调面团按和面时使用水的温度不同,还可以分为冷水面团、温水面团、热水面团。

2. 膨松面团

膨松面团就是在调制面团过程中,加入适当添加剂或采用一定的调制方法,使面团组织产生空洞,变大变疏松的工艺过程。膨松面团在烹饪中应用极广,常使用的有发酵面团、化学膨松面团和物理膨松面团三种。

3. 油酥面团

油酥面团是用油和面粉作为主要原料调制成的面团,它具有很强的酥松性。油酥面团制作时一般由两块面团制成。一是水油面,二是干油酥。水油面是用水、油、面粉三者调制。和面时将水与油一起加入面粉中抄拌。水的温度一般为35℃左右。面团要反复搓擦,使其柔软,有光泽,有韧性。然后用干净的湿布盖好,静置醒发。干油酥是把油脂加入面粉里,采用推擦的方法而和成油面团。一般先把面粉和冻猪油拌和,用双手的掌根一层一层向前推擦,反复操作,直到擦透为止。

4. 米粉面团

米粉面团是指用米磨成粉后与水和其他辅助原料调制而成的面团。米粉面团具有黏性强、韧性差的特点。在我国南方地区,米粉面团应用非常普遍,北方地区则采用小麦粉面团。米粉面团也是制作糕、团、饼、粉等点心经常使用的面团,主要用于米糕和米团制品的制作。

除以上介绍的面团之外,还有一些其他面团,如蛋和面团、杂粮面团、鱼虾茸面团等也在面点制作中经常使用。

(三)常用面点的成型方法

中国饮食花样繁多异彩纷呈,其中,形态逼真的面点造型被众多食客广为称道。面点成型是运用调制好的各类面团,配以各式馅心制成形状多样成品的过程。面点成型直接影响着成品的形态和质量,是面点制作中的重要工艺。面点制品成型方法常用以下几种。

1. 揉

揉是将一定大小的小块面用两手互相配合揉成圆形或半圆形的团子。这种方法是比较简单、常用的成型方法之一。一般用于馒头的制作。

2. 包

包是将擀好或压好的面皮内包入馅心使之成型的一种方法。面食品中许多的馅心品种都采用包的方法,如包子、水饺、馅饼、汤圆等。

3. 卷

卷是将面片或面坯皮按需要抹上油或馅,然后卷起来,成为有层次的圆筒状面卷的成型方法。卷是面点中较常用的方法,常用于制作花卷及各类“卷”酥。卷还可分为单卷法和双卷法两种。

4. 按

按是将包好的面点生坯,用两手配合,利用手掌压成扁圆形的成型方法。主要适用体形较小的包馅品种。

5. 擀

擀就是用擀面杖或走锤等工具将面团或包馅的生坯压延成制品要求的形态的成型方法。这种方法在日常家庭饮食生活中用途很广,适用于各式坯皮的制作。如饺子皮、面条、各式酥皮等。

6. 叠

叠是把面团生坯加工成薄饼形状之后抹上油或包入馅心等物,最后再折叠起来的方法。叠与擀可结合操作,如千层酥、兰花酥等。

7. 摊

摊是将面团生坯加热制成较薄面皮的方法。这种成型方法具有两个特点:一是在成型的同时制熟;二是所使用的面团较稀软或是直接使用面糊摊。如煎饼、春卷皮等品种。

8. 捏

捏就是运用拇指与其他手指协调配合,用力把面团生坯捏成一定形状的面点制作方法。多用于各色蒸饺、酥点的花形加工。如梅花饺、四色饺等。

9. 切

切是以刀为工具,将面坯分割成形的一种方法。常用于刀切面和一些小型酥点的成型等。

10. 削

削是将经过加工的坯料利用特制刀具推削,使其成为一定形状的方法。一般只用于刀削面的制作。

11. 抻

抻是将面团用一定的手法反复抻拉成型的一种方法,是我国北方制作面条时所采用一种非常独特的技术方法。

(四)馅心的制作技术

面点的馅心,就是用各种不同的烹饪原料,经过精细加工拌制或熟制而成的形式多样、味美适口以供面点包馅使用的食物。面点馅心的质量好坏,将会对面点成品质量产生很大影响。常见的馅心按口味可分为咸馅、甜馅等。咸馅种类较多,根据用料可分为素馅、荤馅、荤素馅。这三种馅心的制作过程中,又有生熟之分。甜馅虽然南、北有别,种类较多,但大都是以糖为基本原料,再配以各种豆类、果仁、果脯、油脂以及新鲜蔬菜、瓜果、蛋乳类或少量香料等。制作甜馅有时还需经过复杂的工序和各种加工法,如浸泡、去皮、切碎、挤汁、煮拌等。日常生活中经常使用的甜馅有糖馅、泥茸馅和果仁蜜饯馅。

调制馅心时要掌握以下基本原则:严格选料,正确加工;根据面点的要求,确定口味的轻重;正确掌握馅心的水分和黏性;根据原料性质,合理投放原料。

（五）面点的熟制方法

面点熟制是将成型后的面点,运用各种加热方法,使其成为色、香、味、形俱佳、可直接食用的成品。从面点的制作过程看,熟制是最后也是最关键的一道加工工序,制品的色泽、定型、入味等,都与熟制有密切关系。面点熟制方法主要有蒸、煮、炸、烙、烤、煎等熟制法,有时为了适应特殊需要也可采用综合加热法,即先对面点进行蒸、煮之后再对其进行煎、炸等技术操作。

1. 蒸

蒸是把面点制品生坯放置笼屉或蒸箱内,利用蒸汽传热使面点制品成熟的方法。这种方法多用于发酵面团和烫面团类的熟制,如馒头、蒸包等。蒸的操作程序主要包括蒸锅加水、生坯摆屉、上笼蒸制、控制加热时间、成熟下屉、上桌食用等工艺流程。

2. 煮

煮是把成型的生坯放入开水锅中,利用水的传热使面点成熟的一种方法。煮法的使用范围比较广泛。如冷水面团的饺子、面条、馄饨等,米粉制品的汤圆、元宵等。煮的操作程序主要有制品下锅、加盖煮制、成熟捞出等几个步骤。

3. 炸

炸是将制作成型的面点生坯放入一定温度的油锅中,利用油为传热介质使面点成熟的方法。这种熟制方法适用性较强,几乎各种面团都可使用。如油酥面团制品的油酥点心,膨松面团制品的油条,米粉面团制品的油炸糕等。炸制面点的油温最高可达300℃左右,可根据面点的特点灵活调整炸制温度,避免火候过大或不足。一般情况下,温油炸制多用于较厚、带馅和油酥面点制品,而热油炸制主要用于使用矾碱盐的面点及较薄无馅的面点制品。

4. 煎

煎是在平底锅内加入少量的油（或水）加热,然后放入面点生坯,利用油（或水）等为传热介质使之成熟的方法。这种方法常用于水调面团制品的熟制,如煎包、锅贴等。煎的方法,一般可分为油煎和水煎两种。油煎的特点是制品两面金黄,口感香脆;水煎,也称水油煎,是经油煎后再加放少量清水,利用部分蒸汽传热使制品成熟,经过水油煎的面点制品具有底部金黄酥脆,上部柔软油亮的特点。

5. 烤

烤是把面点制品生坯放入烤炉内,利用烤炉的内热,通过对流、传导和辐射等传热方式,使其成熟的制作方法。烤主要用于各种膨松面团、油酥面团等制品的成熟。如面包、酥点等。一般烤箱的温度都在200℃～300℃之间。在这种高温的情况下,可使面点制品外表呈金黄色,内部富有弹性和疏松,达到香酥可口的效果。

6. 烙

烙就是把制品的生坯摆放在加热的锅内,利用锅底传热于制品,使其成熟的方法。这种方法主要适用于水调面团、发酵面团和部分米类面团,主要用于各种饼的熟制,如家常饼、葱油饼等。一般烙制温度在 180℃ 左右。烙制面点具有外皮香脆、色泽金黄,内部柔软的特点。烙制方法根据其操作的不同还可分为干烙、刷油烙等方法。

四、中式冷菜制作工艺

(一)冷菜的作用

冷菜是佐酒佳肴,冷菜通常是宴席上的第一道菜,以首席菜的资格入席起着引导作用。冷菜又有"前菜"、"冷前菜"、"迎宾菜"的提法,并素有菜肴"龙头"、"脸面"之称。在冷餐酒会中的作用更为重要。

(二)冷菜的特点

冷菜与热菜相比具有以下特点:加工烹调独特,注重口味质感,一般菜肴都具有脆嫩爽口、香而不腻、醇香少汁的特点;切配装盘讲究,造型美观,形态多样;滋味稳定,易于保存携带;卫生要求严格,有的菜肴甚至要求在紫外灯照射下加工制作。

(三)冷菜制作工艺

冷菜制作工艺是将食物原料经过加工制成冷菜后,再切配装盘的一门技术。从工艺上看,包括制作和拼摆两个方面。所谓制作通常是指将烹饪原料经过拌、炝、泡等冷菜烹调方法,使其成为富有特色的冷菜,为后来的拼装提供物质基础。所谓拼摆是将烹饪原料通过刀工处理后,整齐美观地装入盘内。拼装过程需要人为地美化,以达到所需的形状,符合宴会的主题。冷菜拼装既是技术又是艺术。

(四)冷菜的加工烹制方法

根据风味特色,冷菜可分为两大类型:一类是以醇香、酥烂、味厚为特点,烹制方法以卤、酱、煮、烧为代表。另一类是以鲜香、脆嫩、爽口为特点,烹制方法以拌、炝、腌、泡为代表。还有一些比较特殊的加工方法,如挂霜、冻制、脱水等。

1. 生拌法

生拌法是将可食的生料或晾凉的熟料,用刀切成丝、丁、片、条等,加入调味品拌制成菜的烹调方法。如凉拌蜇皮、酸辣黄瓜、姜汁莴笋、生鱼片等脆性原料制成的冷菜。

2. 醉腌法

醉腌法是以精盐和酒等调料腌制食物的一种方法。酒可用一般的白酒,也可用花雕酒、绍兴酒等。酒腌时间长的为 3 至 7 天,如醉蟹。短的可现制现食,如醉虾。

3. 炝

炝是将切配成小型的原料,以滑油或焯水成熟后再沥干水分,趁热加入调味品,调拌均匀成菜的烹调方法。成品有色泽美观、质地脆嫩、醇香入味的特点。如海米炝芹菜。

4. 酱

酱是将初加工的原料放入酱汁中烧沸之后再转中、小火煮至成熟入味,最后大火收汁成菜的一种烹调方法。酱制菜肴一般具有色泽红亮光润,品味咸鲜,酱料味浓的特点。如酱牛肉、酱猪肝等。

5. 卤

卤是将原料放入卤汤中,以小火使原料成熟入味的一种烹制方法。卤制菜肴一般具有质地酥烂或软嫩,香料味浓,色、形美观的特点。卤汤的调制有红白之分。白卤中不加红色调料(酱油、红曲米)。几种不同原料同锅卤制时,投料的先后次序要适当。卤汁要专卤专用,定期添加香料和调味料,定期清理老卤聚集残渣沉淀,防止老卤受污染而发酵变质。

6. 油炸法

油炸法分为直接油炸和油炸卤浸。(1)直接油炸。适于肉类、鱼类、薯类等动植物,成菜酥脆干香、外焦里嫩、清爽无汁。(2)油炸卤浸。油炸后在卤汁中浸泡入味。成品具有色泽红亮,细嫩滋润,醇香味浓的特点。适于鸡、鱼、豆制品、鸡蛋等。

7. 熏制法

熏制法是将经过加工处理的原料放入熏锅中,通过熏料(茶叶、大米、锅巴、松柏等料)的烟气加热,使其成菜的一种烹制方法。因用料的不同可以分为生熏和熟熏。(1)生熏。即原料是生料,经调味后,利用熏料产生的高温气体和烟香气熏制成熟。(2)熟熏。熟熏的原料是熟料,原料先经蒸、煮、炸、酱等方法处理成熟,晾干其表面水分,再放入熏锅里密闭盖子熏制成菜。熏制菜肴一般具有质地嫩软、色泽红黄光润、烟香味浓的特点。

8. 汽蒸法

汽蒸法是将原料加工后再放入蒸锅中蒸制的烹制方法。在冷菜制作中可分为卷蒸、糕蒸两类。(1)卷蒸。主料加工成丝或泥,调入淀粉、鸡蛋、水、各种调料,再用片状原料卷上入屉蒸熟,晾凉成菜。(2)糕蒸。主料加工成茸泥,加蛋类、淀粉、水、调料调成膏状半固体,或把蛋类原料打散加入淀粉、调料混合,上屉蒸成糕状,最后晾凉成菜。蒸制菜肴一般具有质地软嫩,味鲜醇厚,形状整齐的特点。

9. 糟腌法

糟腌法是将原料浸入卤汁中,或加入以盐为主的调味品拌和,最终使调味汁渗透入味成菜的烹调方法。成菜特点色泽鲜艳,鲜嫩清香,醇厚浓郁等。如糟鸡。

10. 熟醉法

熟醉法包括先焯水后醉、先蒸后醉和先煮后醉等醉法。酒可用普通白酒,也可用花雕酒、绍兴酒等。

11. 冻制法

冻是将加工处理后的富含胶质的主料加热调味再冷却凝固,或将加热调味后的主料与事先制好的冻汁一同冷却凝固而成菜的方法。冻制菜肴一般具有造型美观、晶莹透明、软嫩滑韧、清凉爽口的特点。

(五)冷菜的拼摆

冷菜拼摆装盘,是指将加工好的冷菜,按一定的规格要求和形式,进行刀工切配处理,再整齐、美观地装盘成菜的工序。相比于菜肴和面点的盛装来说,冷菜的拼摆对于体现冷菜的特色极其重要,是冷菜制作过程中必须重视的一项工作。

1. 冷菜拼摆装盘的原则

冷菜的拼摆装盘坚持以食用为本、风味为主、装饰造型为辅的基本原则;坚持简洁、明快的原则,不宜过度精雕细琢搞复杂的拼摆构图;坚持符合食用、卫生、效率、节约、适度的原则。

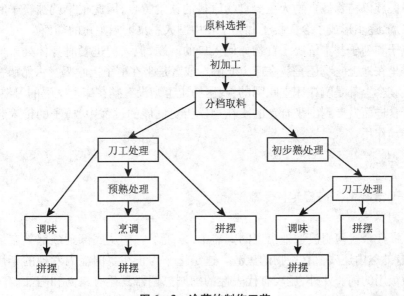

图 6-3　冷菜的制作工艺

2. 拼盘的拼摆

拼摆要遵循形式美法则。冷盘造型的形式美是指构成冷盘造型的一切形式因素(如色泽、形状、质地、结构、体积、空间等),按一定规律组合后所呈现出来的审美特性。为追求冷菜造型美观,在冷菜拼摆装盘的每个步骤如垫底、围边、盖面等,都要根据制作要求综合采用排、堆、叠、覆、贴、摆、扎和围等技术手法,只有如此,才能达到最佳美化效果。冷菜制作中比较常见的是制作单拼,即只盛装一种冷菜的拼盘,拼摆美化造型主要有:三叠水形、一封书形、风车形、馒头形、宝塔形、桥梁形、四方形、菱形、等腰形、螺旋形、扇面形、花朵形等。用两种或两种以上的原料按一定形式装入一盘,即为拼盘,主要有以下造型:双拼、三拼、四拼、五拼、什锦拼盘、九色攒盒、抽缝叠角拼盘等。

第二节 中国人的进食方式

一、概述

古代中国人使用的进餐用具,主要有筷子和勺子两类。此外,历史上中国人还曾经使用过刀叉进食,但持续的时间很短。中国人使用筷子已经有三千多年连续不断的历史,筷子是中国传统饮食文化最重要的代表之一;勺子的起源可以追溯到迄今七千多年前的新石器时代。而餐叉则出现在四千多年前,由于餐叉不适合我们中华民族以植物性食物为主要食物原料的饮食特点,因此很早就被筷子和勺子淘汰出局,逐步形成了今天筷子和勺子在中国人餐桌上唱主角的局面。

筷子和勺子基本解决了食物如何入口的问题,但人们进餐时身体处于何种状态? 是坐在地上吃喝还是躺在床上吃喝? 或者是坐在椅子上吃喝? 古希腊古罗马在正式宴会上都是躺在床上吃喝的,我国历史上则没有躺在床上吃喝的习惯,是从跪坐分食进而发展到围坐合食的。在这段历史发展的过程中,椅子的传入起到很大的推动作用。

二、食具

(一)古代的烹调器具和食器

1.陶器

在浙江余姚河姆渡遗址出土的陶器中,发现了一些从底部到颈部黏有烟垢的陶釜,有的釜内还残留有谷物的焦渣。这是迄今为止在我国境内发现的年代最久远的做饭用的锅。此外,比较有代表性的陶制烹调器具还有陶鬲和陶甑。陶鬲是用来煮流质食物的,陶甑是中国最早的“蒸屉”和“蒸锅”,是用来蒸饭用的。陶甗是甑与鬲的结合体,上部是一个陶甑,下部是一个三足的陶鬲(有的上下相通,中间加活箅),鬲内中空,可以装水,用时甑内放入食物,加盖盖严之后在陶鬲三足下生火,水沸之后蒸汽通过箅孔将食物蒸熟。由此可见,陶器时期我们华夏祖先就会煮粥和蒸米饭了。

2.青铜器

青铜制餐用具器皿种类很多,如烹调器主要有鼎、敦、鬲、甗、镬、釜等;切割器包括刀、俎(类砧板)、案(可作俎,又可作食桌)等;取食器主要有匕(有舀饭、汤的圆匕,取肉的尖匕)、箸(筷)、勺(挹酒、汤用)等;盛食器有鼎、簋、簠、盨、豆、盘等;

盛酒器有樽、卣、方彝、兽形樽、罍等;饮酒器有爵、角、斝、盉、瓠、觯、兕、觥等;饮水器主要有盆、匜、盂、鉴、缶、瓵、斗等。由此可见,在我国距今两三千年前厨具和餐具就已经比较齐备了。

3. 玉、漆、象牙等餐具

食器也有以玉石、漆、象牙等材料制作而成的,大抵为贵族所享用。在原始社会后期已经出现玉制饰物或礼器。到商代,则出现了玉制的实用器物,古文献中就说纣王使用玉杯,而从殷墟"妇好"墓中出土的实用玉器食器有玉壶、玉簋、玉盘、玉勺、玉臼杵、玉匕等。春秋战国时,主要有玉盘、玉杯、玉碗、玉壶、玉瓶等。至少在河姆渡文化时期,已有木胎漆碗出现,商代及战国时期,漆制食器开始明显增多,最有名的是湖北随州曾侯乙墓出土的漆器,有漆案、漆几、漆食具盒、漆酒具盒、漆鸳鸯形盒、漆盘等,造型十分精美。象牙餐具则可追溯到新石器时期,商周之时又有新的发展,古书有"昔者商纣为象箸而箕子怖"的记载,说明当时象牙餐具制作工艺已经达到较高水准。此外,历史上也还曾经有过黄金、白银制成的餐具。

4. 勺子

据史书记载,人类最初是用手抓饭来吃的,如《礼记》当中就有"共饭不泽手,毋抟饭、毋放饭"等吃饭礼仪的记载,说明古人吃饭时不用筷子和勺子而直接用手抓食。中国人使用勺子的历史,可以追溯到距今七千多年前的新石器时代。新石器时代出土的餐勺,绝大多数是骨制材料,常见匕形和勺形两种。匕形呈现扁平长条形,勺形如同今天使用的餐勺形状。开始发现的勺子当中长条形居多,后来逐渐地转变成长柄舌形勺。在齐家文化遗址发掘中发现,有些勺子是被穿上绳索挂在腰际便于携带和随时使用的。作为进食用具的餐勺,在古代时的名称是匕,或为匙。在周代的青铜餐勺上通常自铭为"匕",这应该是周人对餐勺所取的名称。一直到秦汉时期,匕都是餐勺在中国古代的通名。自汉代开始,匕才逐渐被称为匙。如《说文》中曰:"匙,匕也";《方言》中曰:"匕谓之匙",表明自汉代开始,匕与匙的名称是能够互换的。

日本中国饮食文化专家青木正儿在《用匙吃饭考》当中说,最早匕是用来盛装谷物和盛装肉的。到了汉朝,匕则主要用于盛饭而丧失了取肉的功能,这是中国饮食文化史上很重要的一件事情。汉朝时期,匕是专门给用餐者自己取饭用的餐具,而不是厨师和服务人员取饭用的工具,也不是今天餐桌上公用的取饭用具。如《三国志》记载:"是时曹操从容谓先主曰:'今天下英雄,唯使君与操耳。本初之徒,不足数也。'先主方食,失匕箸。"说明当时就餐时每人都有属于自己的匕和箸(即筷子),这样才能同时进餐。

那么,古代人用匕舀饭吃的步骤是怎样的呢?唐诗中有描写用匙吃饭的句子。如杜甫的《与鄠县源大少府宴渼陂》中有"饭抄云子白,瓜嚼水精寒"的诗句。这里的"云子"指的是白米饭,"抄"是指用匙舀,与"嚼"相对,因而应该是舀饭送进嘴的意思。再看韩愈的《赠刘师服》:"我今牙豁落者多,所存十余皆兀臲。匙抄烂饭稳送之,合口软嚼如牛咽。"这首诗作于韩愈四五十岁的时候,大约是对牙齿早已坏掉,因此要用匙把烂熟的米饭送进嘴里以便充分咀嚼的情形的真实写照。

按照青木正儿的考证,用匙吃饭这种进食方式至少持续到我国的元代,而后才进入用筷子吃饭的时期。青木正儿进而论说,之所以用匙吃饭,是因为历史上中国人的主食主要品种是小米、高粱和麦饭,蒸熟之后黏性不大,便于用匙舀着吃。另据史书记载,因为黍饭是黏的,煮完之后用手抓食;而其他不黏的饭,则要用匙舀着吃。此外,古代中国人认为,只有能够烹煮出不黏的米饭的米才是质量上乘的米,和今天人们对米的评价正相反。

5. 筷子

《礼记·曲礼上》"羹之有菜者用梜,其无菜者不用梜。"注云:"梜犹箸也,今人或谓箸为挟提。梜……《字林》作筴,云箸也。"可见,此处的"梜"即是筷子的意思。并且从这句话当中可以知道,当时筷子的功能只是挟食菜用。羹在当时历史时期是一种重要食品,无人不食,故可证明当时"梜"的使用已经十分普遍。一般认为,筷子在先秦时期多数被称为"梜",后来逐渐被称为"箸"。

古代中国人在进食时,餐勺与筷子通常是配合使用的,两者一般是共同出现在餐桌上的。周代的食礼要求进食时用匕也用箸,匕箸分工明确,两者不能混用。其中,箸专门用于取食羹中的菜,不能用它去挟取别的食物,还特别强调食粥饭时不能用箸,一定要用匕。唐朝时也是箸匕同用,如唐朝薛令之《自悼》诗中"饭涩匙难绾,羹稀箸易宽"说得非常清楚,勺子舀饭筷子夹菜。据明代人田汝成的《西湖游览志余》记载,宋高宗赵构每到进膳时,都要额外备一副箸勺,用箸取菜用勺取饭,以此避免将食物弄脏。因为多余的膳品要赏赐给宫人食用。

孔颖达在《仪礼·正义》中说:"有菜者为铏羹是也,以其有菜交横,非挟不可。无菜者谓大羹饮也,直歠之而已,其有肉调者犬羹、兔羹之属,或当用匕也。"羹汤温度较高,无法直接用手指取食,所以要用箸。《礼记·曲礼上》又记:"凡进食之礼,左肴右胾,食居人之左,羹居人之右",说明周代礼食有相当严格的规定,主食置于食者左侧,副食置于右侧。由于羹在右侧,食羹以箸必用右手,匕和箸的分工非常明确。此后,历代用箸大体都是以食羹菜为主,而食饭一直是用匕盛取,这显然是周代礼食传下的进食方式。到了现代,箸(也就是筷子)可以同时用来取饭夹菜,在餐桌上进食方式更加随意了。

6. 餐叉

餐叉在中国古代大约起源于新石器时代。古代中国人对餐叉的使用并没有很长的历史传统,尽管在新石器时代就已经发明使用餐叉,并且在商周至战国时期比较流行,但其他时代餐叉使用的范围并不广泛。此外,餐叉的使用和进食肉类密不可分。与匕和箸不同,餐叉是专门食用肉类菜肴的工具。先秦时期能够吃肉的都是上层人士,所谓的"肉食者"就是贵族阶层的典型代名词,餐叉很有可能是先秦时期上层社会的专用餐具。普通百姓或者"食藿者"则因为食物中没有肉,所以不必置备专门食肉的餐叉。随着时代的发展、烹饪技术的提高以及饮食理念的改变,肉类食品可以被切割得更加精细,完全可以用筷子夹取进食。因此,餐叉被淘汰出餐桌,逐渐地进入被历史遗忘的角落。

三、从跪坐分食到围坐合食

(一)先秦的分食制

分食制的历史可以上溯到远古时期。在原始氏族社会里,由于生产力低下,主要是自然采集或者渔猎,人们获得食物的种类和数量有限,只能遵循对食物共同占有、平均分配的准则。当时,氏族内食物是公有的,食物煮熟以后,按人数平均分配,一人一份。这时住所里既没有厨房和饭厅,也没有饭桌,一个家庭的男女老少,都围坐在火塘旁进餐。这就是最原始的分食制。当历史进入殷商西周时,中华民族便从原始野蛮时代步入了青铜时代的门槛,社会分工日趋细密、固定,物质生产方式也有了长足的进步。尽管如此,人们的饮食方式并未发生相应的变化,还是在实行分食制。

上古无桌椅,先秦两汉时代的人都坐在"筵席"上,即地上先铺一张大席,称"筵","筵"上再加一张比之略小的席,称"席",人就坐在席上。古人席地而坐,以两膝着地,两脚背朝下、臀部压在后脚跟上为"跽坐"。这是不同阶层的人的普遍坐姿,只不过根据身份的不同,坐下的席大有分别:天子之席五重,诸侯之席三重,大夫再重。在先秦时期,中国先民习惯于席地而坐,席地而食,或凭俎案而食,人各一份,清清楚楚。这个时期的食器,为了适应坐姿,一般都带有比较高的底座,如豆、簋以及鼎等;否则,古人恐怕只好趴在席子上吃饭了。

(二)两汉延续分食制

到了汉代,中国家具与先秦相比,并未发生彻底的改变,因此,分食制也得以传承沿袭。唐代以前的分餐制,我们可以从当时的文字记录和画作上找到根据。汉墓壁画、画像石和画像砖上,经常可以看到人们席地而坐、一人一案的宴饮场面。如在河南密县打虎亭一号汉墓内画像石的饮宴图上,宴会大厅帷幔高垂,富丽堂皇。主人席地坐在方形大帐内,其面前设一长方形大案,案上有一大托盘,托盘内放满杯盘。主人席位的两侧各有一排宾客席。成都市郊出土的汉代画像砖上,也有一幅宴乐图,在其右上方,一男一女正席地而坐,两人一边饮酒,一边观赏舞蹈。中间有两案,案上有樽、盂,樽、盂中有酒勺。《史记·项羽本纪》中描述的著名的鸿门宴也实行的是分食制,在宴会上,项王、项伯、范增、刘邦、张良一人一案,分餐而食。

（三）唐朝末年合食制出现

唐朝时椅子的广泛普及是合食制能够最终得以实现的一个重要因素。椅子是由古埃及人发明的，在历史发展进程中，随着埃及人向世界扩张，椅子逐步传向世界。据考证，椅子传入中国，与佛教的传入有着莫大的渊源。一般认为，在中国最早出现的椅子，是敦煌285窟西魏壁画中展现出的中国僧人盘腿坐着的椅子。可以想见，前来传教的外来僧人，扮演了将椅子带到中国的角色。那些本已习惯坐在椅子上的外国僧人们带着椅子来到中国或是在中国自制椅子使用。《晋书·佛图澄传》就记载外来和尚佛图澄"坐绳床，烧安息香"念经传法。经过他们培训的中国僧人，也学着外来师父的样子，坐起了椅子，久而久之，便形成了佛教僧人坐椅子的习惯。

随着桌椅的使用，人们围坐一桌进餐也就顺理成章了，这在唐代壁画中也有不少反映。在陕西长安县南里王村发掘了一座唐代韦氏家族墓，墓室东壁绘有一幅宴饮图，图正中置一长方形大案桌，案桌上杯盘罗列，食物丰盛，案桌前置一个荷叶形汤碗和勺子，供众人使用，周围有三条长凳，每条凳上坐三人，这幅图反映出分食已过渡到合食了。此外，在敦煌第473号窟唐代壁画中也可看到类似围桌而食的情景。

（四）宋代合食制普及

由分食制向合食制转变，是一个渐进的过程。在相当长的时期内，两种饮食方式是并存的。如在南唐画家顾闳中的《韩熙载夜宴图》中，南唐名士韩熙载盘膝坐在床上，几位士大夫分坐在旁边的靠背大椅上，他们的面前分别摆着几个长方形的几案，每个几案上都放有一份完全相同的食物。碗边还放着包括餐匙和筷子在内的一套进食餐具，互不混杂，说明在当时虽然合食制已成潮流，但分食制也同时存在。合食制的普及是在宋代，这是因为宋代饮食市场十分繁荣，名菜佳肴不断增多，一人一份的进食方式显然不适合人们嗜食多种菜肴风味的需要，垂足而坐围桌合食也就成了自然而然的事情。

四、宴会

（一）满汉全席

满汉全席是我国一种具有浓郁民族特色的巨型宴席。既有宫廷菜肴之特色，又有地方风味之精华，形成了引人注目的独特风格。满汉全席原是清朝官场中举办宴会时满人和汉人合坐的一种全席。比较简单的满汉全席一般有一百零八种菜点，分三天吃完。菜式有咸有甜，有荤有素，令人尽可从中领略中国饮食文化的博大精深。满汉全席取材广泛，气势宏大，礼仪讲究，用料精细，山珍海味无所不包。烹饪技艺精湛，富有地方特色。既突出满族菜点特殊风味，烧烤、火锅、涮锅等成为不可缺少的菜点，同时又展示了汉族烹调的特色，扒、炸、熘、烧、炒等烹调技法齐备,实乃中华饮食文化的瑰宝。

(二)汉满全席的全过程

1. 正式开宴之前

由于"满汉全席"为官场较为隆重丰盛的筵席,其规格等级、排场礼仪格外讲究。凡宾客至,即奏乐以示欢迎,入室落座先送上毛巾净面,随后送上好的香茗一盅,配以四色精美的点心,谓之"到奉"。吃罢"到奉",开始"茗叙",沏好茶,奉上瓜杏"手碟"任选(即瓜子、榛仁分别摆放在碟子中格档的两侧,供随时用手取食),每人两碟,谓之"对相"(粤语谓之"手分"),客人可以互相交谈,或弈棋、吟诗。

2. 更衣入席

待宾客到齐,则由主客恭请各位宾客"更衣"或换便服入席。所设席桌顺序及入席先后一律严格按职位顶戴、朝珠公服而来安排,各侍役分别恭立,负责各位大人的饮食情况,并在宴席过程中随时示意位列下席的府县官员前来给上司敬酒。

3. 正式开宴

入座之后,先吃鲜果,再上四冷荤喝酒,继上四热荤。酒过三巡,上大菜鱼翅。至此,碟碗撤去,奉献香巾擦脸。然后再上第二度的双拼、热荤。稍歇,又献一次香巾,接着再上第三度、第四度菜点。第四度之后,第五度上饭菜、粥汤。食毕,用一个精致的小银托盘,盛牙签、槟榔供客使用,最后上洗脸水,叫作"槟水"。至此,筵席遂告结束。

整个宴席要换三次台面、碗盏家什三套。自入席至食毕"糖碗"之后上"八大菜"前换一次台面;食至"八中碗"的"金丝山药"菜时,上"茶点";待"八大菜"上到第六道菜时,又上"中点";"八大菜"上齐后,再上"席点"(其中"桐州软饼"、"芝麻烧饼"不上)。食过后,开始换第二次台面。即由位居下席的府县级官员到各席请大人们"升位",把席面抬出,重新更换桌面安排妥当;再由府县级官员请各位大人"得位"(所谓"升位"、"得位",乃清代官场中比喻"升官"、"得官"的吉利话)。坐定之后,上"烧烤"的同时,上"桐州软饼"、"芝麻烧饼";食毕点心之后再换一次台面,仍由下级官员请各位大人"升位"、"得位",直至席终。

(三)席次排布与菜肴组成

1. 席次排布

全席共十三桌,席次如下:首席钦差大臣(无钦差时也同样设此一席);一席正主考;二席副主考;三席学院;四席总督;五席将军;六席军门;七席布政使;八席按察使;九席成绵道;十席盐茶道;十一席都统;十二席成都府、成都县、华阳县等属县官员。

2. 菜肴组成

此次满汉全席的菜肴组成如下:

手碟:毛目瓜子、白大扁豆。

　　四相盘:扎板羊羔、芹王冬笋、甜熘鸭片、冻子鸡丝。红卤鸽脯、酱汁面筋、宣威火腿、南糟螃蟹。

　　四热碟:炸金钱鸡塔、香花炒肚丝、锅贴鲫鱼片、炒稻田鸡腿。

　　四水果:京川雪梨、玲珑佛手(各两份)。

　　四糖碗:冰糖银耳羹、湘莲子羹、冰糖蛤士蟆、广荔枝羹。

　　四蜜饯:金丝蜜枣、蜜寿星橘、蜜汁樱桃、蜜汁橄榄。

　　八中碗:芹菜春笋、奶油鲍鱼、鸭腰蛰头、翡翠虾仁、蝴蝶海参、耳子鸡、蟹黄银杏、金丝山药。

　　八大菜:清汤鸽蛋燕菜、红烧南边鸡、玻璃鱿鱼、冬菰子鸡、鱼翅烧乌金白、棋盘鱼肚、扬州大鱼、火腿菜心。

　　四红:叉烧奶猪、叉烧宣腿、烤大田鸡、叉烧大鱼。

　　四白:佛座子、剑头鸡、哈耳粑、项圈肉。

　　到堂点:奶皮如意卷、冰汁杏闹汤。

　　中点:五仁葱油饼、虾仁米粉汤。

　　席点:哪玛米糕、荠菜烧卖、芝麻烧饼、桐州软饼。

　　茶点:炸玻璃油糕、烧鲜茨茹饼、煎水晶包子、煎玫瑰琪饼,另跟上杏仁茶。

　　随饭菜:耳烩宣腿丝、野鸡雪里、豆芽炒鸭片、香菇近南菜,蚕豆香豆米饭、菜心稀饭。

　　甜小菜:虾瓜、酱瓜。

思考与练习

1. 简单说说上浆、挂糊、勾芡、拍粉的含义。

2. 请说说"炒"的种类及特点。

3. 简单说说冷菜的拼摆原则及拼盘的拼摆方法。

4. 简单说说烹调用具和食器的发展历史。

5. 说说勺子在我国饮食历史上的发展历程。

6. 说说筷子在我国饮食历史上的发展历程。

7. 唐宋时期中国人的进食方式有了明显的变化,请你说说这种变化体现在哪些方面。

8. 满汉全席中的"四蜜饯"、"四红"、"四白"分别是哪些食物?

第七章

食物的滋补与养生作用

第一节 古代中国人的食物滋补观念

一、人体的阴阳平衡与食物的冷热调和

(一)人体的阴阳平衡

1.何谓阴阳

中国古代阴阳思想由来已久。最早起源于《易经》的八卦。《易经》中的卦是由阴爻和阳爻组成,其中,阳爻用"—"表示,阴爻用"- -"表示,故阴阳的概念起源于易卦。老子的《道德经》中就有"万物负阴而抱阳"的说法,孔子的《易传》也阐发"一阴一阳谓之道"的精辟思想。那么,何谓阴阳呢?明白阴阳的含义对理解中国人的食物滋补观念具有决定性的作用。

阴阳是中国古代哲学的一对范畴。阴阳的最初含义是朴素的,只是用于表示阳光的向背,向日为阳,背日为阴,后来逐渐引申为气候的寒暖,方位的上下、左右、内外,运动状态的躁动和宁静等。随着思辨能力的提高,古代中国人认识到自然界中的一切现象都存在着相互对立而又相互作用的关系,于是就用阴阳这个概念来解释自然界两种对立和相互消长的物质势力,并认为阴阳的对立和消长是事物本身所固有的属性,进而认为阴阳的对立和消长是宇宙的基本规律。

在中国春秋战国时期的诸子百家当中,阴阳学说是其中影响较大的一个思想流派。阴阳学说认为,世界是物质性的整体,自然界的任何事物都包含着阴阳互相对立的两个方面,而对立的双方又是相互统一的。阴阳的对立统一运动,是自然界一切事物发生、发展、变化及消亡的根本原因。正如《素问·阴阳应象大论》中说,"阴阳者,天地之道也,万物之纲纪,变化之父母,生杀之本始。"总之,古代中国人认为,阴阳互动规律是自然界一切事物运动变化固有的规律,世界本身就是阴阳对立统一并且不停运动发展变化的结果。

一般来说,凡是剧烈运动着的、外向的、上升的、温热的、明亮的,都属于阳;相

对静止着的、内守的、下降的、寒冷的、晦暗的，都属于阴。以天地而言，天气轻清为阳，地气重浊为阴；以水火而言，水性寒而润下属阴，火性热而炎上属阳。以物质的运动变化而言，"阳化气，阴成形"，即指物质从有形蒸腾汽化为无形的过程属于阳，物质由无形之气凝聚成有形之物质的过程属于阴。对于人体功能而言，凡是具有推动、温煦、兴奋等作用的物质和功能属于阳；对于人体具有凝聚、滋润、抑制等作用的物质和功能属于阴。对社会事项而言也是如此，如果通货膨胀可以看作是"物价"阳性方面的话，那么通货紧缩就是"物价"阴性方面。

2. 阴阳学说的基本内容

阴阳学说的基本内容包括阴阳对立、阴阳互根、阴阳消长和阴阳转化四个方面。

阴阳对立是指世间一切事物或现象都存在着相互对立的阴阳两个方面，如上与下、天与地、动与静、升与降等。其中上属阳，下属阴；天为阳，地为阴；动为阳，静为阴；升属阳，降属阴。而对立的阴阳双方又是互相依存的，任何一方都不能脱离另一方而单独存在。如上为阳，下为阴，而没有上也就无所谓下；热为阳，冷为阴，而没有冷同样就无所谓热。所以说阳依存于阴，阴也依存于阳，每一方都以其相对的另一方的存在为自己存在的条件，这就是阴阳互根。阴阳互根强调，不要因为阳性具有主动性而错误认为阳性就是事物的主要方面，能够完全决定事物的性质。

阴阳之间的对立制约、互根互用并不是一成不变的，而是始终处于一种消长变化过程中的，阴阳在这种消长变化中达到动态的平衡。这种消长变化是绝对的，而动态平衡则是相对的。比如白天阳盛，人体的生理功能也以兴奋为主；而夜间阴盛，人体的生理功能相应地以宁静为主。从子夜到中午，一阳复起阳气渐盛，人体的生理功能逐渐由宁静转向兴奋，即阴消阳长；而从中午到子夜，阳气渐衰，则人体的生理功能由兴奋渐变为抑制，这就是阳消阴长。此外，阴阳双方在一定的条件下还可以互相转化，即所谓物极必反。可以说，阴阳消长是一个量变的过程，而阴阳转化则是质变的过程。阴阳消长是阴阳转化的前提，而阴阳转化则是阴阳消长发展的结果。

3. 阴阳学说视角下的人体生理与健康

(1)阴阳学说视角下人体的组织结构。人体的组织结构可用阴阳观点解释。就人体部位而言：上部为阳，下部为阴；体表为阳，体内为阴；就背与腹而言，背部为阳，腹部为阴；就四肢而言，四肢外侧为阳，内侧为阴；就筋骨与皮肤而言，筋骨在内故为阴，皮肤在外故为阳；就内脏而言，六腑传化物而不藏为阳，五脏藏精气而不泄为阴；就五脏而言，心、肺居于上故为阳，肝、脾、肾居于中下故为阴。不仅如此，人体还以腰为界分上下，腰以上为阳，以下为阴；人体有中外，则脏腑居中为阴，四肢在外为阳；人体有表里，则皮毛筋肉在表为阳，骨髓在里为阴；每一脏腑之中又可将其生理功能归为阳，而其纯粹的物质形态归为阴。

（2）阴阳学说视角下人体的生理功能状态。阴阳学说认为人体的正常生命活动是阴阳两个方面相互协调的结果。人体的物质基础属阴，而生理功能活动属阳，二者互相依存。生理活动以物质为基础，而生理活动的结果又不断促进物质的新陈代谢。如果人体的阴阳不能相互依存、相互为用，人的生理功能状态就会受到严重影响甚至造成生命中止。阴阳学说还被用来说明人体的健康状况，认为疾病的发生，是人体阴阳失衡所致。阴阳失调的表现形式很多，可归纳为阴或阳的偏盛偏衰等，这些可统称为"阴阳不和"。如脸色色泽鲜明者属阳，晦暗者属阴；声音洪亮者属阳，语声低微者属阴。

（3）阴阳平衡是健康的基础。既然万事万物都是由对立统一的阴阳物质所组成，那么，对于人体而言，要想维持健康状态的话，就必须保持人体阴阳平衡。但是，现代社会各种因素会使人体内的阴阳失衡。如工作压力过大导致的失眠烦躁、物质欲望的泛滥导致的心理失衡、家庭生活不和谐导致的精神萎靡等都会造成人体阴阳失衡，从而损害身体健康。

（二）食物的阴阳冷热特性

1. 食物生物属性与阴阳

植物性食物多属于阴性食物，动物性食物多属于阳性食物。植物不会运动，局限在一块土地上生长、开花、结果，与动物比较属于阴性。因此，多数植物性食物属于阴性，如白菜、西瓜、梨、苹果等（但是，对于植物性食物而言，辣椒等属于阳性食物，白菜等就属于阴性食物）；多数动物性食物如羊肉、狗肉、鸡肉等就属于阳性（但是，相对于动物性食物而言，羊肉等属于阳性，而螃蟹等则属于阴性）。

2. 食物的外形与阴阳

从植物性食物的外形也可以探究食物的阴阳属性。一般而言，根相对于茎叶而言属于阳性。因此，牛蒡、藕、红薯、芋头、土豆等根菜更具备阳性；与此相反，白菜、菠菜、卷心菜等叶菜更具有阴性；而且，卷心菜由于靠近根部，水分较少，在叶菜当中属于阴中之阳，具有偏向于阳性的一面。

3. 食物的生长环境与阴阳

植物生长的环境与其阴阳属性也有关系。生长于温暖地带的食物多属于阴性，生长于寒冷地带的食物多属于阳性。

二、具有滋补特性的食物

（一）食物滋补观念

古代中国人具有"天人合一"的思想理念，认为自己身体本身就是一个"小宇宙"，这个"小宇宙"的运转法则和自然界的大宇宙一样，只有保持阴阳调和才能风调雨顺，才能使人体保持健康状态。要维持身体"小宇宙"的阴阳调和，最有效、简单的措施就是要吸收阴阳平衡的食物。根据传统观念，阴阳是相互对应的两对观念,保持食物的阴阳平衡,也就能够确保人体的阴阳调和,从而获得健康。从现代科学的分类标准来看,传统中国食物系统的这种阴阳观念有很多是难于理解的。例如,台湾学者李亦园在谈到中国的食物的阴阳冷热观念时就说道:"蔬菜类中大部分绿色蔬菜属凉性,唯独茼蒿是热性;家禽中鸡属热,而鸭属凉,鹅则属平(中性);大多数家畜肉都属热性,但野生动物的肉则又比豢养牲畜的肉热;甚至连烹调方法的不同也会影响肉类'热'的程度! 南方的水果都较热,荔枝、龙眼都属热,更南方者则更热,来自南洋的杧果、榴莲,都是很热的东西……"尽管如此,在几千年的历史发展过程中,中国人一直乐此不疲地热衷于追求食物的滋补作用。

选择不同阴阳属性的食物,调整人体内"小宇宙"的运转状况,这只是确保人体获得滋补的必要条件。因为,并不是说何时何地进补都会使人体受益,有些时候尽管滋补食物选择正确,但是如果滋补的时机选择不当,那么,滋补的效果将会大打折扣。换言之,不但要求按照身体的阴阳失衡的情况去服用相应食物去调节,而且还要按春夏秋冬四时的季节差别去服食相应的食物,只有如此才能使食物的冷热阴阳性能发生实质作用,才能最终有补于身体的盈亏,这就是中国传统食物滋补观念。

(二)具有滋补特性的食物举例

1. 食物滋补作用强弱的首要标准:豢养与野生

人工饲养的动物、人工栽培的植物,它们的滋补作用不如野生的动物和自然生长的植物,这是判断食物滋补作用的首要标准。例如家生的禽畜偏向于阴性,野生者则偏向于阳性,所以野猪就比家猪热补。当今在食品市场中,散养(不是野生)的家畜家禽尽管价格不菲,但是食客仍旧趋之若鹜,肯花大价钱购买且仍然供不应求,也是因为中国人认为散养的家畜家禽比圈养的更具滋补作用的缘故。

2."稀奇古怪"的动物具有较强的滋补作用

中国人不仅认为野生动植物具有强烈的滋补作用,还从"吃什么补什么"的具体象征意义出发,喜欢食用鹿鞭、虎鞭、牛鞭、鸡肾等类的食物,认为这些食物能够增强男人的性能力。更有甚者,那些难于归类、兼跨两界的"稀奇古怪"的动植物,如海马(似马却在海中)、海狗(似狗却在水中)、蛤蚧(有鳞居地上)、海参(似植物却在海中)、人参(植物而似人)、穿山甲(有鳞却能爬树)等,中国人都认为是大补之物。这些动植物当中有些是食品(如海参),有些却是药品(如人参),由此可见"药食同源"的现象,即药物和食物对人体具有同样的滋补作用的饮食观念在中国人的饮食观念中是根深蒂固的。

3. 以酒进补

中国人喝酒的目的并非只是求得一醉,从酒中获得兴奋的快感。中国人更加关注酒的功效问题,同时也十分讲究下酒小菜的选择。换言之,中国人喝酒也有"以酒进补"的目的,这与西方人喝酒时没菜佐酒干喝且只为消遣或缓解精神压力明显不同。对于中国人来说,喝酒的同时也是进补的过程,特别是对男性具有滋补作用的酒在市场上更是大受欢迎。

三、滋补观念的文化解读

西方人爱吃牛肉,这是人尽皆知的事情。以美国人为例,如果按照其对家畜肉的喜爱程度排一下顺序的话,绝大多数美国人认为吃猪肉虽不如牛肉那样喜欢,但猪肉总比马肉好吃,在肉类严重缺乏时,马肉也是可以吃的;可是如果说要吃狗肉,那不仅根本无法下咽,简直就是不可想象的事情。西方人认为狗是人类忠诚的动物朋友,吃狗肉是绝对忌讳的事情。当年汉城(首尔)奥运会期间,韩国就曾经举国戒食狗肉以免冒犯西方人的饮食忌讳。与之相对应,我们中国人(汉族)虽不是人人都吃狗肉,但普遍认为狗肉是滋补上品。《本草纲目》中对狗肉的滋补特性描述得十分详尽。

从民族文化的立场而言,西方人喜爱牛肉其实是有相当主观的文化癖好。在西方人的观念中,牛肉象征男性的强壮肌肉,喜欢吃牛肉正是喜爱这种壮健的象征,虽说没有直接滋补的效用之意,却也有"男性性征"的含义存在,这与中国式的"饮食男女"实际上有着异曲同工之妙。

第二节　各种食物原料的性味归经

一、食物的性味归经

性味归经是中药的根本理论,是专门说明各种中药疗效性能的术语,也是指导用药的指针。一般而言,西药治病讲究化学成分,与之相对的中药不讲成分而是讲究药性。中药的药性是在漫长的历史发展过程中根据实际疗效经过反复验证之后归纳整理得来的,是从性质上对药物多种医疗作用的高度概括。具体来讲主要包括四气、五味和升降浮沉。由于古代中国人存在药食同源的饮食观念。因此,把日常生活中普遍食用的食物原料也赋予了四气、五味和升降浮沉的特性,并以此来指导日常饮食生活。

(一)食物的四性

1.寒凉与温热

四性也称四气,就是食物寒、凉、温、热四种不同的性质和作用。其中温和热属阳的性质,温的程度次于热;寒和凉属阴的性质,凉的程度次于寒。因此,食物的四性理论实际上是说明食物的寒凉和温热两种对立的性质。另外还有一些食物,可以分为大热、微热、大寒、微寒等,则是在寒热的性质领域内进一步区别其寒和热的程度。

寒凉性质的食物,多具有滋阴、清热、泻火、解毒等作用,能够保护人体的阴性物质,纠正热性体质或治疗热性病症;温热性质的食物,多具有助阳、温里、散寒等作用,能够扶助人体的阳气,纠正寒性体质或治疗寒性病症。

此外,还有一些食物偏凉、偏温的性能不明显,性质平和,称为平性。平性食物适合于一般体质,有时还根据不同人体健康情况,在养生和食疗上与寒性或热性食物配伍食用纠正不同人的体质偏颇。

综上所述,实际上食物的四性包括食物原料寒凉、温热以及平性三大类别。在日常食用的食物当中,平性居多,温热性次之,寒凉性最少。

2. 不同性质食物的运用

食物的寒凉性质或温热性质不是人为规定的,而是通过观察进食相应的食物之后人体发生的反应,经过反复验证后才最终归纳出来的,是对食物性质的一种高度概括和总结。

根据人体健康出现的问题,选择不同属性的食物与之配伍,能达到治病、防病的最终目的。凡是属于寒凉性质的食物,食后能起到清热、泻火甚至解毒的作用,遇到发热炎症或是在炎热夏季就可选用进食。例如,粮豆类食物中的陈仓米、小米、高粱米、大麦、薏米、赤小豆、绿豆等都具有微寒、凉或寒的偏性,同那些具有寒凉性的药物一样,食后能起到清热的作用。与此相反,凡是属于热性或温性的食物,也同具有温热性质的药物一样,食后能起到温中、补虚、除寒的作用,遇到有寒症或气虚证、阴虚证即可选用进食。

(二)食物的五味

1. 五味的划分

食物原料有辛、甘、酸、苦、咸五种主要味道。此外,还有部分食物具有淡味和涩味。不过,淡味习惯上附属于甘味。由于涩味被认为是酸味的变味,酸涩二字经常并列,因此涩味就被附属于酸味了。由此,食物习惯上被分成辛、甘、酸、苦、咸五种味道。食物原料的味道最初是以味觉确定的,随着对食物原料认识的不断深入,由最初的口感评定发展成为抽象概念,即以食物的性质和作用来确定其味的属性特征。不同味的食物原料具有不同的作用,味相同的食物原料其作用也近似或有共同之处。五味同四性一样,也是食物原料作用于人体发生反应,经过反复验证之后才归纳总结出来的。

2. 各种味的特性

五味食物对人体发挥的作用也不同。正如《黄帝内经》中指出的:"辛甘发散为阳,酸苦涌泻为阴,咸味涌泻为阴,淡味渗泄为阳。轻清升浮为阳,重浊沉降为阴。清阳出上窍,浊阴出下窍。清阳发腠理,浊阴走五脏。清阳实四肢,浊阴归六腑。"不难看出,食物所具有的五味,按照阴阳属性可归纳为两大类,即辛甘淡味属阳,酸苦咸味属阴。

(1)辛味食物的特性。一般认为,凡是辛味食物原料都具有宣散、行气、活血的作用,对于那些气血阻滞的病症,选择辛味食物原料具有很好的治疗效果。例如,用生姜、芫荽、葱、蒜、萝卜等配合其他药物或食物制成饮料,或有时用其汁液制成如姜糖饮、姜糖苏叶饮、萝卜青橄榄饮等各种饮品来治疗风寒感冒、感冒咽痛等疾病。再如,用生姜、花椒、大枣水煎服汤汁,可以治疗因寒而产生的痛经等病。此外,中国食疗中经常把酒作为"药引"来使用,这也是借助酒之辛散特性来发挥药力作用的有力证明。

(2)甘味(淡味)食物的特性。甘味食物具有滋养、补脾、润燥、缓解疼痛和痉挛的作用。例如,糯米、红枣粥可以治疗脾胃气虚或胃阳不足等病;再如,羊肝、牛肝、牛筋、鸡肝等,其味皆甘,其性温平,皆具有养肝、养血、补血或滋养肝肾的补益作用,可治疗夜盲、老眼昏花等多种因肝血不足导致的眼疾。淡味一般认为可以渗湿利水。如薏苡仁等属于甘淡之物,经常与食物配合治病,如身体水肿等。

(3)酸味(涩味)食物的特点。酸味和涩味食物的性能相近,都具有收敛、固涩的作用。遇到多汗症以及泄泻不止、尿频、遗精等,都可以选用酸味和涩味食物治疗。酸味和甘味的食物配合食用,还能起到滋阴润燥的功效,因此有"甘酸化阴"之说。例如,五味子与蜂蜜同煮可用来治疗肺虚咳嗽,就是取五味子性味酸温、蜂蜜性味甘平,具有收敛肺气止虚汗的作用。再如,米醋煮豆腐可治疗腹泻,就是取豆腐性味甘凉可益气和中、清热解毒,米醋性味酸苦温有收敛止泻的作用。尽管酸涩味的食物收敛固涩作用不如药物,但是日常生活中选择食物时应考虑个人身体健康状况科学选择,以发挥酸涩食物的应有功效。

(4)苦味食物的特点。在种类繁多的食物当中,苦味食物是种类最少的一类,一般多与甘味相兼。苦味食物多用于清泻五脏之热,以及利水燥湿等。例如,苦瓜味苦性寒,具有清热、明目、解毒之功效,用苦瓜炒菜佐餐食用,有消肿、治疗目赤上火的显著作用。再如,茶叶也属于苦味性凉食物,具有清泻的作用,在我国是日常生活中常见的饮用佳品,经常喝茶能够有清利头目、除烦止渴、消食化痰、利尿解毒等功效。值得注意的是,在食用苦味食物的时候,要注意分清食性偏温还是偏寒,如果寒热不分,不仅不会对人体健康发生补益作用,而且还可能发生病情加重的严重后果。

(5)咸味食物的特点。咸味食物的特点主要有软坚、润下、补肾、养血等,日常生活中多以咸味食物作为补品,达到滋补肝肾、益阴补血等效果。具有咸味的食物主要有海产品和肉类食物。例如,海参味咸性温,能补肾精、养血润燥,配合羊肉可治疗阳痿、肾虚、尿频、遗尿等病症,配合大枣、桂圆等可以治疗血虚等症。再如猪肾味咸性平,能治肾虚、大小便不畅、水肿等症,鸽肉味甘咸有补肝益肾之功效,等。

二、植物性食物的性味归经与滋补作用

（一）蔬菜类

1. 韭菜

（1）性味归经。韭菜别名草钟乳、起阳草、壮阳草、扁菜，为百合科植物韭的叶，以初春早韭肥嫩者为佳。韭菜味甘、性平，归肾经、肝经、胃经、大肠经。

（2）滋补作用。日常生活中经常应用韭菜来温阳益肾、散血止痛。如《本草纲目》记载韭菜粥的制作方法如下：取韭菜 50 克、粳米 50 克煮粥，每日 1 次，早餐服食，主治脾胃阳虚所致腹中冷痛、阳痿早泄、小便次频、白带过多等症。凡是胃、十二指肠溃疡、胃炎、阴虚内热以及患有疮毒者慎食韭菜。

2. 辣椒

（1）性味归经。辣椒又名番椒、辣茄、辣子等，是茄科草本植物辣椒及其变种的果实。辣椒味辛、性热，归肺经、心经、脾经。

（2）滋补作用。日常生活中经常应用辣椒来散寒燥湿、开胃消食、治疗风湿关节炎等。做法为取辣椒 20 个、花椒 30 克，将花椒煎水后加入辣椒煮软后取出撕开，贴在风湿关节炎疼痛处可减轻病痛。辣椒鲜品适宜凉拌、爆炒食用，凡是身体发热、患有热毒疮疡以及阴虚者皆应慎食辣椒。

3. 萝卜

（1）性味归经。萝卜又名芦菔、莱菔、土酥、萝白等，为十字花科植物萝卜的根。萝卜中含有辛辣成分芥子素和淀粉分解酶，具有良好的消化作用。萝卜味辛、甘，性凉，归肺经、胃经、大肠经。

（2）滋补作用。日常生活中经常利用萝卜来治疗消化不良、肺热咳嗽等。如萝卜、葱白捣烂成汁饮用可以治疗儿童消化不良。萝卜可生食，凉拌、炒或炖亦可，但是禁止脾胃虚寒、大便稀溏者食用萝卜。

4. 茄子

（1）性味归经。茄子又名茄瓜、矮瓜、昆仑瓜等，为茄科植物茄的嫩果实。茄子味甘、性凉，归脾经、胃经、大肠经。

（2）滋补作用。日常生活中经常应用茄子来清热解毒、治疗年久咳嗽等症。如当牙齿肿痛、咽喉红肿的时候可以食用茄子。茄子适宜蒸熟、炖、红烧等方法食用。茄子不宜生食，茄子性凉，食用时佐以温热的葱、姜、蒜等比较好。此外，体质虚寒的人、慢性腹泻者不适宜吃茄子。

5. 菠菜

（1）性味归经。菠菜为藜科植物菠菜的带根全草，以秋种者为佳。菠菜味甘、性凉，归胃经、大肠经。

（2）滋补作用。日常生活中经常利用菠菜来生津止咳、清热通便、养血止血。

李时珍《本草纲目》记载:菠菜"甘冷、滑、无毒。通血脉、开胸膈,止渴润燥,根尤良"。例如,取鲜菠菜水煮,喝汤吃菜,用于治疗小便不通、便秘等症。菠菜猪肝汤可用于治疗贫血等症状。菠菜适宜开水焯后凉拌或煲汤、炖等食用。脾胃虚寒、大便稀溏者不宜多食菠菜;肾炎及结石病患者应慎食菠菜。

6.冬瓜

(1)性味归经。冬瓜又名白瓜、水芝、枕瓜、东瓜等,为葫芦科植物冬瓜的果实,以肉厚汁多而味甘为佳。冬瓜味甘、淡而性凉,入大肠经、小肠经、膀胱经。

(2)滋补作用。日常生活中经常利用冬瓜清热生津、利水消肿、解毒。例如冬瓜500克加水煮汤600毫升,每次饮用200毫升,可以治疗暑热;还可以利用冬瓜瓤煮汤饮用治疗水肿烦渴。冬瓜宜去皮瓤后制成羹或者炖食。冬瓜性凉,脾胃虚寒、大便稀溏者慎用。

(二)水果类

1.柿子

(1)性味归经。柿子是柿科植物柿子的成熟果实。柿子晾干压扁之后形成的饼状制品称为柿饼,柿子制成柿饼之后外表所生的白色粉霜称为柿霜。鲜柿子味甘、涩,性凉;柿饼味甘、性微温;柿霜味甘、性凉。柿子入心经、肺经、大肠经。

(2)滋补作用。日常生活中经常用柿子润肺化痰。成熟的柿子质地柔软,富含汁液甘寒化阴生津而润肺化痰,使黏痰得以软化易于咳出。还可食用柿子来生津止渴。

2.大枣

(1)性味归经。大枣又名红枣、干枣,是鼠李科植物枣的成熟果实。大枣味甘,性温,归脾经、胃经、心经。

(2)滋补作用。日常生活中经常用大枣来补脾益气、润肺生津、养血安神,还可以用来改善面色、通九窍、助十二经、和百药。鲜大枣可以生食,干大枣浸水代茶饮或煮粥皆可。消化不良者不宜大量食用,腐烂变质的大枣禁止食用。

3.葡萄

(1)性味归经。葡萄又名蒲桃、山葫芦、草龙珠,是葡萄科植物葡萄的成熟果实。葡萄味甘、酸,性平,归脾经、肺经、肾经。

(2)滋补作用。日常生活中经常用葡萄来益气补血、强壮筋骨、通利小便,主治气血不足、心悸盗汗、肺虚咳嗽以及水肿等。葡萄生食、晒干食用或者酿酒食用均可。胃酸过多、糖尿病患者慎食葡萄。

4.木瓜

(1)性味归经。木瓜是蔷薇科植物木瓜的成熟果实。木瓜为我国特有的水果。木瓜味酸,性温,入肝经、脾经。

(2)滋补作用。日常生活中利用木瓜来舒筋活络、化湿和胃,主治风湿痹痛、脚气肿痛以及吐泻,还可治疗消化不良。木瓜味酸带涩,一般制成蜜饯、果酱食用。胃酸过多者不宜食用木瓜。

5. 梨

(1)性味归经。梨是蔷薇科植物梨的成熟果实。梨味甘、淡、微酸,性寒,入肺经、胃经、心经。

(2)滋补作用。日常生活中经常利用梨来清热降火生津、润肺化痰止咳、养血生肌、解除酒毒。梨生食、煮熟或者榨汁食用皆可。梨不宜多食,过食则伤脾胃。脾胃虚寒、大便稀溏、腹部冷痛、风寒咳者以及产妇等不宜食用。

6. 石榴

(1)性味归经。石榴又名安石榴、番石榴,是石榴科植物石榴的成熟果实。石榴味甘、酸,性温,归肺经、脾经、肾经。

(2)滋补作用。日常生活中经常利用石榴来润肺止咳,治疗口舌生疮等病。石榴宜生食。糖尿病患者不宜多食石榴,胃溃疡、十二指肠溃疡患者也不宜多食。

(三)粮豆类与薯类

1. 粳米

(1)性味归经。粳米又名大米、硬米、嘉蔬,是禾本科植物粳米的种仁。粳米味甘、性平,归脾经、胃经。

(2)滋补作用。粳米具有补脾和胃、益精强志、补中益气的功能。《本草经疏》说粳米"五谷之长,人相赖以为命也",为补益强壮养生之食物。常用养生方有芡实粳米粥、大枣粳米粥、桃仁粳米粥等。

2. 籼米

(1)性味归经。籼米又名南米,是禾本科植物稻米的种子。籼米味甘,性温,归脾经、胃经。

(2)滋补作用。籼米具有温中益气、养胃和脾的作用,籼米还适用于脾胃虚寒、大便溏泄者食用。阳气盛、有热发烧者慎食籼米。

3. 糯米

(1)性味归经。糯米又名江米、元米,是禾本科植物糯稻的种子。糯米味甘,性温,归脾经、胃经、肺经。

(2)滋补作用。糯米具有补中益气、补肝敛汗的作用,有"脾之谷"之称,为补益强壮的养生食品。日常食用可温暖五脏、强壮身体、补脾益肺。糯米适宜加工成糯米粥、粽子、年糕食用。糯米性黏不易消化,因此不宜多食。

4. 小麦

(1)性味归经。小麦是禾本科植物小麦的种子,药效较好的小麦生长于淮河沿岸被称为淮小麦。小麦味甘,性平,归心经、脾经、肾经。

(2)滋补作用。小麦具有健脾益气、养心安神、止咳消烦、益气止汗的功效。

《饮膳正要》记载,用小麦面炒熟之后温水调服,可治疗大便溏泄。小麦宜加工制成各种食物食用。小麦种皮含有多种营养素,不宜去麸过多。

5.荞麦

(1)性味归经。荞麦是蓼科植物荞麦的种子。荞麦味甘、微酸,性寒,归脾经、胃经。

(2)滋补作用。荞麦具有健脾消食、下气宽肠、解毒等功效,主治肠胃集滞、痢疾、带下、自汗、盗汗等。《本草纲目》记载用荞麦面炒熟煮食可治疗泻肚。荞麦宜加工成多种食物食用。荞麦性凉,脾胃虚寒者不可多食。

6.绿豆

(1)性味归经。绿豆别名青小豆,是豆科植物绿豆的种子。绿豆味甘,性凉,归心经、肝经、胃经。

(2)滋补作用。绿豆具有清热消暑、利水解毒的功效,主治暑热烦渴、感冒发热、痰热哮喘、头痛目赤、口舌生疮等症。绿豆适宜煮汤饮用或加工成副食品食用。绿豆食用最好不要去皮,脾胃虚寒者慎食。

7.马铃薯

(1)性味归经。马铃薯别名土豆、洋山芋、山药蛋,是茄科植物马铃薯的块茎。马铃薯味甘,性平,归脾经、胃经、大肠经。

(2)滋补作用。马铃薯具有益气健脾、调中和胃的功效,主治脾气虚弱、倦怠气短乏力、便秘等症。马铃薯可烹调制成多种菜肴食用。必须注意,凡是生芽或腐烂变质的马铃薯绝对禁止食用,预防食物中毒。

(四)菌藻类

1.香菇

(1)性味归经。香菇别名香蕈、冬菇、香菌,是侧耳菌科植物香蕈的子实体。香菇味甘,性平,归肝经、胃经。

(2)滋补作用。香菇具有扶正补虚、健脾开胃、化痰理气等疗效。主治高血脂、脾胃不和等症。清代黄宫绣《本草求真》记载,香菇"食中佳品,能助胃益食,及理小便不禁"。香菇无论鲜干皆宜作羹、炖食。必须注意,严禁食用野生有毒的香菇,防止食物中毒。

2.银耳

(1)性味归经。银耳别名雪耳、白木耳,是银耳菌科植物银木耳的子实体。银耳味甘、淡,性微凉,归肺经、胃经、肾经。

(2)滋补作用。银耳具有滋阴润肺、养胃生津的功效,是滋阴强壮养生佳品。日常食用还可补肾健脑、滋润肌肤、抗衰延年等。适用于阴虚体质、病后体虚、老年体衰以及秋燥进补和无病强身者食用。银耳适合水浸后凉拌或者羹食,常用的养生方有冰糖银耳大枣汤、银耳炖山鸡、西米银耳等。

3. 木耳

(1)性味归经。木耳别名黑木耳、云耳、木蛾,是木耳菌科植物木耳的子实体。木耳味甘,性平,归肾经、脾经、胃经、大肠经。

(2)滋补作用。木耳具有补气养血、润肺止咳、止血、降压、抗癌的功效,主治气虚血亏、肺虚久咳、痔疮出血、高血压、跌打伤痛等。黑木耳适宜浸泡后凉拌、制作羹食。大便稀溏者应禁食木耳。

4. 紫菜

(1)性味归经。紫菜别名紫英、子菜,是红毛科植物甘紫菜的叶状体。紫菜味甘、咸,性寒,归肺经、脾经、膀胱经。

(2)滋补作用。紫菜具有化痰软坚、利咽止咳、养心除烦、利水除湿的功效,治疗甲状腺肿、咽喉肿痛、咳嗽、烦躁失眠、脚气、水肿等症。紫菜可适量熬汤食用。脾虚者不可多食。

5. 海带

(1)性味归经。海带别名昆布、江白菜,是海带科植物海带的叶状体。海带味咸,性寒,无毒,归肝经、脾经、肾经。

(2)滋补作用。海带具有消痰软坚、利水消肿的功效,主治甲状腺肿、疝气、脚气水肿等症。海带可煮食或拌食。脾胃虚寒者要少食海带。

三、动物性食物的性味归经与滋补作用

(一)畜禽肉

1. 鸡肉

(1)性味归经。鸡肉是雉科动物家鸡的肌肉。鸡肉味甘,性温,归脾经、胃经。

(2)滋补作用。鸡肉具有补中益气、补精填髓的功效,被称为"食补之王",为补气益精养生之佳品。日常食用可补益五脏、滋养强壮。适用于形体瘦弱、病后体虚等症。常用的养生方有五子(枸杞子、栗子、松子、莲子、五味子)炖鸡、虫草炖鸡等。鸡肉适合煮、蒸、煨、炖食。公鸡适宜青壮年食用,母鸡适宜老人、妇女、产妇或体弱多病者食用。

2. 乌骨鸡肉

(1)性味归经。乌骨鸡肉是雉科动物乌骨鸡的肉。《本草纲目》记载:"乌骨鸡,但观鸡舌黑者,则骨肉俱乌,入药更佳。"乌骨鸡味甘,性平,归肝经、肾经。

(2)滋补作用。乌骨鸡具有补肝益肾、补气养血、退虚热、治疗妇女带下等功效。乌骨鸡多炖食、煮食。凡外部感染未愈者不宜食用乌骨鸡。

3. 鸭肉

(1)性味归经。鸭肉是鸭科动物家鸭的肉,入药者以白鸭为宜。鸭肉味甘、咸,性凉,归脾经、胃经、肺经、肾经。

(2)滋补作用。鸭肉具有补气益阴、滋阴养胃、健脾补虚、利水消肿的功效,主治咳嗽、水肿等症。鸭肉适宜煮食或煮汤食用。鸭肉性凉,脾胃虚寒、大便稀泄者不宜食用。

4.鹅肉

(1)性味归经。鹅肉是鸭科动物鹅的肉。鹅肉味甘,性平,归脾经、肺经。

(2)滋补作用。鹅肉益气补虚,主治虚赢消渴等症状。鹅肉适宜煮食或煮汤食用。脾胃阳虚、皮肤生疮、湿热内蕴者忌食。

5.牛肉

(1)性味归经。牛肉是牛科动物牛的肌肉,有黄牛肉、水牛肉之分。牛肉味甘、咸,性平,归脾经、肺经。

(2)滋补作用。牛肉具有补脾胃、益气血、强筋健骨的疗效,有"补气功同黄芪"之美誉,为补益气血的佳品。日常食用可益气血、健脾胃、补虚弱等。黄牛肉熬炼而成的膏剂称为"霞天膏",为补益气血养生之佳品。常用的食养方还有牛肉粥、土豆烧牛肉等。牛肉适宜煮食、炖食、红烧、酱制或加工成牛肉干食用。消化不良者应慎食牛肉。

6.羊肉

(1)性味归经。羊肉是牛科动物山羊或绵羊的肌肉。羊肉味甘,性温,归脾经、胃经、肾经。

(2)滋补作用。羊肉具有健脾温中、补肾壮阳、益气养血的功效。有"人参补气,羊肉补形"的说法,为温补强壮养生佳品。羊肉主治肾阳亏虚、阳痿,产后少乳等症。比较有名的食养方是当归生姜羊肉汤。羊肉适宜炖食、煮食、煨食及制作羹食。肥胖、高血脂、动脉硬化、心脑血管疾病患者应少吃羊肉。

7.猪肉

(1)性味归经。猪肉是猪科动物健康猪的肌肉。猪肉味咸、甘,性平,归脾经、心经、肾经。

(2)滋补作用。猪肉具有补肾滋阴、润燥、益气养血、消肿的效用,主治肾虚赢弱、烦躁咳嗽、便秘虚肿等症。猪肉适宜炒食、炖食、煮食、烧食等。痛风患者不宜过多食用猪肉。

(二)动物性水产品

1.鲤鱼

(1)性味归经。鲤鱼是鲤鱼科动物鲤鱼的肉。鲤鱼味甘,性平,归脾经、肾经、胃经、胆经。

(2)滋补作用。鲤鱼具有健脾和胃、利水下气、通乳、安胎等效用,主治胃痛、腹泻、水肿、小便不利、脚气、咳嗽以及妇女胎动不安、妊娠水肿、产后乳汁稀少等症。鲤鱼适宜煮汤或炖食。身体发热或生疮患者慎食。

2. 鲫鱼

(1)性味归经。鲫鱼是鲤科动物鲫鱼的肉。鲫鱼味甘,性平,归胃经、脾经、大肠经。

(2)滋补作用。鲫鱼有健脾和胃、利水消肿、通血脉的效用,主治脾胃虚弱、产后乳汁稀少、痢疾、便血、水肿等症。鲫鱼适宜煮食。鲤鱼与鲫鱼各有特长:鲤鱼长于利尿消肿,鲫鱼长于通下乳汁。

3. 河蚌

(1)性味归经。河蚌别名五齿蚌、河蛤蜊、河贝等,是瓣鳃纲珠蚌科蚌类的肉。河蚌味甘、咸,性寒,归肝经、肾经。

(2)滋补作用。河蚌具有滋阴清热、明目解毒的效用,常用于消渴、带下、痔瘘、湿疹等症。河蚌宜煮食或炒食。脾胃虚寒、腹泻患者不宜食用河蚌。

4. 泥鳅

(1)性味归经。泥鳅是鲤形目鳅科动物泥鳅的肉。泥鳅味甘,性平,归肝经、脾经、肾经。

(2)滋补作用。泥鳅具有补益脾肾、利水、解毒的效用。泥鳅一般煮食,适合各种人群食用。

5. 乌贼

(1)性味归经。乌贼别名墨鱼、乌侧鱼、缆鱼,为乌贼科动物金乌贼、针乌贼和无针乌贼的肉。乌贼味咸,性平,归肝经、肾经。

(2)滋补作用。乌贼具有养血滋阴的功效,可治疗血虚闭经、带下、崩漏。乌贼适宜煮食或炒食,但是,乌贼属动风发物,生病之人酌情食用。

6. 海参

(1)性味归经。海参为赤参科动物赤参,或海参科动物黑乳参,或瓜参科动物光参等。海参味咸,性温,归心经、肾经。

(2)滋补作用。海参具有补肾益精、养血润燥、止血的功效,主治精血亏损、虚弱劳怯、阳痿、梦遗、便秘、咳嗽、外伤出血等症。海参煎汤、煮食或红烧皆可。脾虚便稀等人群慎食海参。

7. 海虾

(1)性味归经。海虾为虾科动物对虾或龙虾科动物龙虾等海产虾的肉或全体。海虾味甘、咸,性温,归肾经。

(2)滋补作用。海虾具有补肾壮阳、滋阴的作用,主治肾虚阳痿、阴虚风动、手足抽搐、中风半身不遂等症。海虾可以炒食、煮汤、浸酒以及制作虾酱。过敏体质、皮肤病患者不宜多食海虾。

8. 河蟹

（1）性味归经。河蟹别名螃蟹、毛蟹、大闸蟹，为方蟹科动物中华绒螯蟹的肉或全体。河蟹味咸，性寒，归肝经、胃经。

（2）滋补作用。河蟹清热、散瘀、消肿解毒，主治湿热黄疸、产后淤滞腹痛、脓疮、烫伤等症。河蟹酒浸、清蒸皆可。脾胃虚寒者、孕妇慎食。

（三）动物的内脏、蛋和乳

1. 牛乳

（1）性味归经。牛乳是牛科动物黄牛或水牛的乳汁。牛乳味甘，性平，归肺经、胃经。

（2）滋补作用。牛乳具有补虚损、益肺胃、生津润燥、解毒的功效，主治虚弱劳损、消渴、血虚便秘等症。牛乳宜煮沸饮用。脾胃虚寒者慎用。

2. 鸡蛋

（1）性味归经。鸡蛋别名鸡卵、鸡子，是雉科动物家鸡的卵。鸡蛋味甘、性平（蛋清味甘、性凉，蛋黄味甘、性平），归心经、肾经。

（2）滋补作用。鸡蛋具有滋阴润燥、养血安胎的功效，主治热病烦闷、燥咳声哑、目赤咽痛、胎动不安、产后口渴、小儿疮、烫伤等症。鸡蛋可煎炒蒸煮或煮蛋花汤食用。脾胃虚弱者不宜多食鸡蛋。

3. 猪肚

（1）性味归经。猪肚即猪胃，是猪科动物健康猪的胃。猪肚味甘，性平，归脾经、胃经。

（2）滋补作用。猪肚具有健脾益胃、补益虚损的功效。日常食用猪肚可补脾胃、益不足、健体强身。猪肚宜煮、炖熟后凉拌或制作羹食。常用的食养方如猪肚粥。肥胖、高血压、高血脂、动脉硬化、心脑血管疾病及糖尿病患者不宜多食猪肚。

4. 猪肾

（1）性味归经。猪肾别名猪腰，是猪科动物健康猪的肾脏。猪肾味咸、甘，性平，归肾经、肺经。

（2）滋补作用。猪肾是补肾壮阳之佳品。日常食用可补肾气、强肾脏、密腠理。食用时将猪肾切开，温水浸泡之后爆炒、煮、炖、羹食皆可，常用的食养方有炒猪腰、猪肾粥等。病死猪及变质猪的肾严禁食用。

5. 猪肝

（1）性味归经。猪肝是猪科动物健康猪的肝脏。猪肝味甘、苦，性平，归肝经、胆经、肾经。

（2）滋补作用。猪肝具有养血补血、补肝明目的功效，为补肝养血的佳品。在《随息居饮食谱》中记载猪肝有"填肾精而健腰脚，滋胃液以润皮肤……助血脉能充乳汁，较肉尤补"的功效。猪肝宜煮熟或炖熟，待晾凉后拌食或制作羹食。病死猪及变质猪的肝严禁食用。

6.黄狗肾

(1)性味归经。黄狗肾又名狗精、狗阴、狗鞭,是雄黄狗的外生殖器,以产于广东者最为著名。黄狗肾味咸,性温,归肾经。

(2)滋补作用。黄狗肾具有补肾壮阳的功效,日常食用可壮肾阳、益精髓,对肾虚阳痿、感觉阴冷、妇女带下以及畏寒肢冷、腰酸尿频等症有疗效。著名食养方有狗鞭汤、狗鞭羊肉汤等。黄狗肾可炖汤食或研末下酒,阳虚火旺者不适合食用。

四、其他食物的性味归经

(一)茶叶与酒

1.茶叶

(1)性味归经。茶叶是山茶科植物茶的芽叶。由于加工方法不同,茶叶又可分为绿茶、红茶、乌龙茶等。茶叶味苦、甘,性凉,归心经、肺经、胃经。

(2)滋补作用。茶叶具有清利头目、除烦止渴、解腻消食、利尿消肿、解毒治痢等功效,日常饮茶可悦志爽神、解腻健胃、消痰减肥、清泻内火,并能防止坏血病的发生。茶叶可煎汤、浸泡饮用。失眠者慎饮茶叶;空腹、发热、便秘者忌饮浓茶,胃溃疡患者不宜喝茶;服药时不宜用茶水送服。

值得注意的是,绿茶性凉,能清热、除烦、消食、利尿;红茶性温,除具有绿茶的大部分功效之外,还能温暖脾胃;乌龙茶则兼有绿茶的清香、红茶的浓鲜;紧压茶和速溶茶一般具有红茶的特征。

2.苦丁茶

(1)性味归经。苦丁茶又名茶丁、富丁茶、皋卢茶,是冬青科植物大叶冬青的叶。苦丁茶味苦、甘,性寒,归肝经。

(2)滋补作用。成品苦丁茶清香且有苦味,具有清热消暑、明目益智、生津止渴、利尿强心、润喉止渴、降压减肥、抑制癌症、抗衰老活血脉等多种功效。风寒感冒者、虚寒体质者、女性经期和产妇不适宜饮苦丁茶,老年人和未成年人也不宜饮用。

3.酒

(1)性味归经。传统的中国酒是以米、麦、黍、高粱等酿制而成的含乙醇的液体。酒味辛、甘,性温,归心经、肝经、肺经、胃经。

(2)滋补作用。酒具有活血祛淤、散寒、通经、推行药势等功效,主治风湿痹痛、心腹冷痛、跌打疼痛、筋脉抽搐等症。酒加热饮用为佳。阴虚火旺、失血者不宜饮用。

(二)调味品

1.醋

(1)性味归经。醋为米、麦、高粱或酒、酒糟酿成的含有乙酸的液体。醋味酸、甘、苦,性温,归肝经、胃经。

(2)滋补作用。醋具有散瘀消积、止血解毒等功效,主治产后血晕、吐血、便血等症,对腹痛、痈肿疮毒等症也有效果,还具有杀死鱼肉菜肴细菌的功效。醋可冲饮或作为调料食用。醋不宜多食,否则伤筋软齿。溃疡患者慎食。

2. 食盐

(1)性味归经。食盐是海水或井盐、盐矿中的盐分经煎或晒而成的结晶。食盐味咸,性寒,归胃经、肾经、大肠经、小肠经。

(2)滋补作用。食盐具有清热凉血、止吐消痰的功效,主治目赤肿痛、齿龈出血、生火牙痛、小便淋涩、胸闷、腹胀等症。水肿者应忌食食盐。

第三节 人体的脏腑功能与食物养生

一、人体的脏腑及其生理功能

(一)五行学说与五脏

1. 五行学说的基本含义

五行是指木、火、土、金、水五种物质的运动。古代中国人在长期的生活和生产实践中认识到木、火、土、金、水是组成这个世界必不可少的最基本物质,并由此引申为世间一切事物都是由木、火、土、金、水这五种基本物质之间的运动变化生成的,这五种物质之间,存在着既相互滋生又相互制约的关系,在不断的相生相克运动中维持着动态的平衡,这就是五行学说的基本含义。

根据五行学说,"木曰曲直",凡是具有生长、升发、条达舒畅等作用或性质的事物,均归属于木;"火曰炎上",凡具有温热、升腾作用的事物,均归属于火;"土爰稼穑",凡具有生化、承载、受纳等作用的事物,均归属于土;"金曰从革",凡具有清洁、肃降、收敛等作用的事物则归属于金;"水曰润下",凡具有寒凉、滋润、向下运动的事物则归属于水。五行学说以五行的特性对事物进行概括归类,将自然界各种事物和现象归属于五行之中。

2. 五行的关系

五行学说认为,五行之间存在着生、克、乘、侮的关系。五行的相生相克关系可以解释事物之间的相互联系,而五行的相乘相侮则可以用来表示事物之间平衡被打破后的相互影响。所谓相生即相互滋生和相互助长。五行相生的次序是:木生火,火生土,土生金,金生水,水生木。相生关系又可称为母子关系,如木生火,也就是木为火之母,火则为木之子。所谓相克即相互克制和相互约束。五行的相克次序为:木克土,土克水,水克火,火克金,金克木。相生相克是密不可分的,没有生,事物就无法发生和生长;而没有克,事物无所约束,就无法维持正常的协调关系。

只有保持相生相克的动态平衡,才能使事物正常地发生与发展。

如果五行相生相克太过或不及,就会破坏正常的生克关系,而出现相乘或相侮的情形。相乘,即五行中的某一行对被克的一行克制太过。比如,木过于亢盛,而金又不能正常地克制木时,木就会过度地克土,使土更虚,这就是木乘土。相侮,即五行中的某一行力量过于强大,不仅应该克制它的一行无法制约它,而且反倒被它所克制,这种情况就被称为反克(或反侮)。例如,在正常情况下水克火,但当水太少或火过盛时,水不但不能克火,反而会被火烧干,这种情形就是火反克(或反侮)水。

3. 不同事物的五行归类

五行学说以五行的特性为基准对其他事物进行归类,将自然界的各种事物和现象的性质及作用与五行的特性相类比后,将其分别归属于五行之中。如事物的特性与木的特性相近,则归属于木,而与火的特性相类似的事物则归属于火。按照五行学说,自然界及人体等可分别归类的情形参见表 7–1。

表 7–1　不同事物的五行归类

自然界						五行	人体					
五味	五色	五化	五气	五方	五季		五脏	六腑	五官	形体	情志	五液
酸	青	生	风	东	春	木	肝	胆	目	筋	怒	泪
苦	赤	长	暑	南	夏	火	心	三焦小肠	舌	脉	喜	汗
甘	黄	化	湿	中	长夏	土	脾	胃	口	肉	思	涎
辛	白	收	燥	西	秋	金	肺	大肠	鼻	皮毛	悲	涕
咸	黑	藏	寒	北	冬	水	肾	膀胱	耳	骨	恐	唾

(二)脏腑的功能

1. 肝

肝位于上腹部,横膈之下。其主要生理功能是主疏泄和藏血。肝开窍于目,与人体筋的功能密切相关。肝的健康程度可以通过手指甲和脚趾甲的外观来判断。此外,肝与胆囊直接相连,它们互为表里。

(1)肝主疏泄。肝主疏泄,泛指肝气具有疏通、条达、升发、畅泄等综合生理功能。肝主疏泄的功能主要表现在调节精神情志,促进消化吸收,以及维持气血、津液运行三方面。此外,肝的疏泄功能还有疏利三焦、通调水道的作用。

(2)肝主藏血。肝有储藏血液和调节血量的功能。肝开窍于目,若肝血不足,不能濡养于目,则两目干涩昏花,或为夜盲;若失于对筋的濡养,则产生肢体麻木、屈伸不利等症状。此外,肝血充足,则指(趾)甲红润、坚韧;肝血不足,则指(趾)甲枯槁、软薄,或凹陷变形。

2.心

心居于胸腔,横膈膜之上,有心包(所谓心包,是心包络的简称,又可称"膻中",是指包在心脏外面的组织,具有保护心脏的作用,代心受邪。如热病过程中若出现高热、神志昏迷等病症,中医学就称之为"热入心包"或"蒙蔽心包")卫护于外。心为神之主、脉之宗,起着主宰生命活动的作用,故《素问·灵兰秘典论》称之为"君主之官"。心的生理功能主要有两方面:一是主血脉,二是主神志。心的健康情况可通过舌、脸面的外观表现来判断。此外,心与小肠互为表里。

(1)心主血脉。心主血脉包括主血和主脉两个方面。全身的血液都在脉中运行,依赖于心脏的搏动而输送到全身,发挥其濡养的作用。心脏的正常搏动主要依赖于心气。心气旺盛,才能维持血液在脉内正常地运行,周流不息,营养全身。心气不足,可引起心血管系统的诸多病变。

(2)心主神志。神有广义和狭义之分。广义之神,是指整个人体生命活动的外在表现,我们常说"此人显得很神气"意思就是说这人的生命外在整体表现旺盛;狭义之神,即是指心所主的神志,即人的精神、意识、思维活动。

3.脾

脾在横膈之下。其主要生理功能是主运化、升清和统摄血液。脾的健康情况可通过味觉、嘴唇颜色以及身体胖瘦来判断。此外,脾和胃互为表里。

(1)脾主运化。运,即转运输送;化,即消化吸收。脾主运化的生理功能包括运化水谷精微和运化水液两个方面。脾的运化功能正常则人体健康。反之,若脾脏虚弱,则出现食欲不振、腹胀、便溏、消化不良,以致感觉倦怠、形体消瘦等。

(2)脾主升清。"升"即上升之意,"清"是指水谷精微等营养物质。脾主升清一是指将水谷精微物质上输送至心、肺,通过心肺的作用再化生气血以营养全身;二是指脾能维持机体内脏的正常位置。若脾脏虚弱,则可出现神疲乏力、头目眩晕、腹胀泄泻等症,还可能引发内脏下垂,如胃下垂、子宫脱垂或久泄脱肛等症。

(3)脾主统血,是指脾能统摄、控制血液,使之正常地循行于脉内。如脾气虚弱失去统血的功能,则血不循行于脉内而溢于脉外,可出现某种出血症状,如便血、皮下出血、子宫出血等,并伴有其他一些脾气虚弱的症状。

4.肺

肺居胸腔,在诸脏腑中,其位最高,故有"华盖"之称。肺叶娇嫩,不耐寒热,易被邪侵,故又称"娇藏"。肺的主要生理功能有:肺主气、司呼吸;主宣发肃降,并通调人体内的水道。肺的健康状况可以通过鼻子、皮肤、毛发的状况来判断。肺与大肠相为表里。

(1)肺主气。肺主气的功能包括两个方面,即主呼吸之气和主一身之气。若肺受伤而功能异常,可出现咳嗽、气喘、呼吸不顺等呼吸系症状。肺主一身之气,是指肺有主持并调节全身各脏腑组织器官之气的作用,可影响宗气的生成和全身气机出入运动。

(2)肺主宣发肃降。肺的宣发一是指通过肺排出体内的浊气;二是将卫气、津液和水谷精微布散周身,外达于皮毛,以营养身体滋润肌腠和皮毛。肺的肃降功能主要体现在以下三个方面:一是吸入自然界的清气;二是将吸入的清气和脾转输来的津液和水谷精微向下发散;三是肃清肺和呼吸道内的异物,以保持呼吸道的洁净。

(3)肺主通调水道。肺的通调水道功能是指肺的宣发肃降功能对于体内的水液代谢起着疏通和调节的作用。肺通调水道的功能异常,则水的输布、排泄就将受到阻碍,出现小便不利、水肿等症状。

5.肾

肾位于腰部,故《素问·脉要精微论》说:"腰者,肾之府"。由于肾脏里藏有"先天之精",为脏腑阴阳之本,生命之源,故肾被称为"先天之本"。肾主管人体的生长发育和生殖功能。肾的健康状况可以通过耳朵的听力、大小便、骨骼牙齿以及头发反映出来。肾与膀胱互为表里。

(1)肾藏精,主生长发育。肾所藏的精气包括"先天之精"和"后天之精"。其中,先天之精乃是指从父母那里继承的遗传物质,后天之精则是指从食物中获得的营养物质,因此《素问·上古天真论》就说:"肾者,受五脏六腑之精而藏之。"

(2)肾主水。肾主水是指肾具有主持全身水液代谢、维持体内水液平衡的作用。人体的水液代谢包括两个方面:一是将来自水谷精微、具有濡养滋润脏腑组织作用的津液输布全身;二是将各脏腑组织代谢后的浊液排出体外。如果肾主水的功能失调,开阖失度,就会引起人体水液代谢紊乱。如阖多开少,可见尿少、水肿;开多阖少,则见尿多、尿频。

(3)肾主纳气。纳即收纳、摄纳的意思。肾主纳气,是指肾有摄纳肺所吸入的清气的作用,从而保证人体内外气体能够处于正常交换的状态。中医理论认为,只有肾纳清气才能保持一定的呼吸深度。故肾的纳气功能正常,则呼吸均匀顺畅。如肾虚不能纳气即所谓的"肾不纳气",可出现呼多吸少或吸气困难,稍有运动则呼吸急促等症。

6.六腑的功能

(1)胆。胆又属于奇恒之腑,是六腑当中最重要的器官。胆的生理功能是储藏和排泄胆汁。中医学认为,胆汁由肝之精气所化生。若肝失疏泄,则可导致胆汁生成和排泄异常,影响到人体对饮食的消化和吸收,可出现多种消化不良症状。

(2)胃。胃居于膈下,腹腔上部。胃的主要生理功能是受纳与腐熟水谷。容纳于胃中的饮食水谷,经过胃的腐熟后,下传于小肠之后进一步消化和吸收。如果胃功能发生障碍,可出现食欲不振,食少,消化不良或胃胀胃痛等症状。此外,胃的受纳腐熟水谷功能必须与脾的运化功能相配合,才能最终确保食物的消化和吸收。

(3)小肠。小肠位居腹中,其上口在幽门处与胃之下口相接,其下口在阑门处与大肠之上口相连。小肠的主要生理功能是受盛、化物和泌别清浊,把食物的营养物质留下供人体利用,糟粕物质传导给大肠。

(4)大肠。大肠居于下腹中,上接小肠,下接肛门。其主要生理功能是传化糟粕。大肠的这一功能是胃的降浊功能的延伸,同时与肺的肃降功能关联密切。如果大肠功能失常,则可能出现大便不成形、便秘或便脓血等症状。

(5)膀胱。膀胱位于小腹中,主要生理功能是贮尿和排尿。尿液为津液所化,在肾的气化作用下,其浊者下输于膀胱,并由膀胱暂时储存,当贮留至一定程度时,在膀胱气化作用下排出体外。膀胱的贮尿和排尿功能,完全依赖于肾的气化功能,膀胱的气化实际上隶属于肾的蒸腾汽化。膀胱的病变表现与肾功能失常表现类似,主要有尿频、尿急、尿痛,或小便不利、尿不尽,或者遗尿、小便失禁等症状。

(6)三焦。三焦是中医学上一个特有的虚构的脏器器官,是上焦、中焦和下焦的合称。上焦为膈以上的部位,包括心、肺;中焦为膈以下、脐以上的部位,包括脾、胃;下焦为脐以下部位,包括肾、膀胱、大小肠、女子胞(子宫)等。三焦的生理功能主要有通行元气和承担水液运行之道的职责。

(三)五行与五脏的关系

五行学说将人体的五脏六腑分别归属于五行。从五脏的相生来看,肾水之精以养肝木,肝木藏血以济心火,心火之热以温脾土,脾土化生水谷精微以充肺金,肺金清肃下降以助肾水。从五脏的相克来看,肺气清肃下降,可以抑制肝阳上亢,即金克木;肝气条达,可以疏泄脾土的郁滞,即木克土;脾的运化,可以避免肾水的泛滥,即土克水;肾水的滋润,能够防止心火的亢烈,即水克火;而心火的阳热,可以制约肺金清肃的太过,即火克金。五行学说也常用来说明人体与自然环境及气候、饮食等的关系。

利用五行学说,根据一个人的外部形态就可判断此人的健康情况。例如,面色发青,喜食酸食,则可初步判断为肝功能失调;面色发红,口中苦,可判断为心火旺。又如,四肢痉挛、有抽风表现,根据五行学说归类应属木病,与之相对应的人体脏腑则应为肝部出现了病变;全身水肿,小便不利,五行归类属水相关病症,可判定为肾功能失调。

二、食物对脏腑的营养作用

(一)五色食物对内脏的营养保健作用

食物有五色,分别为红、黄、绿、白、黑。根据五行理论(参见表7-1),这五种颜色对应着人体的五脏,具体是:绿(青)色食物对应肝,红色食物对应心,黄色食物对应脾,白色食物对应肺,黑色食物对应肾。

绿(青)色食物主要有:芦荟、猕猴桃、芦笋、大葱、大白菜、菠菜、绿豆、绿茶、生菜、香菜、小白菜、黄瓜、芹菜、韭菜、油菜、豌豆、丝瓜、香椿、茼蒿、苦瓜、蕨菜、橄榄。以上食物具有养肝保肝的作用。

红色食物主要有:西红柿、蛇果、樱桃、草莓、红枣、枸杞子、红薯、西瓜、牛肉、红酒、红辣椒、山楂、杨梅、羊肉、猪肉、猪肝、猪血、红茶、红小豆、栗子、石榴等。以上食物具有养心护心的作用。

黄色食物主要有:黄豆、鸡蛋、胡萝卜、玉米、木瓜、橙子、姜、金针菇、南瓜、土豆、香蕉、柠檬、菠萝、杧果、柚子、金桔、黄花菜、菊花、哈密瓜、花生等。以上食物具有养脾补脾的作用。

白色食物主要有:牛奶、大蒜、豆腐、银耳、莲藕、白萝卜、燕麦、百合、杏仁、冬瓜、酸奶、菜花、竹笋、鸡肉、梨、山药、荔枝、椰子、虾、牡蛎、螃蟹、南瓜子等。以上食物具有养肺润肺的作用。

黑色食物主要有:甲鱼、乌骨鸡、黑芝麻、黑米、黑木耳、海带、海参、紫葡萄、茄子、黑麦、乌梅、泥鳅、紫菜、黑枣、豆豉等。以上食物具有养肾、补肾的作用。

(二)五味食物对内脏的营养保健作用

1.酸味食物对肝脏的滋养作用

属于酸味的食物主要有番茄、乌梅、醋、杏、橙子、柠檬等。按照五行、五味与五脏的对应关系(参见表7-1),酸性食物对应的脏器是肝,酸味食物能够补益肝脏,能够增进肝的疏泄、藏血功能,对神志不畅、精神抑郁、夜盲眼花、四肢酸麻,以及指甲灰暗等具有较好疗效。但是过度食用酸味食物则对肝功能有损伤。

2.苦味食物对心脏的滋养作用

属于苦味的食物主要有苦瓜、香椿、槐花、杏仁、茶叶等。按照五行、五味与五脏的对应关系,苦味食物对应的脏器是心,苦味食物能够补益心脏,能够增进心脏的主血脉、主神志的功能,对于着急上火、大小便不利等症状具有较好的疗效。但是过度食用苦味食物则对心功能有损伤。

3.甘味食物对脾脏的滋养作用

属于甘味的食物主要有蜂蜜、南瓜、大枣、山药、粳米、茄子、藕、木耳等。按照五行、五味与五脏的对应关系,甘味食物对应的脏器是脾脏,能够增强脾脏主运化、升清和统摄血液的生理功能,对于食欲不振、皮下出血、口唇颜色暗淡无华等症状具有较好的疗效。但是过度食用甘味食物则对脾功能有损伤。

4.辛味食物对肺脏的滋养作用

属于辛味的食物主要有辣椒、生姜、胡椒、葱、陈皮等。按照五行、五味与五脏的对应关系,辛味食物对应的脏器是肺脏,辛味食物能够补益肺脏,能够增进肺脏的宣发肃降、通调水道和主导气的输布等功能,对于气喘咳嗽、自汗、感冒等症具有较好的疗效。但是过度食用辛味食物则对肺功能有损伤。

5.咸味食物对肾脏的补益作用

属于咸味的食物主要有海带、紫菜、海蜇、海参、乌贼、盐、猪肉等。按照五行、五味与五脏的对应关系,咸味食物能够补益肾脏,能够增进肾脏的藏精、促进水液代谢和纳气等功能,对于头晕耳鸣、大小便不畅、牙齿酸软等症具有较好的疗效。但是过度食用咸味食物则对肾功能有损伤。

此外,淡味食物主要有冬瓜、薏苡仁等,具有与甘味食物相近的功能;涩味食物主要有莲子等,具有与酸味食物相近的功能。还有一些食物具有"芳香味",是指食物的特殊嗅味,一般具有开胃、醒脾、行气、化湿、化浊、爽神、开窍等功效。"芳香味"的食物主要有橘、柑、佛手、芫荽、香椿、茴香等。

综上所述,古代中国人对人体消化系统的认识与现代生理解剖学对人体的消化系统的认识完全不同。古代中国人在日常饮食生活中追求五味调和,是因为在华夏祖先的饮食观念中,只有饮食生活中的五味调和了,人体才能从食物中获得五味营养,也只有如此才能有助于人体对食物的消化吸收,并以此滋养五脏六腑,使各脏腑之间达到功能平衡,从而有利于人体健康长寿;如果五味太过或有所偏向,则会引起人体产生各种疾病。

思考与练习

1.如何正确而理解阴阳?我国古代阴阳学说的基本内容有哪些?

2.哪些食物是阳性食物?哪些食物是阴性食物?分别举例说明。

3.如何理解中国人的滋补观念?哪些食物具有较强的滋补作用?

4.如何理解食物的四性和五味?

5.举例说明各种食物的性味归经。

6.简单说明五行与五脏、五色、五方、五季的对应关系。

7.古代中国人的传统观念中,脾脏、肾脏、肝脏各有哪些主要生理功能?

8.尝试从中西方文化的角度来解读滋补观念。

第八章

中国人的体质与饮食养生

第一节　体质的含义及种类

一、体质的含义

日常生活中,我们经常会看到这样的现象:在盛夏里,有的人喝完冷饮会觉得非常舒服,有的人喝完却会消化不良;喝新鲜牛奶,有的人喝完平安无事、营养滋润,有的人喝完之后却会肚腹鼓胀,甚至拉肚子;同坐一间办公室,流感一来,有的人马上就会被传染,而有的人却安然无恙;同样是服用止咳药,有的人服后很快就康复了,而有的人服用后病情却毫无改善;同样是进补,有的人吃人参后感觉元气大增,而有的人吃了则会身体发热,甚至流鼻血……

其实,这都是因为体质不同造成的差异。我们每个人的生长环境、性格和生活方式不完全相同,所以每个人所拥有的体质也是不一样的。体质是每个人在身体形态、功能活动、物质代谢和心理活动等方面所固有的、相对稳定的特征。体质决定了人体生理反应的特殊性,也决定了对某些致病因子的易感性和生病类型的倾向性。换言之,不同体质的人,其身体特征、性格特征和患病倾向都有与自身体质特点相对应的倾向性。

二、体质的种类

在中华民族漫长的历史发展过程中,我们的祖先很早就知道根据人的身体形态、性格秉性以及适应外界环境变化的能力,可以将人划分成不同类型的体质。例如,《黄帝内经》根据阴阳五行学说,并结合中国人的肤色、体形、秉性、态度以及对自然界变化的适应能力等方面的特征,归纳出木、火、土、金、水五种不同的体质类型。又根据人体的阴阳盛衰,把中国人分成太阴之人、少阴之人、太阳之人、少阳之人及阴阳和平之人共五种类型。

借鉴《黄帝内经》划分中国人体质的经验,并结合当前中国人的身体现状,依据不同体质在形态结构、生理功能、心理活动和适应能力等四个方面的特征，可把中国人分为九种体质类型：平和体质、气虚体质、阳虚体质、阴虚体质、血瘀体质、痰湿体质、湿热体质、气郁体质和特禀体质。其中，平和体质是最理想的体质类型，其他体质类型如气虚体质、阳虚体质、阴虚体质、血瘀体质、痰湿体质等，都属于偏颇体质类型。只要是偏颇体质类型，就都可以通过食养方法进行调理纠偏，最终改善成为平和体质。

三、影响体质形成的因素

（一）先天因素

先天因素也称为先天禀赋，是指胎儿出生前在母亲体内所禀受的一切，包括父母生殖之精的质量、父母所赋予的遗传特性，以及父母生育时的年龄、身体健康状况，还包括母亲怀孕期间的养胎手段和怀孕期间的疾病等因素。

先天因素是体质形成的基础，是人体体质强弱的前提条件。例如，如果父母双方身体素质好，其子女身体禀赋一般而言比较强健，反之则身体偏弱；如果父母双方有某些家族遗传疾病（如糖尿病等）的话，其子女成年之后患有该种遗传疾病将是大概率事件。

（二）后天因素

后天因素，主要包括饮食营养、生活起居、劳逸、精神状态等。这些因素既可以影响体质的强弱转化，也可以改变体质类型。其中，饮食营养是后天因素当中最重要的因素，对决定体质类型发挥极其重要的作用。科学的饮食习惯，平衡的膳食结构，充足全面的营养素，有助于促成人的体质由偏颇转向平和；反之，如果饮食失当，脾胃功能受损，会造成体内气机失调，人体的体质就会发生不良转变，由平和体质转向偏颇体质，从而给人体健康带来隐患。

（三）其他因素

其他因素主要有性别因素、年龄因素和环境因素。

1. 性别因素

一般来说，男性多强悍，女性多温柔，男子以气为重，女子以血为主。《黄帝内经》提出，"妇人之生，有余于气，不足于血"的论点，正是对妇女体质特点的最好概括。

2. 年龄因素

《黄帝内经》提出"老壮不同气"，即是指年龄不同对体质有影响。一般而言，青壮年的精气旺盛，中老年的精气衰弱。

3. 生活环境因素

如果思虑过度或者经常生活在压抑的环境之中，就非常容易出现气郁体质。

由于篇幅所限，无法面面俱到地充分探讨影响人的体质的诸多因素，以下主要介绍饮食营养因素对体质形成的影响。

四、体质饮食养生的重要性

了解和掌握各种体质的生理特点，以及该种体质与疾病的关系，或者该种体质的易感疾病倾向，对于我们更好地养生保健、强身防病以及治疗康复等都具有重要作用。通过体质的调整和优化，还可以干预亚健康状态，并可预防疾病的发生。例如，当我们判断出自己的体质特点之后，就可针对自己的体质采取应对措施，及时纠正某些不良饮食倾向，或改善和扭转病理体质，从而减少易发某类疾病的倾向，达到预防疾病发生的目的。

总之，体质偏颇之人，由于体内气血阴阳失去平衡，人体各种生理功能不协调，因此就会出现很多不良症状，有时尽管没有达到需要入院治疗的严重程度，但是也会影响学习、工作和生活质量。实践证明，对于某些体质如痰湿体质，传统饮食疗法的效果明显优于现代医药疗法。这是因为食疗不会产生任何毒副作用，而且主要注意日常饮食生活的调配就有疗效；而药物治病则不然，长期使用药物往往会产生各种副作用和依赖性，而且高额的医疗费用也会给患者家庭带来沉重的经济负担。因此，提倡体质饮食养生具有非常现实的社会意义。

第二节　不同体质的饮食养生

一、平和体质的饮食养生

平和体质是指先天禀赋良好，后天调养得当，以体态适中、面色红润、精力充沛，以及脏腑功能状态强健、壮实为主要特征的一种体质形态。平和体质是最理想的体质状态，据调查结果显示，我国平和体质的人所占比例只有 32.75%，也就是只有大约 1/3 的中国人属于健康平和体质。从性别看，属于平和体质的男性要多于女性。此外，随着年龄的增长，平和体质的人会逐渐向其他偏颇体质转化，这是中老年人要注意的事情。

（一）平和体质的特点

1. 身体特征

平和体质的人从外表看，面色、肤色润泽，头发稠密有光泽，目光有神，唇色红润，舌色淡红，舌苔薄白。身体各器官的功能表现都很正常，如鼻子的嗅觉正常或灵敏，精力充沛，耐受寒热，睡眠状态良好，三餐食欲较佳，大小便二便正常。用手按脉搏能感觉到脉搏跳动频率和缓稳健，并且力量较强。

2. 性格特征与患病倾向

平和体质的人性格随和开朗、心态平和、待人宽容。平和体质的人对自然环境和社会环境适应能力较强,平时身体健康很少生病。

(二)平和体质的判定

回答以下几个简单问题来判断你的体质类型:

(1)你精力充沛吗?(是)

(2)你容易疲乏吗?(否)

(3)你说话声音无力吗?(否)

(4)你感到闷闷不乐吗?(否)

(5)你比一般人耐受不了寒冷(冬天的寒冷,夏天的冷空调、电扇)吗?(否)

(6)你能适应外界自然和社会环境的变化吗?(是)

(7)你容易失眠吗?(否)

(8)你容易忘事(健忘)吗?(否)

如果你的答案当中符合括号内标准答案的项目超过四项,则可初步判定你是平和体质。

(三)平和体质的饮食原则

平衡膳食。平和体质的调养原则是,"五谷为养、五果为助、五畜为益、五菜为充,气味和而服之,以补益精气"。这是中国古代平衡膳食的具体应用表现,也是平和体质饮食调养的基本原则。

五味调和。按照《黄帝内经》的观点,食物五味各有所归的脏器器官,欲使人体阴阳平衡、气血充盛、脏腑协调,必须均衡地摄取五味。只有五味均衡,才能确保正气旺盛身体健壮。

此外,平和体质的人还要注意根据不同季节选择适宜的饮食,保持人体自身协调的顺畅,并在此基础上达到人体与外在环境的协调统一,从而避免平和体质向偏颇体质转化,达到促进健康、防止疾病发生的目的。

二、气虚体质的饮食养生

气虚体质是指以气息低弱,脏腑功能状态低下为主要特征的体质状态。形成气虚体质的原因主要有以下几方面:父母双方体弱多病时孕育,先天早产,婴幼儿时期人工喂养不当,以及有偏食、厌食等不良饮食习惯,或是年老体衰等。根据调查结果显示,我国气虚体质的人所占比例为12.71%,也就是说有1/10以上的中国人属于气虚体质。由此可见,气虚体质在我国属于比较常见的一种体质类型。

(一)气虚体质的特点

1. 身体特征

气虚体质体型特征并不明显,体态胖瘦均有。但是,气虚体质者的肌肉一般不健壮,呈现比较松弛的状态。并且,气虚体质者面色萎黄或偏白、唇色发暗、舌淡而胖,舌边有明显的齿痕,毛发缺少光泽。大多数的气虚体质者平时说话声音低沉、少气懒言;经常感觉全身疲倦乏力、容易出汗(自汗)、头晕健忘,并且稍有运动就会感觉到气短无力。消化系统不太正常,经常有食欲不振的感觉,大便正常或者偶有便秘(大便不硬结,软硬度也比较正常,只是排便时必须特别用力才可排便成功)。

2.性格特征与患病倾向

气虚体质的人性格多内向,情绪不稳定,胆小怕事,不喜欢冒险。气虚体质的人平时体质虚弱,抗病能力弱,因此容易患感冒,并且患病之后不易痊愈。容易患内脏下垂等疾病,对外界环境适应能力差。

(二)气虚体质的判定

回答以下几个简单问题来判断你的体质类型:

(1)你容易疲乏吗?(是)

(2)你容易气短(呼吸短促,喘不上气)吗?(是)

(3)你容易心慌吗?(是)

(4)你容易头晕或站起时眩晕吗?(是)

(5)你比别人容易患感冒吗?(是)

(6)你喜欢安静,懒得说话吗?(是)

(7)你说话声音低弱无力吗?(是)

(8)你活动量稍大就容易出虚汗吗?(是)

如果你的回答当中符合括号内标准答案的项目超过四项,则可初步判定你是气虚体质。

(三)气虚体质的饮食调养与食谱举例

1.饮食调养原则

可常食粳米、糯米、小米、黄米、大麦、大豆、白扁豆、山药、马铃薯、大枣、胡萝卜、香菇、蘑菇、豆腐、鸡肉、鹅肉、兔肉、鹌鹑、牛肉、狗肉、青鱼、鲢鱼、猪肉、鲫鱼、鲤鱼、鹌鹑、黄鳝、虾等。

由于气虚体质的人多属脾胃虚弱,因此,要注意调理和保护脾胃功能。此外,气虚体质的人也不宜多吃生冷苦寒的食物,要尽量避免食用难以消化的油炸食品。

2.饮食调养食谱举例

食养方1:大枣黄豆汤

食物材料:大枣10枚,黄豆50克。

制作方法:将大枣和黄豆洗净,一同置于锅内,加适量清水,大火煮开之后改用小火继续煮至黄豆熟烂即可。

食用方法:温热服食。

食养方2:炖鸡汤

食物原料:山药250克,鸡1只,葱段、生姜片、食盐适量。

制作方法:将鸡宰杀处理干净后切成块状,山药洗净切成块状。将鸡肉、山药一起置于锅内,加水适量,放入葱段、生姜片、食盐大火煮开后再改用小火炖至鸡肉熟烂即可。

食用方法:佐餐食用。

三、阳虚体质的饮食养生

阳虚体质是指阳气不足,以身体感觉寒冷等为特征的体质状态。阳虚体质多是由先天不足或久病不愈,或者年老阳衰,以及平时嗜食寒凉食物损伤阳气等因素造成。也有因为孕育时父母体弱或怀孕期间孕妇进食较多寒凉食物等因素造成的。此外,工作环境也会造成阳虚体质,如冰冻仓库的工人、灌装洗瓶工人、井下矿工等群体阳虚体质的概率较大。阳虚体质者一般男性居多。

(一)阳虚体质的特点

1. 身体特征

阳虚体质的人从外表看,形体多白胖但肌肉松软不实,口唇色淡,舌头的颜色粉白发胖,并且舌边带有明显的齿痕。阳虚体质的人经常感觉精神不足、困倦嗜睡,身体发冷、手足较凉,饮食上也喜热怕凉。阳虚体质的人还表现在毛发容易脱落,爱出汗;二便不正常,大便较稀,夜尿频多。

2. 性格特征与患病倾向

阳虚体质的人性格多为沉静和内向。身体抵抗力差,容易感冒咳嗽、腹泻,男性则容易患阳痿等。对外界环境适应能力较差,表现为耐受寒冷的能力弱,不耐冬天喜爱夏天。

(二)阳虚体质的判定

回答以下几个简单问题来判断你的体质类型:

(1)你手脚发凉吗?（是）

(2)你胃部、背部、腰膝部怕冷吗?（是）

(3)你感到怕冷,衣服比别人穿得多吗?（是）

(4)你冬天更怕冷,夏天不喜欢吹冷空调、电扇等吗?（是）

(5)你比别人更容易患感冒吗?（是）

(6)你吃(喝)凉的东西会感到不舒服或者怕吃(喝)凉的东西吗?（是）

(7)你受凉或吃(喝)凉的东西后,容易腹泻拉肚子吗?（是）

如果你的回答当中符合括号内标准答案的项目超过四项,则可初步判定你是阳虚体质。

(三)阳虚体质的饮食调养与食谱举例

1. 饮食调养原则

适当多吃甘温食物,日常生活中常用补阳食物主要有羊肉、猪肚、鸡肉、带鱼、狗肉、鹿肉、黄鳝、虾(包括龙虾、对虾、青虾、河虾等)、刀豆、荔枝、龙眼、樱桃、栗子、核桃、韭菜、茴香、洋葱、香菜、生姜、辣椒等。

值得注意的是,阳虚体质的人一定要少吃寒凉、生冷食物。田螺、螃蟹、西瓜、梨、柿子、黄瓜、苦瓜、丝瓜、冬瓜、绿豆、绿茶以及各种冷饮等要少吃。

2.饮食调养食谱举例

食养方1:羊肉粥

食物原料:羊肉50克,粳米50克,食盐、葱、生姜各适量。

制作方法:将羊肉洗净切成肉末,葱、生姜切成末。将粳米淘洗干净,与羊肉一起置于锅内,加适量清水,大火煮开之后改用小火煮至粥成,最后加入适量的食盐、葱末和生姜末即可。

食用方法:温热服食。

食养方2:胡椒炖牛肉

食物原料:牛肉250克,胡椒5克,桂皮5克,陈皮5克,生姜、葱、盐各适量。

制作方法:将牛肉洗净,切块,与胡椒、陈皮、桂皮一起下锅,加水适量,大火煮开后,加生姜、葱、食盐,改用小火继续煨煮至牛肉成熟即可。

食用方法:佐餐食用。

四、阴虚体质的饮食养生

阴虚,指精血或津液等阴液亏损的病理现象。人体的生理活动应保持协调平衡,即"阴阳平衡"。阴虚是阴阳失衡的表现之一。因精血和津液都属阴(身体内的血液、汗液、精液、唾沫等都属于阴液),故称阴虚。人体内如果阴液不足,就好像没有了雨露滋润的春天,就像失去了灌溉的土地,身体自然产生了一系列干燥失润,甚至以热为主的表现。先天不足,或久病失血,纵欲耗精,积劳伤阴等都可造成阴虚体质。一般而言,阴虚体质多见于老年人,更年期男女,以及精神压力过重、睡眠不足、精力消耗过多的中年人。

(一)阴虚体质的特点

1.身体特征

阴虚体质的人体形多偏瘦,面色潮红,嘴唇发红且干燥,舌头发红且少津少苔,皮肤干燥容易生皱纹。平时总感觉手心、足心和心口(五心)发热,并且口燥咽干、鼻孔微干不湿、眼睛干涩、眩晕耳鸣。睡眠质量差,时有失眠。口渴而喜冷饮。二便不正常,大便干燥,小便量少、不畅。

2.性格特征与患病倾向

阴虚体质的人性格特征呈现为多急躁,并且外向好动,比较活泼。容易患失眠症。对外界环境适应能力差,喜湿润不耐干燥。

(二)阴虚体质的判定方法

回答以下几个简单问题来判断你的体质类型:

（1）你感到手脚心发热吗？（是）

（2）你感觉身体、脸上发热吗？（是）

（3）你皮肤或口唇干吗？（是）

（4）你口唇的颜色比一般人红吗？（是）

（5）你容易便秘或大便干燥吗？（是）

（6）你面部尤其两颧骨潮红或偏红吗？（是）

（7）你感到眼睛干涩吗？（是）

（8）你活动量稍大就容易出虚汗吗？（是）

如果你的回答当中符合括号内标准答案的项目超过四项，则可初步判定你是阴虚体质。

（三）阴虚体质的饮食调养和食谱举例

1. 饮食调养原则

阴虚体质者应该多吃一些滋补肝肾之阴的食物，如芝麻、糯米、绿豆、乌贼、龟、鳖、海参、鲍鱼、螃蟹、牛奶、牡蛎、蛤蜊、海蜇、鸭肉、猪皮、豆腐、甘蔗、桃子、银耳等。

值得注意的是，阴虚体质者忌吃煎炸辛辣食物，花椒、辣椒、葱、姜、蒜等也要少食或尽量不食。

2. 饮食调养食谱举例

食养方1：乌骨鸡粥

食物原料：乌骨鸡200克，粳米500克，葱白适量。

制作方法：将乌骨鸡取出内脏等处理干净，切成块状，放入开水锅中略烫后捞出，拆除鸡骨上的肉并切成碎肉丁待用。将粳米淘洗干净，与乌骨鸡肉同置锅内，加适量清水，大火煮开之后改用小火煮至肉烂成粥，加入适量葱白即可。

食用方法：佐餐食用。

食养方2：银耳鸡蛋羹

食物原料：干银耳50克，冰糖适量，鸡蛋2个。

制作方法：将干银耳放入温水中泡发，摘蒂去除杂质并撕成小瓣，与冰糖一同置于锅内，加水适量，大火煮开。打破鸡蛋，去蛋黄留蛋清于小碗中，兑入少量的清水拌匀，倒入锅中，重新烧开之后再改用小火继续煮炖直至羹成。

食用方法：温热服食。

对于阴虚体质者来说，除了上述的饮食疗法之外，还应充分注意从精神调养方面入手调理体质。阴虚体质者性情较急躁，常常心烦易怒，这是阴虚火旺，火扰神明之故。因此日常生活工作中，对那些非原则性问题，要尽量减少与人争辩，以此减少自己生气发怒的次数。

五、血瘀体质的饮食养生

血瘀体质是指人体内有血液运行不畅的潜在倾向或淤血内阻的病理基础，并由此表现出一系列血行不畅等相关症状的偏颇体质状态。血瘀体质者多因先天禀赋或后天损伤等因素造成。此外，忧郁和精神压抑也是形成血瘀体质的重要原因。根据调查结果显示，我国居民的血瘀体质类型的人所占比重为7.9%，其中，女性大多数伴有月经不调等症，男性则有一部分患有严重的前列腺疾病。

（一）血瘀体质的特点

1. 身体特征

血瘀体质的人以体形偏瘦者居多。外表常见皮肤颜色晦暗，有色素沉着，容易出现淤斑；眼球布满红血丝，口唇黯淡，牙龈容易出血；舌头颜色发暗或有淤点，舌下络脉紫黯有静脉曲张现象。血瘀体质者经常表现为少气懒言、语言低微、疲倦乏力、气短自汗、毛发脱落、皮肤干燥等症状。尤其是女性多见痛经或经血中有凝血块等症状。

2. 性格特征与患病倾向

血瘀体质的人性格一般比较急躁心烦且健忘。容易患上心血管疾病，如脑血栓、心肌梗死等病。对外界环境适应能力较差。

（二）血瘀体质的判定方法

回答以下几个简单问题来判断你的体质类型：

（1）你的皮肤在不知不觉中会出现青紫淤斑（皮下出血）吗？（是）

（2）你两颧部位是否潮红或偏红？（是）

（3）你身上有哪里疼痛吗？（是）

（4）你有额部油脂分泌多的现象吗？（是）

（5）你面色晦暗或容易出现褐斑吗？（是）

（6）你会出现黑眼圈吗？（是）

（7）你容易忘事（健忘）吗？（是）

（8）你口唇颜色偏黯？（是）

如果你的回答当中符合括号内标准答案的项目超过四项，则可初步判定你是血瘀体质。

（三）血瘀体质的饮食调养和食谱举例

1. 饮食调养原则

血瘀体质者具有血行不畅甚至淤血内阻的危险。应该尽量选用具有活血化淤功效的食物，如黑豆、山楂、黑木耳、洋葱、茄子、油菜、玫瑰花、月季花、红糖、黄酒、葡萄酒等。

对于血瘀体质者来说，凡是具有收敛血液作用的食物都应该忌食，如乌梅、柿子、石榴等,也不可食用过多的肥甘厚腻食物,如蛋黄、虾、猪头肉、奶酪等。

2. 饮食调养食谱举例

食养方1:木耳芹菜汤

食物原料:黑木耳20克,芹菜200克,食盐适量。

制作方法:将黑木耳放入温水中泡发,摘去蒂除去杂质,撕成小瓣备用。芹菜洗净,切成段,与木耳一起置于锅内,加适量的清水,大火煮开之后改用小火继续煮20分钟,加入适量食盐调味即可。

食用方法:温热服食

食养方2:月季花汤

食物原料:月季花3~5朵。

制作方法:将月季花洗净,放入茶杯中,用开水冲泡,盖严后浸泡5~10分钟,加入适量冰糖即可饮用。

食用方法:代茶饮。

六、痰湿体质的饮食养生

痰湿体质是由于水液内停而痰湿凝集,以黏滞重浊为主要特征的体质状态。先天遗传或后天食用过多肥甘厚腻的食物等因素都可导致痰湿体质。值得注意的是,痰湿的"痰"并非只指日常生活概念中的痰,而是指人体津液的异常积留,是病理性的产物;痰湿的"湿"分为内湿和外湿。其中,内湿是一种病理产物,常与消化功能有关。一般而言,脾有"运化水湿"的功能,若体虚消化不良或暴饮暴食,或吃过多油腻的食物和甜食,导致脾无法正常运化就会使"水湿内停";脾胃一旦虚弱也易招来外湿的入侵,外湿也常因脾胃虚弱使湿从内生,所以两者是既互相独立又相互关联。

痰湿体质是目前比较常见的一种体质类型,当人体脏腑、阴阳失调或气血津液运化失调,就极易形成痰湿体质。一般胖人多为痰湿体质。按照《黄帝内经》的观点,胖人分三种,一种就是痰湿体质的人,即大肚子胖人叫"膏人"。另外两种一种叫"脂人",就是我们日常说的"胖得匀乎"的那种人,四肢肌肉均匀,脂肪多,肉很松软,走起路来富有弹性;还有一种胖人叫"肉人",是指那种浑身肌肉很多肥肉不多的人,显得较为强健。

(一)痰湿体质的特点

1. 身体特征

痰湿体质的人体形肥胖,腹部肥满松软,面部皮肤油脂较多且色淡黄而暗,多汗且黏,眼泡微浮,舌体一般胖大,舌苔白腻。痰湿体质的人经常感觉胸闷、痰多,容易困倦,身重不爽。二便不正常,大便或有不实的情形,小便不多或微混浊。

2. 性格特征与患病倾向

痰湿体质者性格偏向温和稳重,谦恭豁达,多善于忍耐。痰湿体质者容易患糖尿病、卒中等症。此外,痰湿体质者对外界环境适应力差,对梅雨等潮湿季节或者潮湿环境适应能力差。

(二)痰湿体质的判定方法

回答以下几个简单问题来判断你的体质类型:

(1)你感到胸闷或腹部胀满吗?(是)

(2)你感觉身体沉重不轻松或不爽快吗?(是)

(3)你腹部肥满松软吗?(是)

(4)你有额部油脂分泌多的现象吗?(是)

(5)你上眼睑比别人肿(上眼睑有轻微隆起的现象)吗?(是)

(6)你嘴里有黏黏的感觉吗?(是)

(7)你平时痰多,特别是感到咽喉部总有痰堵着吗?(是)

(8)你舌苔厚腻或有舌苔厚厚的感觉吗?(是)

如果你的回答当中符合括号内标准答案的项目超过四项,则可初步判定你是痰湿体质。

(三)痰湿体质的饮食调养和食谱举例

1.饮食调养原则

痰湿体质者的调养尽可能以健脾利湿和化痰为主。要适当摄取能够宣肺、健脾、益肾、化湿的食物。常用的食物可选择薏苡仁、赤小豆、扁豆、蚕豆、海蜇、鲤鱼、白萝卜、胡萝卜、冬瓜、荸荠、竹笋、莴笋、黄瓜、豆腐等。

痰湿体质者要少吃肥甘油腻滋补之类的食物,如油炸食品、肥肉等。

2.饮食调养食谱举例

食养方1:白萝卜粥

食物原料:白萝卜100克,粳米50克。

制作方法:将白萝卜洗净、切碎。粳米淘洗干净,同置锅内,加适量清水,大火煮开后改用小火煮至粥成即可。

食用方法:温热服食。

食养方2:鲤鱼羹

食物材料:鲤鱼1条,冬瓜100克,葱白20克,黄酒、食盐适量。

制作方法:将鲤鱼进行初加工去内脏和鳞,冲洗干净,顺着脊背片下两片鱼肉,切成细丁备用。冬瓜、葱白洗净,切碎备用。将鱼与冬瓜一同置于锅内,加水适量,大火煮开之后改用小火继续炖至肉熟烂,加入适量葱白、食盐、黄酒即可。

食用方法:佐餐食用。

七、湿热体质的饮食养生

所谓热指的是一种热象,而湿热中的热是与湿同时存在,主要是因为夏秋季节天热湿重,导致湿与热合并入侵人体,或因湿久留不除而转化为热。人体湿与热同时存在是常见的现象。

(一)湿热体质的特点

1.身体特征

湿热体质的人形体胖瘦都有。具体表现为:面部发黄、发暗、油腻;"三红"(即牙龈红、舌头红,口唇红)明显;舌苔黄而厚。皮肤易生痤疮、脓疱或者发红,汗味大、体味大。湿热体质者还经常会感觉身重困倦、心烦意乱,"三口"异常(即口干、口臭、口苦)。二便不正常,大便燥结或黏滞不爽,臭秽难闻;小便颜色黄赤且浓。此外,湿热体质的女性经常白带增多、颜色发黄,并伴有外阴瘙痒症状,男性则阴囊潮湿不爽。

2.性格特征与患病倾向

湿热体质者性格多急躁易怒。湿热体质者易患疮疖、黄疸等病,对夏末秋初湿热气候、湿重或气温偏高环境较难适应。

(二)湿热体质的判定方法

回答以下几个简单问题来判断你的体质类型:

(1)你面部或鼻部有油腻感或油亮发光吗?(是)

(2)你脸上容易生痤疮或皮肤容易生疮疖吗?(是)

(3)你感到口苦或嘴里有苦味吗?(是)

(4)你大便有黏滞不爽,解不尽的感觉吗?(是)

(5)你小便时尿道有发热感、尿色浓(深)吗?(是)

(6)你带下色黄(白带颜色发黄)吗?(限女性回答)(是)

(7)你的阴囊潮湿吗?(限男性回答)(是)

如果你的回答当中符合括号内标准答案的项目超过三项,则可初步判定你是湿热体质。

(三)湿热体质的饮食调养和食谱举例

1.饮食调养原则

湿热体质者的食养原则一般以清热化湿为主。清热化湿的食物主要有:薏苡仁、赤小豆、扁豆、蚕豆、海蜇、鲤鱼、白萝卜、胡萝卜、冬瓜、荠菜、荸荠、竹笋、马齿苋、鱼腥草、莴笋、黄瓜、豆腐等。

湿热体质者要忌食辛辣性食物,尤其是热补食物。肥甘油腻的食物也要尽量少吃,如酒、奶油、动物内脏、辣椒、生姜、大蒜、狗肉、羊肉、荔枝等。

2.饮食调养食谱举例

食养方1:柚子皮饮

食物原料:柚子1个。

制作方法:柚子取皮,将皮切成薄片。取50克柚子皮,放入茶杯中,用开水冲泡,盖上茶杯盖之后浸泡10~15分钟即可饮用。

食用方法:代茶饮。

食养方2:蒲公英粥

食物原料:鲜蒲公英50克,小米50克。

制作方法:将鲜蒲公英洗净、切碎,置于锅内,加适量清水,煮开后继续煎煮20分钟,去渣备用。小米淘洗干净,置于锅内,加适量清水,大火煮开后改用小火煮至粥成,兑入蒲公英汁,再煮5分钟即可。

食用方法:温热服食。

八、气郁体质的饮食养生

气郁体质是由于长期情志不畅、气机郁滞而形成的以性格内向或不稳定、忧郁脆弱、敏感多疑为主要表现的体质状态。气郁体质多数是由先天遗传,或因精神刺激、饱受惊恐、愿望无法实现以及忧郁思虑过多所致。《红楼梦》中的林黛玉就是气郁体质的典型代表:性格忧郁脆弱,并且多愁善感。

(一)气郁体质的特点

1.身体特征

气郁体质者一般形体瘦者居多,平时面容忧郁,舌淡红舌苔薄白。气郁体质者经常感觉闷闷不乐,胸闷胸胀,多数还会不由自主地伴有叹息,或咽喉间有异物感。气郁体质者还容易受惊吓,时常健忘,咳嗽痰多,大便干燥小便正常。值得一提的是,女性经常有乳房胀痛的感觉,并且伴有月经不调和痛经等症状。

2.性格特征与患病倾向

气郁体质者性格内向不稳定、忧郁脆弱且敏感多疑。气郁体质者容易患忧郁症、失眠症。对外界环境及精神刺激等适应能力较差,非常不喜欢阴雨天气。

(二)气郁体质的判定方法

回答以下几个简单问题来判断你的体质类型:

(1)你感到闷闷不乐、情绪低沉吗?(是)

(2)你精神紧张、焦虑不安吗?(是)

(3)你多愁善感、感情脆弱吗?(是)

(4)你容易感到害怕或受到惊吓吗?(是)

(5)你胁肋部位或乳房胀痛吗?(是)

(6)你无缘无故叹气吗?(是)

(7)你咽喉部有异物感,口吐之不出,咽之不下吗?(是)

如果你的回答当中符合括号内标准答案的项目超过四项,则可初步判定你是气郁体质。

(三)气郁体质的饮食调养和食谱举例

1.饮食调养原则

气郁体质者由于气机郁结因此很容易影响肝、心、肺、脾等脏器的生理功能。由于肝主疏泄,调畅气机,并能够促进脾胃运化。因此,日常生活中应该选用具有理气解郁、调理脾胃功能的食物,如大麦、荞麦、芹菜、蘑菇、柑橘、金橘、萝卜、佛手瓜、洋葱、菊花、玫瑰花等。

气郁体质者应少吃收敛酸涩类的食物,如乌梅、泡菜、石榴、青梅、杨梅、草莓、杨桃、酸枣、李子、柠檬等。

2.饮食调养食谱举例

食养方1:菊花茶

食物原料:菊花5克,绿茶5克,冰糖适量。

制作方法:将菊花、绿茶一同放入茶杯中,用开水冲泡,将盖盖严后浸泡5分钟,然后再加入适量的冰糖,即可饮用。

食用方法:代茶饮。

食养方2:利肝汁

食物原料:芹菜250克,甘蔗250克。

制作方法:将甘蔗去皮、洗净、切块,置于榨汁机中榨取汁液,取出汁液备用。再将芹菜洗净,用榨汁机榨取汁液,然后将两种汁液混合即成。

食用方法:现榨现饮

对于气郁体质者来说,除了日常生活中的饮食调养之外,还必须充分重视精神调养。要有意识地培养自己开朗、豁达的心胸,如在名利上尽量少计较一些得失,培养知足者常乐的心态。

九、特禀体质的饮食养生

特禀体质又称特禀型生理缺陷、过敏,是指由于遗传因素和先天因素所造成的特殊状态的体质,主要包括过敏体质、遗传病体质等。各种遗传疾病、各种从娘胎里生下来就有的身体缺陷等,都属于特禀体质。一般而言,后天饮食调理对于过敏体质的人效果比较显著,而对于遗传病和先天身体缺陷则效果不佳。

(一)特禀体质的特点

1.身体特征

有些特禀体质者形体特征没有特殊表现,外表表现十分正常;而有些特禀体质者则有畸形或先天生理缺陷。特禀体质者常见遗传性疾病,有先天性、家族性的特征;还有一些疾病则是由于母亲怀孕期间,因种种原因使胎儿染上了影响个体生长发育的相关疾病。

2. 性格特征与患病倾向

特禀体质者性格特征因人而异。特禀体质者对外界环境表现为适应能力差。过敏体质者容易药物过敏,易患花粉症;此外,特禀体质还易患遗传疾病(如血友病)以及胎传疾病(如胎儿先天发育迟缓)。

(二)特禀体质的判定方法

回答以下几个简单问题来判断你的体质类型:

(1)你没有感冒也会打喷嚏吗?(是)

(2)你没有感冒也会鼻痒、流鼻涕吗?(是)

(3)你有因季节变化、地理变化或异味等原因而喘促的现象吗?(是)

(4)你容易过敏(药物、食物、气味、花粉、季节交替时气候变化)吗?(是)

(5)你的皮肤起荨麻疹(风团、风疹块、风疙瘩)吗?(是)

(6)你的皮肤因过敏出现紫癜(紫红色淤点、淤斑)吗?(是)

(7)你的皮肤一抓就红,并出现抓痕吗?(是)

如果你的回答当中符合括号内标准答案的项目超过四项,则可初步判定你是特禀体质。

(三)特禀体质的饮食调养与食谱举例

1. 饮食调养原则

对于特禀体质者要注意根据个体的实际情况制定不同的食养原则。尤其是过敏体质者要注意做好日常预防工作,避免食用各种过敏食物,减少过敏疾病发作的机会。一般而言,饮食宜清淡,忌生冷、辛辣、肥甘油腻以及各种"发物",如酒、鱼、蟹、虾、辣椒、肥肉、浓茶、咖啡等。

2. 饮食调养食谱举例

食养方:姜醋

食物原料:生姜30克,米醋250毫升。

制作方法:将生姜洗净,切成丝,浸泡在米醋中,密闭储存备用。

食用方法:在食用鱼虾蟹肉时,蘸少许姜醋食用,可避免过敏体质者呕吐或泻肚。

思考与练习

1. 如何科学理解体质这个概念?影响体质形成的因素有哪些?

2. 现代中国人的体质可分成哪几类?

3. 谈谈你对阳虚体质饮食养生的理解。

4. 谈谈你对阴虚体质饮食养生的理解。

5. 谈谈你对气虚体质饮食养生的理解。

6. 谈谈你对气郁体质饮食养生的理解。

7. 谈谈你对血瘀体质饮食养生的理解。

8. 谈谈你对痰湿体质饮食养生的理解。

参考文献

[1]［美］安德森. 中国食物. 刘东, 译. 南京: 江苏人民出版社, 2003.

[2]陈宗懋, 杨亚军. 中国茶经. 上海: 上海文化出版社, 2011.

[3]方药中. 中医学基本理论通俗讲话. 北京: 人民卫生出版社, 2007.

[4]龚鹏程. 饮馔丛谈. 济南: 山东画报出版社, 2010.

[5]何兰香. 满汉全席. 长春: 吉林出版集团有限责任公司, 2010.

[6]李维冰, 华干林. 中国饮食文化概论. 北京: 中国商业出版社, 2006.

[7]李春光. 吃的历史. 天津: 天津人民出版社, 2008.

[8]逯耀东. 寒夜客来——中国饮食文化散记. 北京: 生活·读书·新知三联书店, 2005.

[9]林瑞萱. 中日韩英四国茶道. 北京: 中华书局, 2010.

[10]马健鹰. 中国饮食文化史. 上海: 复旦大学出版社, 2011.

[11]庞杰, 邱君志. 中国传统饮食文化与养生. 北京: 化学工业出版社, 2009.

[12]孙济源. 认清体质再养生. 北京: 中国社会科学出版社, 2010.

[13]滕军. 中日茶文化交流史. 北京: 人民出版社, 2004.

[14]王学泰. 中国饮食文化史. 桂林: 广西师范大学出版社, 2006.

[15]徐文苑. 中国饮食文化概论. 北京: 清华大学出版社, 2005.

[16]于元. 茶道. 长春: 吉林出版集团有限责任公司, 2010.

[17]朱宝铺, 章克昌. 中国酒经. 上海: 上海文化出版社, 2000.

[18]赵荣光. 中国饮食文化概论. 北京: 高等教育出版社, 2008.

后 记

中华民族在漫长的历史发展过程中，曾经创造了举世闻名的灿烂文化。其中，饮食文化是中国文化大百花园里一朵鲜艳的奇葩。早在20世纪，孙中山先生对中国饮食文化就给予过高度评价："我国近代文明进化，事事皆落人后，惟饮食一道进步，至今尚为文明各国所不及。中国所发明之食物，固大盛于欧美；而中国烹调法之精良，又非欧美所可并驾。"21世纪是讲究软实力的世纪，而文化是形成各国家或和民族软实力的重要源头。当前，我国政府正在努力推进社会主义文化产业的大发展，如何深入挖掘中国饮食文化浑厚底蕴，为促进文化产业发展增力，是摆在我们面前的重要研究课题。可以想见，作为酒店餐饮经营管理人员，在和外国游客交流接触过程中，只有掌握一些中国饮食文化知识，才能将美味佳肴中蕴含的文化典故娓娓道来，由此加深外国游客在中国旅游时的就餐体验，并有助于提升我国旅游产业的竞争力。有鉴于此，我们编写了《中国饮食文化概论》一书，供高等院校酒店管理专业学生作为教材使用，也可供喜爱中华饮食养生文化的社会人士阅读参考。

本书写作思路安排如下：首先，从时间的角度，介绍了不同历史时期的中国饮食文化发展概况；其次，从空间的角度，介绍了不同地域的饮食文化特色，并且也简单介绍了不同社会群体的饮食特点；再次，介绍了茶文化和酒文化，并在此基础上，介绍了中国饮食文化中独特的食俗和食礼，以及中国人制作食物的方法和进食方式；最后，以中国饮食文化独具魅力的"药食同源"理念为宗旨，详细介绍了古代中国人的滋补饮食观念和饮食养生方法。

本书是多位作者通力合作的结果。分别由东北财经大学的凌强、湛江师范学院的黄亚芬、大连大学的金春梅、延边大学的金清，以及郑州旅游职业学院李晓东共同完成。具体分工如下：凌强负责提交教材写作大纲并完成绪论的写作任务，黄亚芬负责完成第一章、第二章的写作任务，金春梅负责完成第三章、第四章的写作任务，金清负责完成第五章、第六章的写作任务，李晓东负责完成第七章和第八章的写作任务。

在教材的编写过程中，参考并使用了许多专家学者的著述，这里向他们表示衷心感谢。同时，由于作者水平有限，书中定有许多不妥之处，恳请广大读者批评指正。

编者
2013 年 3 月

责任编辑：孙延旭

图书在版编目（CIP）数据

中国饮食文化概论／凌强，李晓东主编．--北京：
旅游教育出版社，2013.6
全国旅游专业规划教材
ISBN 978-7-5637-2603-5

Ⅰ．①中…　Ⅱ．①凌…②李…　Ⅲ．①饮食—文化—
中国—高等学校—教材　Ⅳ．①TS971

中国版本图书馆 CIP 数据核字（2013）第 066526 号

全国旅游专业规划教材
中国饮食文化概论
凌　强　李晓东　主编

出版单位	旅游教育出版社
地　　址	北京市朝阳区定福庄南里 1 号
邮　　编	100024
发行电话	（010）65778403 65728372 65767462（传真）
本社网址	www. tepcb. com
E - mail	tepfx@ 163. com
印刷单位	北京甜水彩色印刷有限公司
经销单位	新华书店
开　　本	787mm×960mm　1/16
印　　张	12.5
字　　数	199 千字
版　　次	2013 年 6 月第 1 版
印　　次	2013 年 6 月第 1 次印刷
定　　价	25.00 元

（图书如有装订差错请与发行部联系）